U0398144

6天 专修课程！

电子电路基本原理66课

[日] 石井 聪 著

尹 芳 王卫兵 贾丽娟 译

机械工业出版社

本书内容主要分为模拟电路、数字电路及应用技术三个部分，基本涵盖了与电子电路相关的全部技术内容及必要的知识点。本书从电路的基本元件开始，介绍了模拟电路的晶体管及场效应晶体管放大电路的基本原理、运算放大器、负反馈、振荡电路原理以及数字电路的数字逻辑、二进制运算、大规模微处理器以及 A-D、D-A 转换电路的基本原理，并对模拟（线性）电路设计的 SPICE 软件仿真以及现代逻辑电路设计的硬件描述语言做了详细介绍。应用技术部分分别给出了模拟传感器信号处理以及数字信号处理、数字无线通信等综合应用技术，以提高相应的综合技术能力。全书以图解为基础，直观易懂、内容全面、讲解深入、理论与实际联系紧密，既有基本原理的介绍，同时也具有良好的实用性和解决实际问题的针对性。

本书可作为在校学生的学习、复习用书，也可作为工作实际中工程技术人员的参考用书，同时也是非电气技术人员以及电子技术爱好者快速了解电子电路原理的科普读本。

译者序

6天专修课程丛书《电工电路基本原理66课》《电子电路基本原理66课》和《电磁场基本原理66课》三本日文图书，其内容涵盖了电工电路、电子技术以及电磁场基本原理的全部技术内容及必要的知识点，深受日本电气技术人员的欢迎。

电作为基础的工业技术在人类现代文明的发展中起着关键的作用，并且在未来仍将是重要的基础技术。

当今的社会实践中，电工电子的相关原理已经成为各个领域所必须了解的重要知识和技术。不仅是电气专业技术人员需要掌握，其他非电气专业的技术人员，甚至一般的非技术人员也应该予以了解。这三本书正是为满足当前的实际需求而翻译的，并且以丛书的形式出版，呈现出完整的电气技术人员的技术基础知识，以满足广大读者学习需要。

作为发达国家的日本，电工电子技术是深受全社会重视的一类重要技术基础。有一种被称为《全国第三种电气主任技术者考试》的全国性职业资格考试，简称为电验三种。每年9月考试，共分为基础、电力、机械、法规四个科目，一天考完。除了基础科目以外，电力、机械和法规科目全部是具体的生产实践知识。四个科目只要在连续三年分别通过即可拿到电气主任技术者资格证书。每年日本有数万考生参加考试，通过率不到10%。丛书的三位作者均为资深的电气专业教育工作者，其中的土井 淳先生还是日本电验三种资深的培训专家，出版了多部电验三种培训教材。

丛书归纳了读者应该了解和掌握的电气相关技术基础知识。与传统的技术参考书不同，丛书并不只是为了单纯地学习知识，还总结归纳了现代电气工程技术所需的技术要点和知识框架，将复杂的技术内容进行了全面的梳理和精心的安排，并以专题课的形式呈现给读者，以便于读者的学习和实践。

在编排形式上，丛书的风格统一，每本书的内容均分为6天来学习，每天由11个专题课组成，每一课均为一个重要的技术专题，每本书共计66个专题课。在每一课的前半部分均以图解的形式直观地给出相关的基本原理，以便于读者全面了解相关的技术内容，形象生动，概括性强，方便读者的理解和记忆。在每一课的后半部分均配以进一步的文字讲解和接近实际问题的例题及解答，以利于读者的深入理解和掌握。全书以图解为基础，直观易懂、内容全面、讲解深入、理论与实际联系紧密，既有基本原理的介绍，同时也具有良好的实用性和解决实际问题的针对性。

丛书可作为在校学生的学习、复习用书，也可作为工作实际中技术人员的参考用书，同时也是非电气专业的技术人员以及电气技术爱好者快速了解电工电路、电子电路和电磁场基本原理的科普读本。

《电工电路基本原理66课》由王卫兵、徐倩、孙宏翻译，其中第1~64课由王卫兵翻译，第65课由徐倩翻译，第66课由孙宏翻译。《电子电路基本原理66课》由尹芳、王卫兵、贾丽娟翻译，其中第1~64课由尹芳翻译，第65课由王卫兵翻译，第66课由贾丽娟翻译。《电磁场基本原理66课》由王卫兵、徐倩、纪颖翻译，其中第1~64课由王卫兵翻译，第65课由徐倩翻译，第66课由纪颖翻译。丛书的翻译过程中，得到了王义南先生的指导，韩再博、张慧峰、白小玲、张霁、张惠等也参与了部分翻译及文字编排工作，在此一并表示感谢！

由于翻译的工作量较大，技术内容覆盖面较广，翻译中的错误之处在所难免，敬请广大读者指正。

译者

2016年5月　于哈尔滨

前　言

电子电路原理已经广泛成为各个领域所必须了解的重要知识和技术。不仅是电子设备相关的专业技术人员需要掌握，而且其他专业的技术人员，甚至一般非技术人员也应该予以了解。

本书正是为满足当前电子电路实践的实际需求而编写的，归纳了读者应该了解和掌握的相关技术基础知识。与传统的电子电路参考书不同，本书并不只是为了单纯地知识学习，还总结归纳了现代实际电子电路设计所需的技术要点和知识框架，将复杂的技术内容进行了全面的梳理和精心的安排，并以专题课的形式呈现给读者，以便于读者的学习和实践。

本书可作为在校学生的学习、研究用书，也可作为毕业后工作实际中的参考用书。对于初学者来说，通过本书能够在较短的时间内很快了解电子电路的全貌，理解知识和技术的要点。另外，本书所给出的例题均为接近工程实际问题的实例，通过这些实例的求解和说明，使读者能够在深入理解理论知识的同时，尽快提升解决实际问题的能力，从而进一步把握理论和实践的关系。

本书的内容共分为 6 天来学习，每天由 11 个专题课组成，全书共计 66 个专题课。内容大体分为模拟电路、数字电路及应用技术三个部分，基本涵盖了与电子电路相关的全部技术内容及大量必要的知识。在模拟电路部分，对于电路必需的基本元件运算放大器，本书做了详尽的介绍。在数字电路部分，通过本书所介绍的基本技术内容的学习和掌握，使读者能够培养成具有对于无论多么复杂的大规模电路，也能够从容应对和实现的技术能力。

另外，需要注意的是，对于乘法运算符的应用，本书基本统一的做法是在图中使用符号“·”、在正文中使用“×”，而在数字电路中一般是省略的。对于各种物理量的单位符号，只在每课课文中第一次出现的时候予以说明，并且为便于初学者的学习和理解，特意对电路中的终端和物理量采用相同的符号来描述。

在本书的编写过程中，由于个人对本书内容的慎重原因，从开始约稿，到实际开始执笔，经历了很长的时间。此后的执笔到脱稿完成，又经历了不短的时间，均得到出版社的耐心等待，并对于本书的编辑和出版也给予了大力的协助和支持。在此，向欧姆株式会社（Ohmsha，Ltd.）出版局的各位同仁表示衷心的感谢。

2013 年 6 月

石井　聪

目 录

第1天课目

第2天课目

第3天课目

第4天课目

第5天课目

第6天课目

第1天课目　第1～11课

第2天课目　第12～22课

第3天课目　第23～33课

第4天课目　第34～44课

第5天课目　第45～55课

第6天课目　第56～66课

6天专修课程！

电子电路基本原理66课

第1课

正弦交流电的频率、相位及电路特性的评价

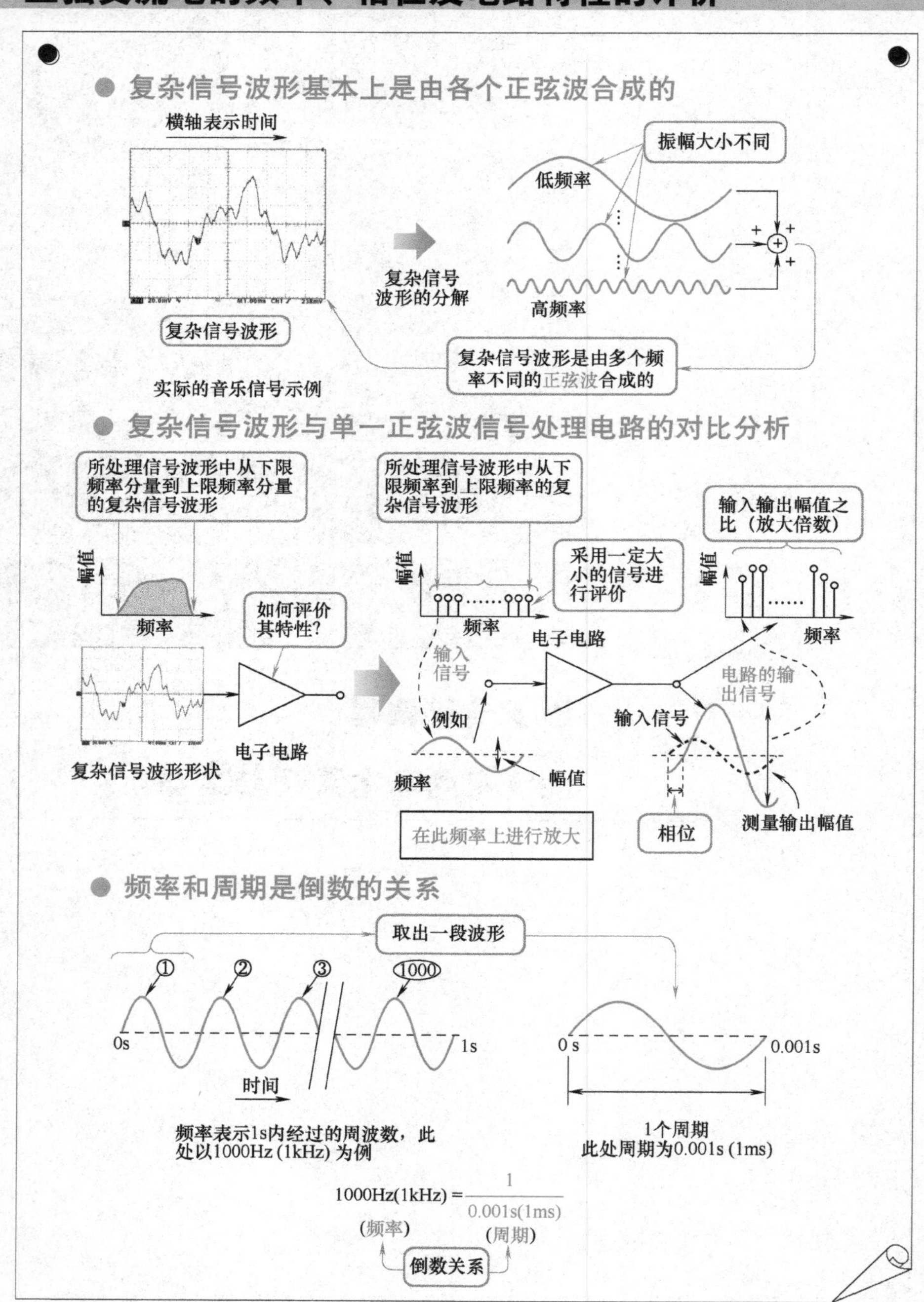

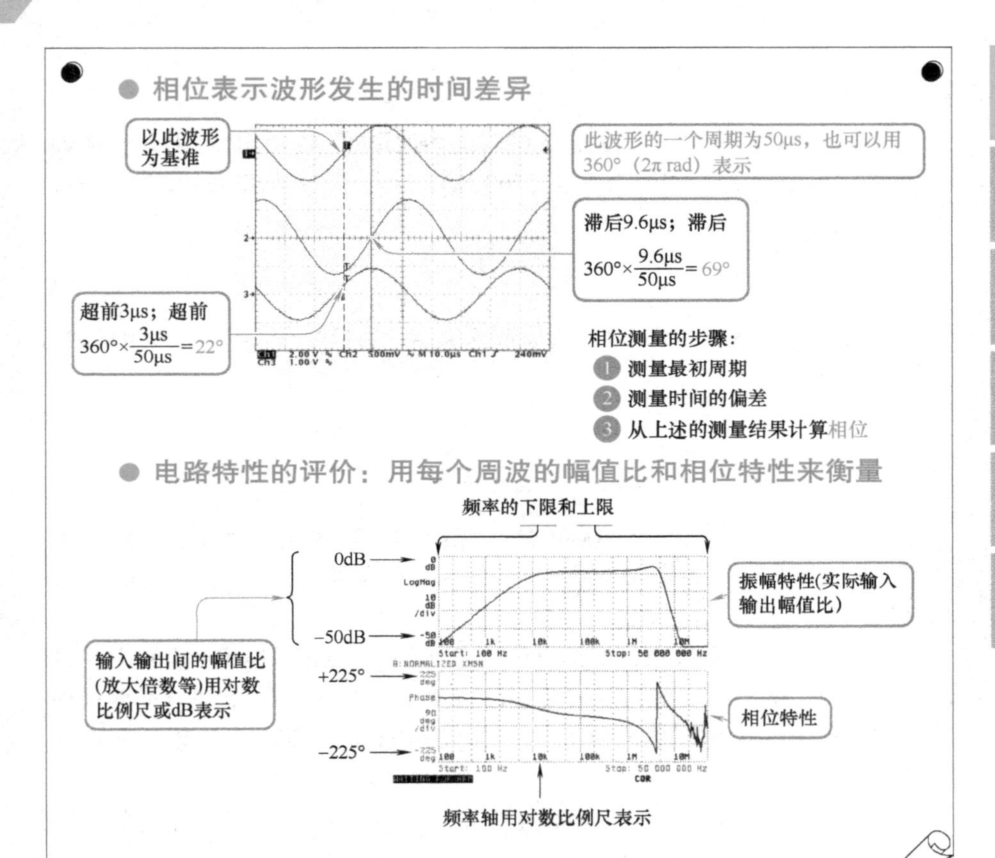

复杂信号波形基本上是由各个正弦波合成的

在观察复杂音乐信号波形时，我们能够发现它不是正弦波而是很复杂波形形状。然而即使再怎么复杂信号波形，都是由多种频率的正弦波合成的。

处理复杂信号波形的电子电路是由正弦波来评价

为此，即使在将复杂信号波形进行放大（处理）的电子电路中采用正弦波对其评价。从所处理的信号波形的下限频率到上限频率，正弦波的频率发生变化，用电子电路的输入输出间的振幅比（相当于放大倍数等）和相位特性来评价。

频率和周期互为倒数的关系

频率f（Hz）表示正弦波在1s的时间内波形重复的次数，1kHz频率即表示在1s的时间内，波形重复了1000次。周期T（s）和其频率f（Hz）为倒数的关系：

$$T=\frac{1}{f} \tag{1-1}$$

当信号的频率为1kHz时，其周期为1ms，当信号的频率为20MHz时，其周期为50ns。

用相位表示波形在时间上的差异

两个正弦波，例如放大电路的输入输出间，和电压与电流的时间上差异不是用实际的时间差或偏差率（几秒、几成或多少百分比等）来表示，而是使用相位来表示。

正弦波的1个周期为360°或2π弧度（rad）。对于同频率的两个正弦波，如果其中的一个波形出现于另一波形的周期内的某一角度上，那么该波形相对于另一个波形就有相位差，并采用超前或滞后的度数或者弧度（rad）数表示。

在进行理论计算时，通常用弧度（rad）（弧度法）表示，在实际工程设计中，一般采用度（°）（度数法）来表示。

如果频率变化，即使相同相位，时间差也是不同的

若正弦波的频率f（周期T）发生变化，即使二个正弦波间的相位差Φ相同，实际时间差却不同。虽然1kHz时90°的相位差为250μs，但10kHz为25μs。

电路特性的评价是通过各频率下的幅值比和相位特性来进行的

在对电子电路的频率特性进行评价时，我们可以通过在电路的频率范围（从所需的频率的下限到频率上限）内进行扫描，并测量各频率下的输入输出之间的幅值比（放大倍数等）和相位来进行。

电子电路特性评价采用对数值表示

电子电路的评价时，使用对数（log）比例尺表示正弦波频率和幅值比。

对数比例尺与其他普通比例尺的原理一样，即当某一个数 a 在比例尺上对应于一个数 b（$a \neq b$），那么在比例尺上对应于两倍的 a，即 $2a$ 的数即是 $2b$。对应于 10 倍的关系的表示也与此相同。

dB（分贝）是在工程实际中使用对数比例尺的一个良好的实例，它的表示见式（1-2）。它是将信号的比值取以 10 为底的对数，再乘以倍数 20 所得到的。通常在表示电流 I（A）、电压 V（V）的大小时，乘以倍数 20，而在表示功率的大小时，乘以倍数 10。

$$[\mathrm{dB}] = 20 \times \log_{10}\frac{V_2}{V_1},\ [\mathrm{dB}] = 20 \times \log_{10}\frac{I_2}{I_1} \tag{1-2}$$

例题 1

试求示波器画面的上下信号波形的周期、频率、幅值以及相位差。

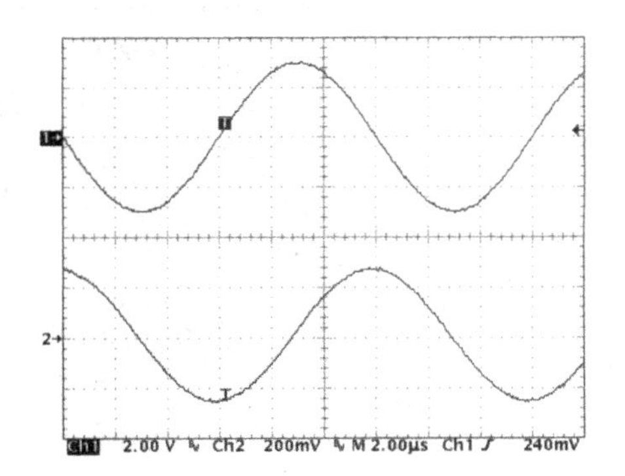

【例题 1 解】

周期：示波器画面上的横轴分度为 2μs/div（division，格），一个波形周期的宽度为 6 格，周期为 2μs ×6 = 12μs。

频率：周期的倒数，1/12μs≈83. 3kHz。

幅值：上面波形（CH1）纵轴分度为 2V/div，其幅值为 3V；下方波形（CH2）纵轴分度为 200mV/div，其幅值为 280mV。

相位差：波形的周期为 12μs，下面波形滞后 1. 4 格，所以时间偏差为 2μs ×1. 4 =2. 8μs。相位差为 360° ×2. 8μs/12μs = 84°，为滞后相位。

第2课

用正极性和负极性半导体材料制作pn结，它是构成半导体器件的基本单

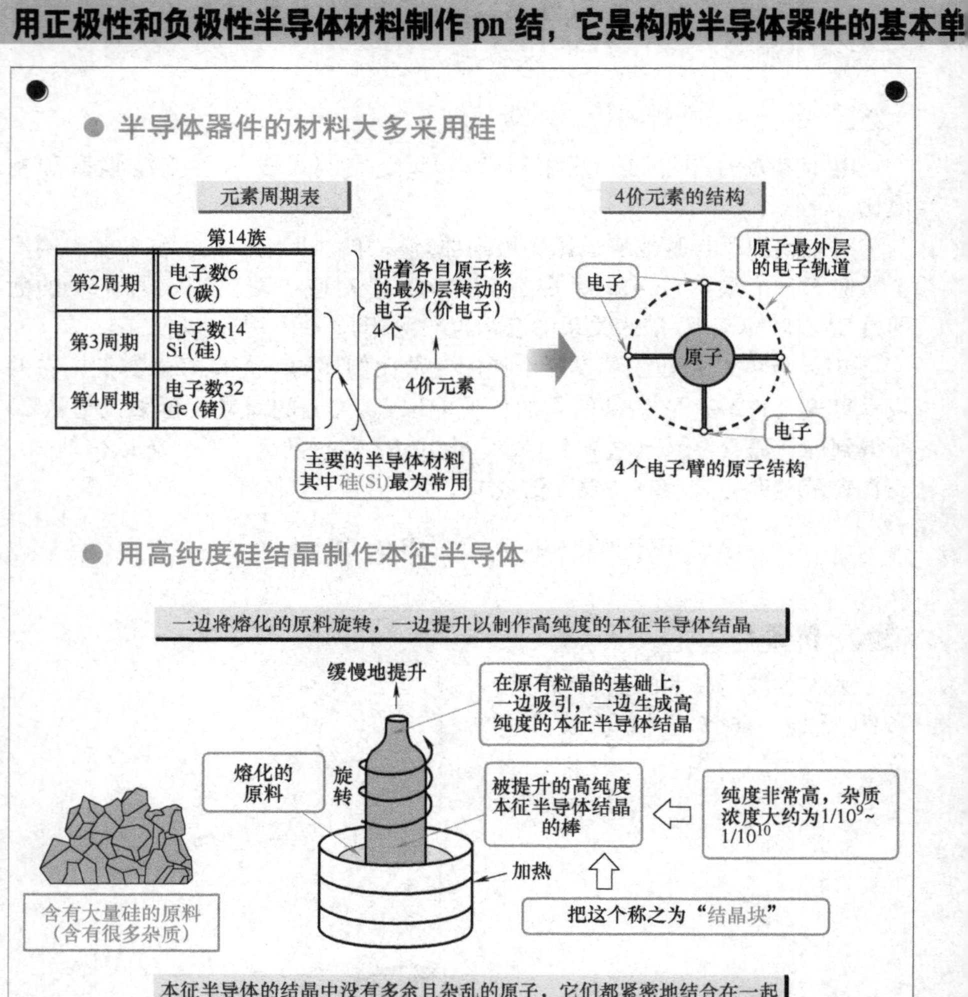

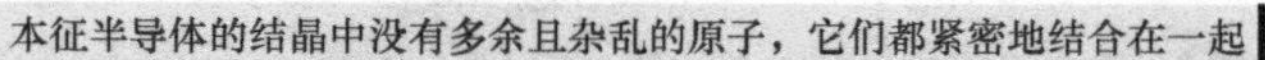

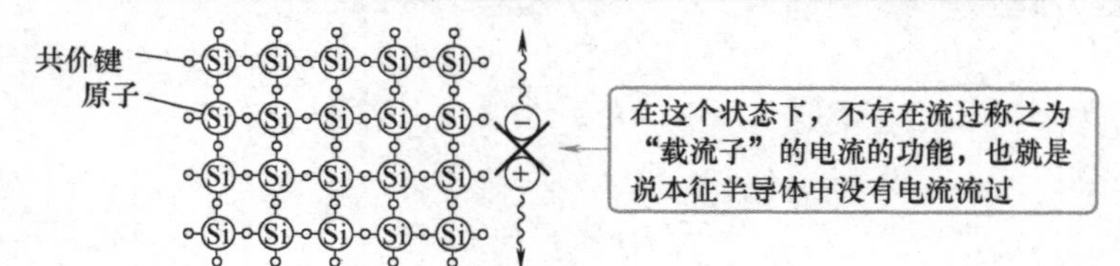

通过掺杂使之成为“n 型半导体”

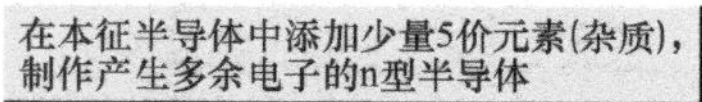

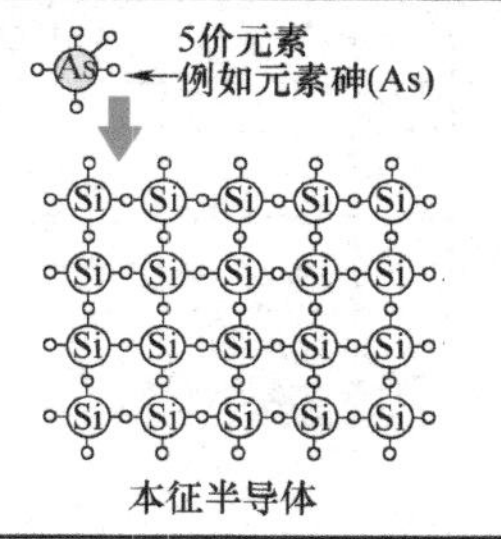

添加砷(As)、磷(P)、锑(Sb)等最外层有5个具有电子的共价键的元素

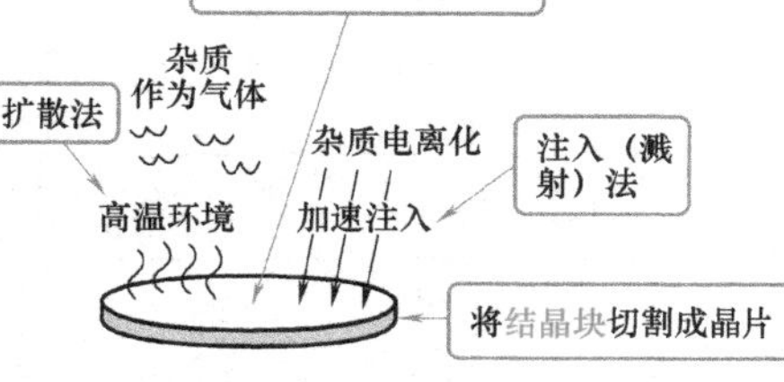

实际上，高温下将杂质又扩散又注入（溅射）本征半导体中

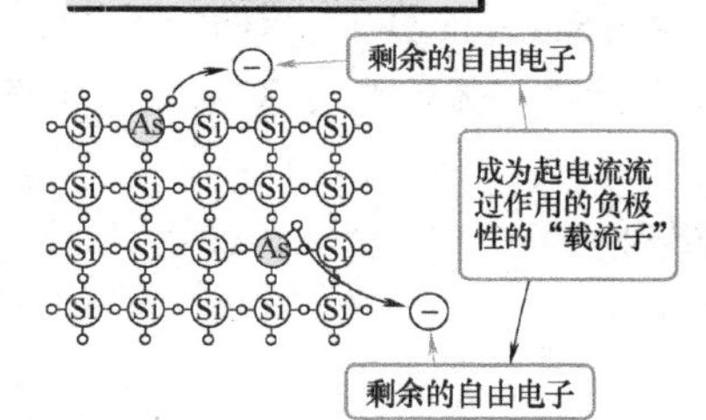

通过掺杂使之成为“p 型半导体”

在本征半导体中添加少量三价元素，制作具有吸纳电子的空穴的p型半导体

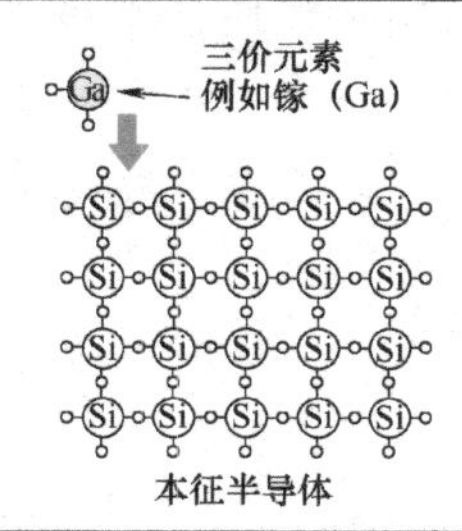

添加硼(B)、镓(Ga)、铟(In)等最外层有3个具有电子的共价键的元素

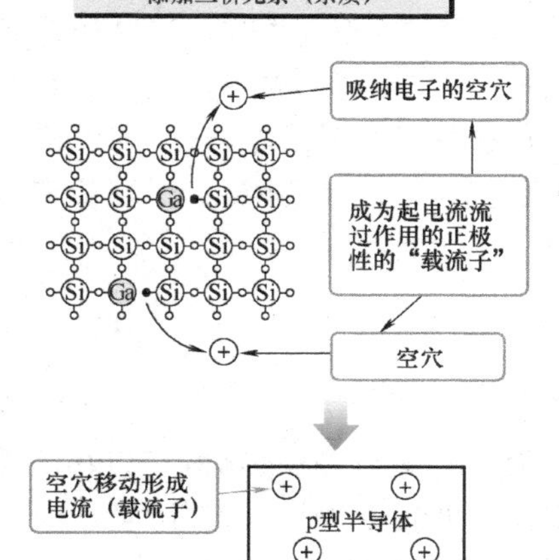

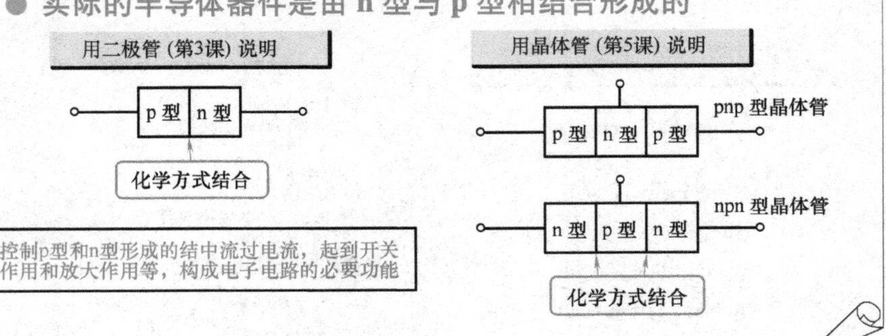

半导体器件的材料大多使用硅

半导体器件的材料大多使用硅（Si），此外，也使用锗（Ge）等材料。不过，大多数半导体器件都使用硅。硅、锗称为 4 价元素，是原子最外层有 4 个具有的电子的元素。

实际原子是最外层有 4 个旋转的电子（价电子）的群体。

使用高纯度的单晶硅制作本征半导体

除去原料中的杂质，加工成有非常高纯度（杂质浓度达 $1/10^{9} \sim 1/10^{10}$）单晶硅。如果是高纯度单晶硅这样的结构，作为结晶没有多余的混乱的原子和电子。原子们通过最外层的 4 个电子结合成共价键紧紧地结合着。

在这种状态下，称为“载流子”的电流流过的任务，由于没有剩余的电子和空穴（以后说明），所以没有电流流过，把这样的半导体称为本征半导体。

通过掺杂使之成为“n 型半导体”

为了增加本征半导体内可以参与导电的剩余“电子”，于是在本征半导体中加入少量杂质。常使用砷（As）、磷（P）、锑（Sb）等“5 价元素”（最外层有 5 个具有电子的共价键的元素）等作为杂质加入到本征半导体中。

由于添加多了 1 个具有电子的共价键的杂质，在本征半导体内部生成剩余电子，这就起到流过电流的作用，而成为负极性“载流子”。由于是负极性，所以称为“n 型半导体”。

通过掺杂使之成为“p 型半导体”

另一方面，为了增加本征半导体内可以参与导电的剩余空穴，在本征半导体中添加少量杂质。添加的杂质常使用硼（B）、镓（Ga）、铟（In）等 3 价元素（最外层有 3 个具有电子的共价键的元素）。

由于添加少了 1 个具有电子的共价键的杂质，在本征半导体内部生成填充电子的空穴，这就起到流过电流的作用，而成为正极性“载流子”。由于是正极性，所以称为“p 型半导体”。

实际的半导体器件是由 p 型半导体和 n 型半导体相结合而成的

实际的半导体器件，用化学的方法将 n 型半导体和 p 型半导体结合起来，起到用这个结合部分控制电流流动的作用。

例题 1

查阅元素周期表，试着确认硅（Si）、锗（Ge）、磷（P）、砷（As）、锑（Sb）、硼（B）、镓（Ga）、铟（In）等的位置。

【例题 1 解】

		第13族	第14族	第15族
第2周期		电子数 5 B硼	电子数 6 C碳	电子数 7 N氮
第3周期		电子数 13 Al铝	电子数 14 Si硅	电子数 15 P磷
第4周期		电子数 31 Ga镓	电子数 32 Ge锗	电子数 33 As砷
第5周期		电子数 49 In铟	电子数 50 Sn锡	电子数 51 Sb锑
		3价元素	4价元素	5价元素

第3课

单向导电二极管的种类及电压-电流特性（使用方法）

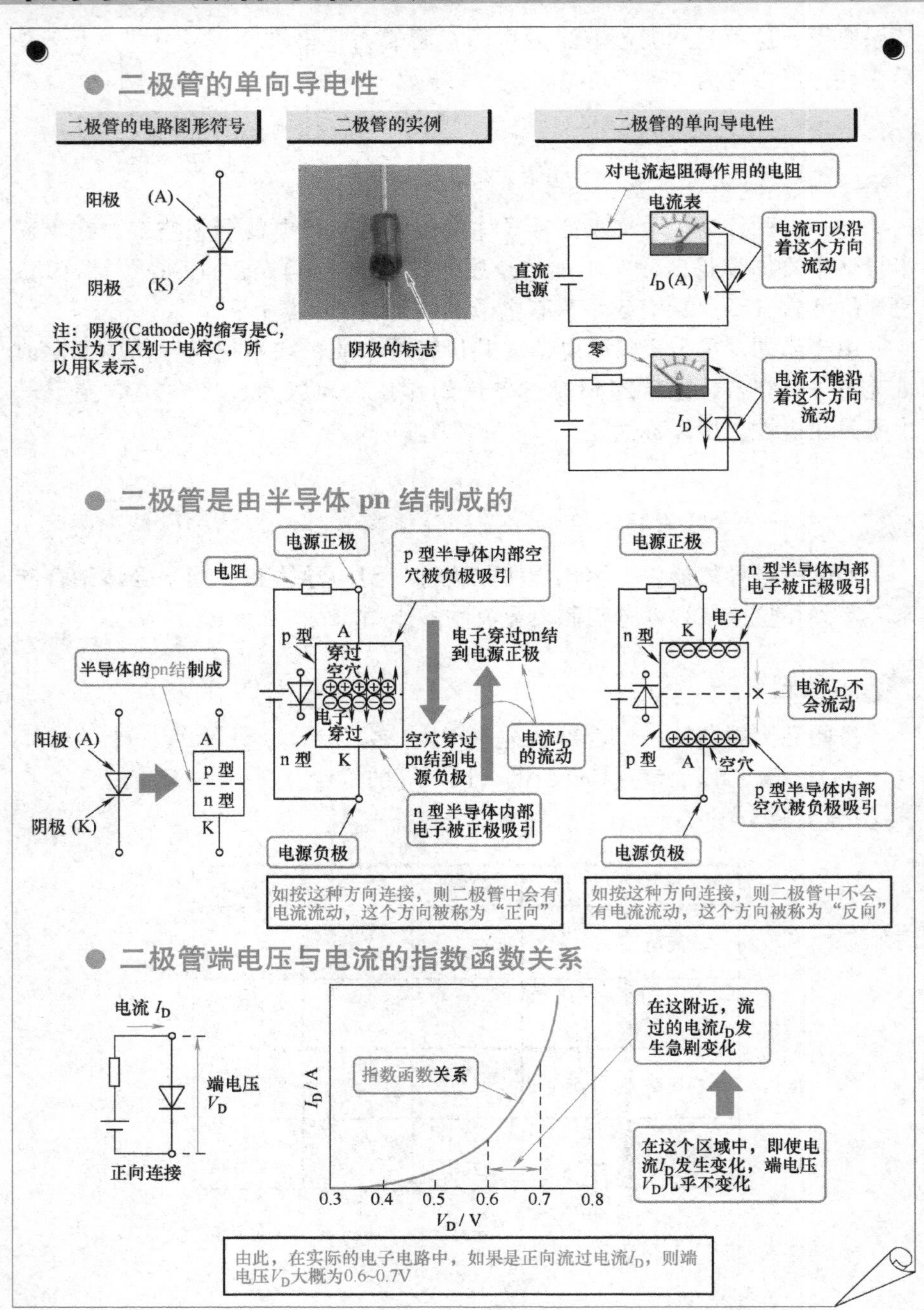

二极管的种类

二极管按照用途可分为多种类型

小信号用硅二极管 高频用硅二极管 功率用硅二极管	从结构上看，这些二极管是用最基本的方式，即直接利用 pn 结制成的二极管。根据用途的不同而被分别制成
肖特基势垒二极管	利用金属与半导体相结合的“肖特基结”的作用的二极管。其正向导通电压低。适用于高速开关和高频信号的整流
PIN 型二极管	这是在 pn 结之间夹一层本征半导体构造的二极管。具有正向能通过高频信号的特性。另外也能用作一部分电力半导体器件
阶跃恢复二极管	这是当加在 pn 结的电压的极性由正向转换为反向时，电流截断的时间非常短的一种二极管
稳压二极管	这是通过电阻反向加电压时，不管电流怎么变可得到一定电压的二极管。有各种电压值的稳压二极管。用作电压基准
变容二极管（压控变容器/可变电容器）	这是通过反向施加电压，使其 pn 结的静电电容发生变化的可变容量电容器的二极管
光敏二极管	若 pn 结受光照，由于光电效应而产生电压。可检测出其电压或电流，可作为光传感器使用
发光二极管（LED）	发光二极管是 pn 结正向流过电流时发光的二极管的一种。发光二极管是利用将电子能直接转化为光能的电光（EL）效应的

二极管应用电路

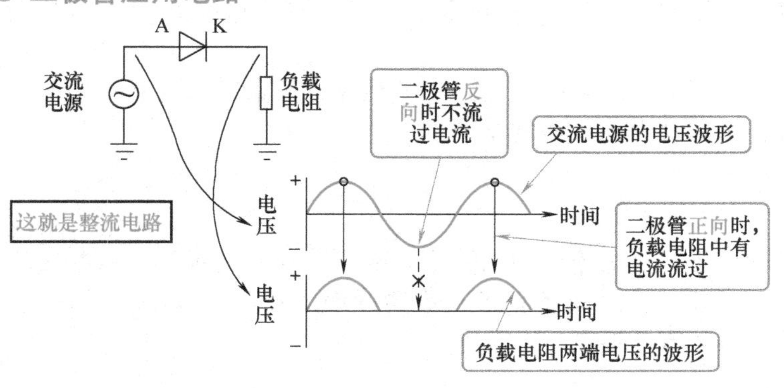

二极管的单向导通特性

在二极管两端加上电压，只有沿着正向加电压，二极管中才会有电流流动。利用这个特性，可以实现各种各样电子电路。

二极管是由半导体的 pn 结制成的

二极管如第 2 课中所示，是由 p 型半导体和 n 型半导体通过化学方法结合在一起的 pn 结制成的。

在二极管两端加上电压，p 型半导体内部的空穴受负极性方向吸引，n 型半导体中的电子受到正极性方向吸引。

p 型半导体与 n 型半导体两端与电源的连接方向决定了二极管的通断

将二极管的 p 端接电源的正极，n 端接电源的负极，这样的话，在二极管内部就会产生一个电流 I_D（A）（称为正向连接）；如果电压与二极管的连接方向与上述方式相反，则二极管内部不会产生电流（称为反向连接）。

实际上按照正向连接时，需要对二极管的导通电流 I_D 加以限制，即在电路中串联限流电阻。

二极管的“端电压”与“管电流”呈指数函数关系

电源按照正向接在二极管两端，二极管的端电压 V_D（V）与导通电流 I_D 通过测定发现两者之间呈现“指数函数”的关系。

毫安（mA）级二极管中，端电压 V_D 大约为 0.6 ~0.7V。端电压 V_D 的微小变化会引起管电流 I_D 的剧烈变化（即使管电流 I_D 发生变化时，端电压 V_D 几乎不变）。

考虑二极管在实际电子电路中的应用，“如果二极管正向导通，即二极管沿正向内部有电流通过时，端电压约为 0.6 ~0.7V”。

二极管的种类

实际用于电子电路中的二极管，有各种各样的种类。这些二极管在结构上均存在差异，因而有着各自不同的使用目的，如小信号用、高速用、大电流用等各种类型。

二极管应用电路

利用二极管两个方向中只有一个方向不能流过电流的特性，将二极管连接成多种电路，例如二极管整流电路、检波电路、环流电路等。然而，这些电路主要利用的还是二极管的单向导通特性。

由于每种电路对大电流、快速、小信号等所处理电流和动作速度要求不同，应选择合适的二极管。

即使二极管反向连接，内部也有少量电流通过

虽然说“若二极管反向连接，则没有管电流 I_D 流过”，但是与正向连接时相比，其反向电流几乎可以忽略不计。不过反向连接时还是有一些漏电流的，这就是所说的“反向电流”。

例题 1

下图为二极管的特性曲线。从图中找出电流 I_D 为 10mA 时和 11mA 时二极管两端电压 V_D 的变化，试从该电流的变化量 ΔI_D 和电压变化量 ΔV_D 计算相当于二极管的内部电阻值的 $\Delta V_D/\Delta I_D$。

【例题 1 解】

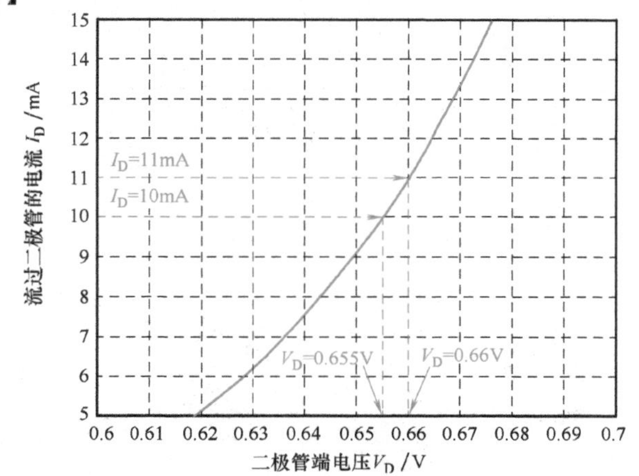

$$\Delta I_D = 11\text{mA} - 10\text{mA} = 1\text{mA} = 0.001\text{A}$$

$$\Delta V_D = 0.66\text{V} - 0.655\text{V} = 0.005\text{V}$$

$$\text{相当于内部电阻的}\frac{\Delta V_D}{\Delta I_D} = \frac{0.005}{0.001}\Omega = 5\Omega$$

例题 2

当二极管两端直接与 5V 的电源直接相连时，考虑其工作状态。

【例题 2 解】

二极管的导通电压 V_D 为 0.6～0.7V。当二极管端电压超过 0.7V 时，会引起二极管电流 I_D 的急剧增加。当二极管两端直接接在 5V 电源时，会有一个过大的电流通过二极管，将导致发热而最终使二极管损坏。

第4课

初步了解电压、电流以及功率的放大原理

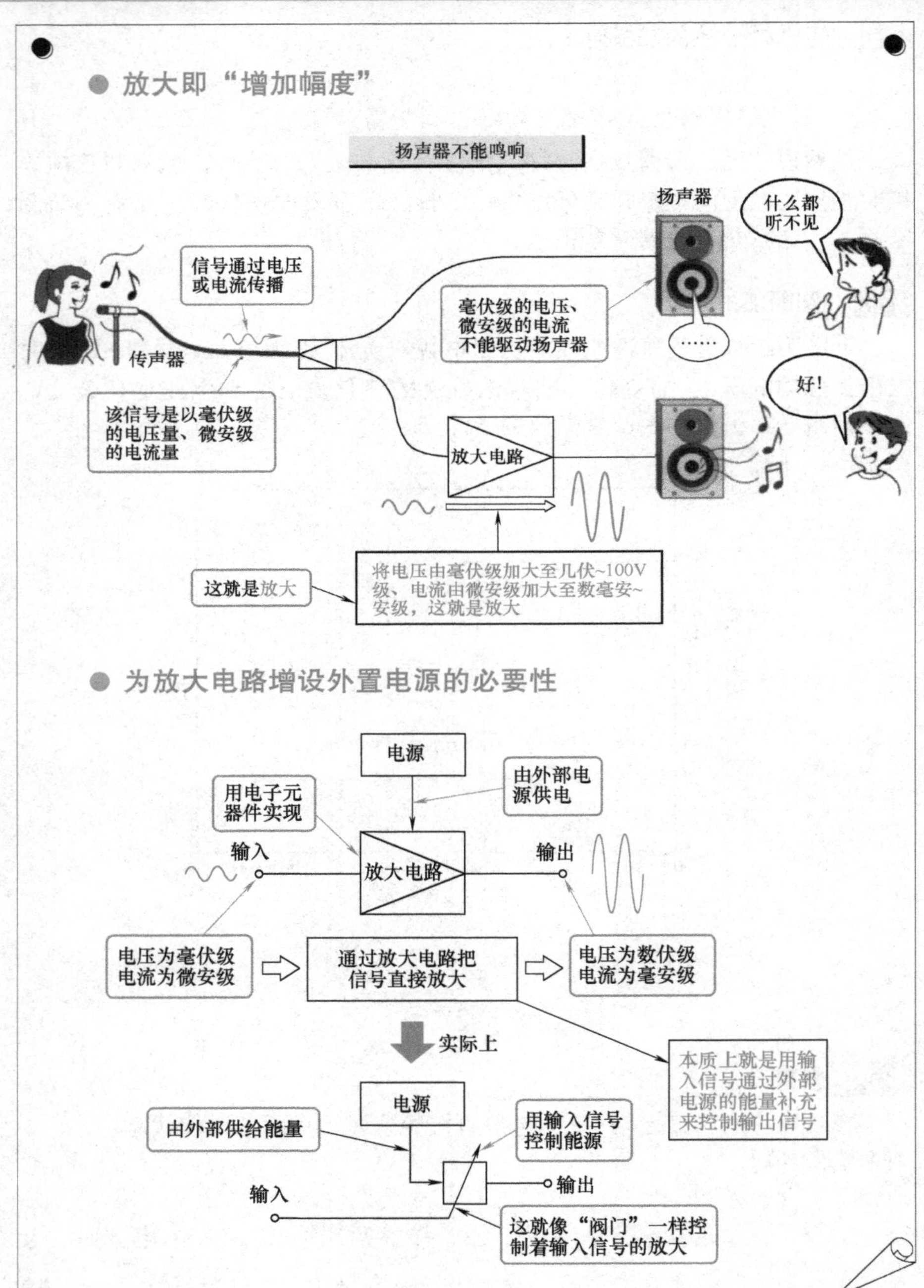

● 实现放大功能的电子器件

以下面两个可以实现放大的电子器件为例

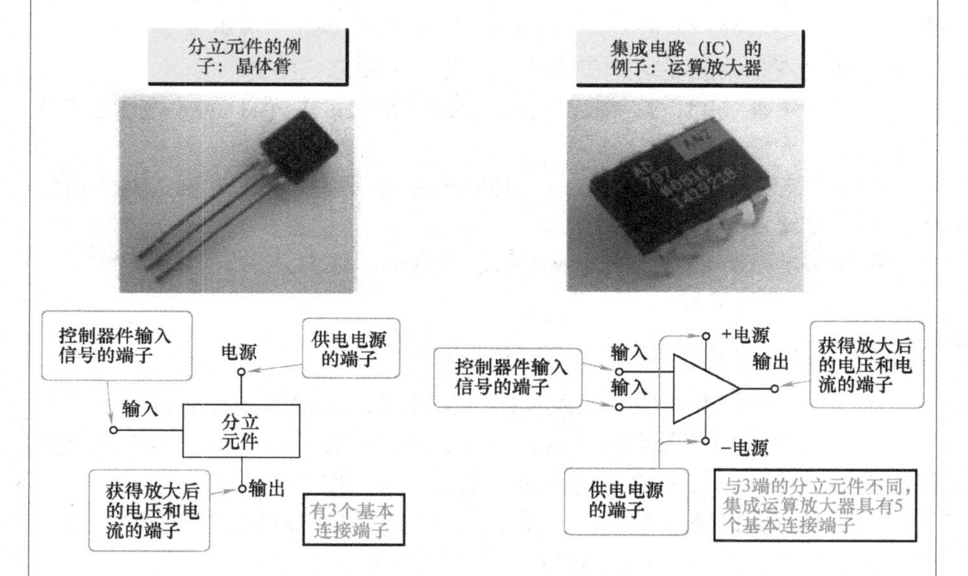

● 电压、电流以及功率的放大

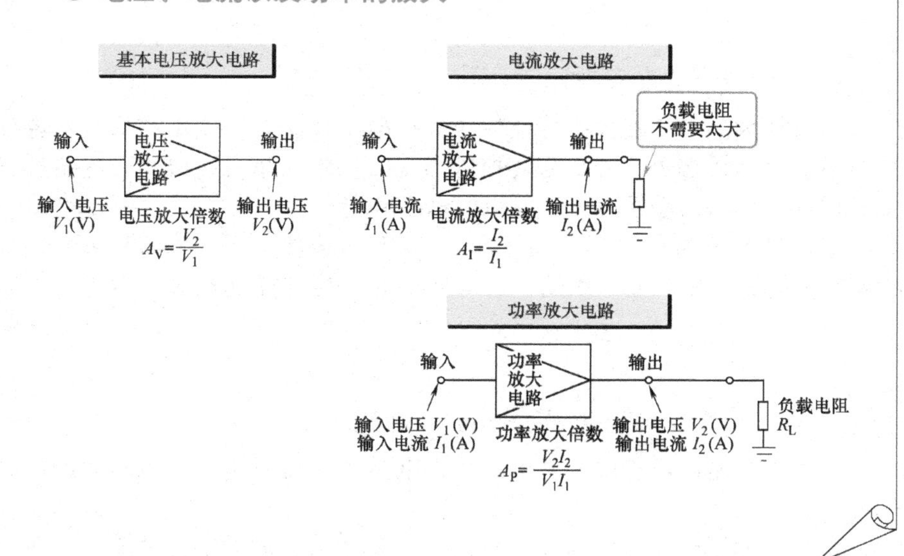

所谓放大就是“增加幅度”

信号通过电压、电流传播。例如用传声器可以取得的音频信号的电平非常小，这个信号只有毫伏（mV）级电压量或者微安级电流量，这么小的电压和电流是不能驱动扬声器的，因此无法使之鸣响。

要让扬声器鸣响，就要把电压从毫伏级放大到几伏～100V，把电流从微安级放大到几毫安～几安。

传感器等采集的信号非常小，而后面的电路需要很大电流，其他的电子设备基本也都是这样的情形。

把采集的小信号电平变成较大的信号电平，这就是“放大”。

为放大电路增设外置电源的必要性

为了放大电压和电流需要由外部供给能量，也就是必须有放大电路的“电源”。电源给电子元器件供电，用电子元器件通过输入信号对电源能量进行控制，这就是信号的（电压和电流的）放大作用。

从放大电路的输入和输出来看，似乎电压和电流的幅度直接增加了，然而在本质上，放大电路是通过使用输入信号来控制外置电源的能量供给，从而在电路的输出上获得与输入成正比的放大信号。

实现放大的电子器件

实现放大的电子器件有各种各样的类型。分立半导体器件的基本特征是具有 3 个连接端子，分别为（控制器件的）输入信号的端子、连接外置电源的端子和获得被控电压和电流的输出的端子。

集成半导体器件（IC）拥有 3 个以上的连接端子，第 23 课会说明“运算放大器”有 5 个连接端子。即使如此，也同样起控制、电源、输出这三个作用。

电压放大是放大电路的最基本功能

信号本身是电压量或电流量，电子电路中的信号放大的基本功能就是“电压放大”。

把放大电压的比率称为电压放大倍数 A_V，若设放大电路的输入电压为

V_1（V），放大电路的输出电压为 V_2（V），则输出电压与输入电压的比值即为电压放大倍数，即

$$A_V = \frac{V_2}{V_1} \tag{4-1}$$

也有实现电流放大的方式

也有实现电流放大的应用方式。这在负载电阻 R_L（Ω）较小场合等，需要大的电流量时进行电流放大。

把放大电流的比率称为电流放大倍数 A_I，若设放大电路的输入电流为 I_1（A）放大电路的输出电流为 I_2（A），则输出电流与出入电流的比值为电流放大倍数 A_I，即

$$A_I = \frac{I_2}{I_1} \tag{4-2}$$

功率放大电路

把电压、电流同时放大的方法，在很多放大电路中也经常采用。若设放大电路输入电压为 V_1，输入电流为 I_1，经过放大电路给负载电阻 R_L 提供的电压为 V_2，电流为 I_2，则功率放大倍数 A_P 为

$$A_P = \frac{V_2 \times I_2}{V_1 \times I_1} \tag{4-3}$$

例题1

计算下图所示电路的电压放大倍数和功率放大倍数。

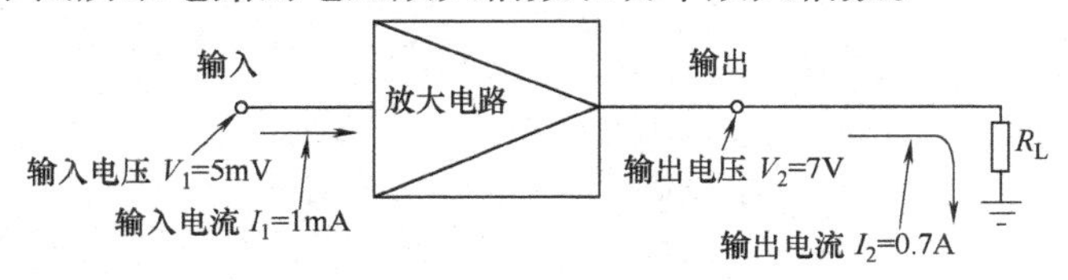

【例题1解】

电压放大倍数　$A_V = \frac{V_2}{V_1} = \frac{7}{0.005} = 1400$

功率放大倍数　$A_P = \frac{V_2 I_2}{V_1 I_1} = \frac{7 \times 0.7}{0.005 \times 0.001} = 980000$

晶体管的简介与种类

● 晶体管的外接端子 E/B/C

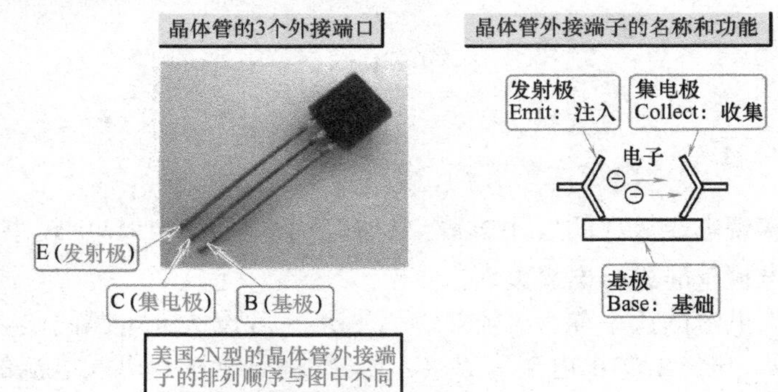

● 晶体管按结构可分为 pnp 型和 npn 型

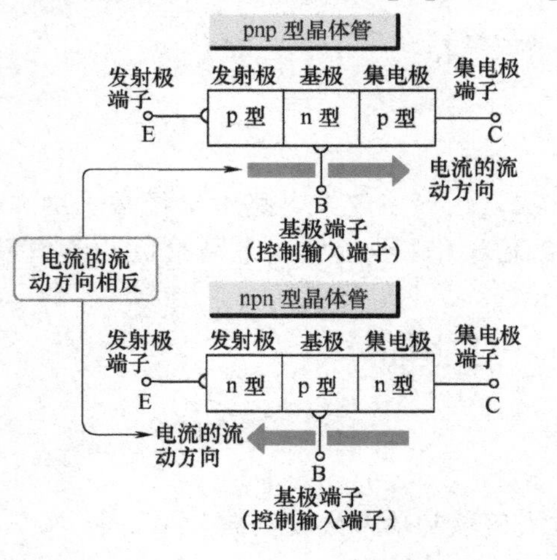

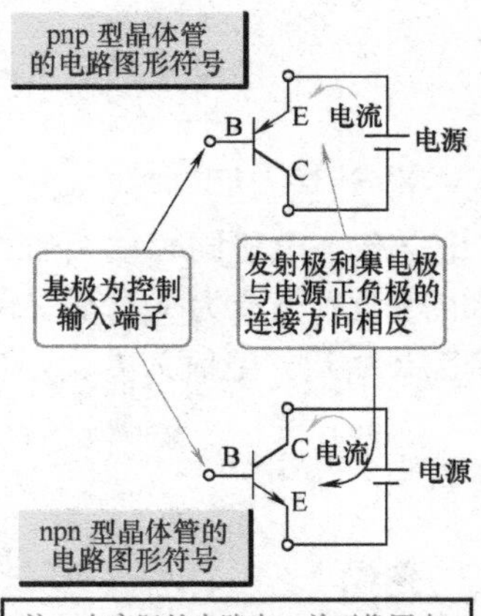

注：在实际的电路中，并不像图中那样把晶体管直接与电源相连，而是在电路中接入保护(限流)电阻等

● 晶体管的用法

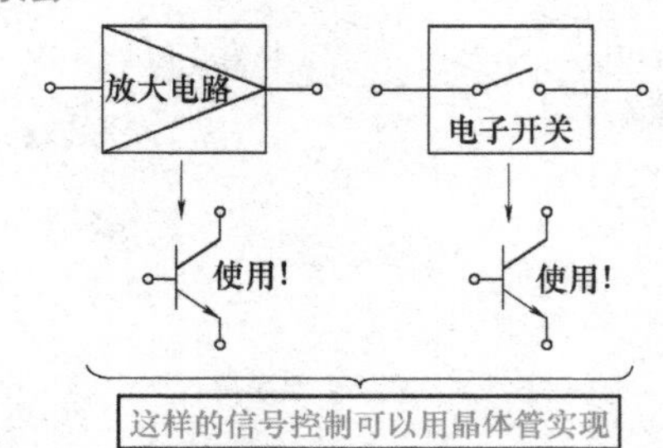

这样的信号控制可以用晶体管实现

● 按日本晶体管型号的分类

根据 EIAJ（现在的 JEITA，日本电子信息技术产业协会），对晶体管进行的命名与分类如下表所示，其中 2 代表是晶体管，S 为在 EIAJ 的注册标志，表示已在 EIAJ 注册登记，A、B、D、C 代表晶体管所使用的材料（我国半导体元器件命名法见 GB/T 249—1989）。

2SA××××	pnp 型	高频用	与美国的 2N××××类似（N 表示该器件已在美国电子工业协会（EIA）注册登记）
2SB××××		低频用	
2SC××××	npn 型	高频用	
2SD××××		低频用	

注：高频用与低频用并没有明确的界限。

晶体管的外接端子为 E/B/C（发射极、基极、集电极）

晶体管是具有 3 个端子的半导体器件，其端子分别为 E（发射极）、B（基极）、C（集电极）。从电子的运动角度来看（电流流动的方向与电子的运动方向是相反的），从发射极（Emit，有放出的意思）放出（注入）电子，若将基极（Base，有基极的意思）的工作作为基准，则集电极（Collect，有收集的意思）起收集电子的作用。

晶体管按结构可分为 pnp 型和 npn 型

晶体管的发射极、基极、集电极之间，基极在正中间，是 p 型半导体或 n 型半导体的分层结构，有 p 型-n 型-p 型（把这个称之为 pnp 型晶体管）和 n 型-p 型-n 型（把这个称之为 npn 型晶体管）两种类型。

pnp 型与 npn 型晶体管的电流流动方向相反

pnp 型管和 npn 型晶体管的电流流动方向相反。另外，基极为控制输入端子，而发射极和集电极与电源的正极和负极相连，这在 pnp 型晶体管和 npn 型晶体管中正好相反。

晶体管的用法

晶体管既可对电信号进行放大，又可同开关一样工作，是控制电气信号的基本半导体器件。

从开关工作这个方面考虑的话，也可以把晶体管用作本书后面提到的构成“逻辑门（数字IC)”的器件。

在日本，晶体管被分为以2SA、2SB、2SC、2SD的四种基本类型

在日本，晶体管的型号是以在EIAJ［日本电子机械工业会，现在的JEITA（日本电子与信息技术产业协会）］上注册登记为标准的。

pnp型晶体管是以2SA和2SB开头命名的，npn型晶体管是以2SC和2SD开头命名的。其中，高频采用2SA、2SC类晶体管，低频采用2SB、2SD类晶体管。

其实，高频用晶体管和低频用晶体管没有明确的界限。

最近的厂家独自编制型号

在美国，晶体管的型号是以2N开头的，N表示该器件已在美国电子工业协会（EIA）注册登记。然而在日本，不管美国如何，最近每个制造厂家有开始使用自己的独立编号，称之为“厂家编号”。另外，不仅单个晶体管，而且随着内藏电阻型和两个晶体管制成一体的产品、高频用晶体管等增多，这种厂家自行命名和编号的现象已很普遍。

按照设计目的选择恰当尺寸和用途的晶体管

实际所使用的晶体管有很多种类。

形状也有很多种类。有3个引脚的小型晶体管，还有更小的在印制电路板表面贴装的片状晶体管；还有控制大电流的10mm以上四方形大功率晶体管等。在实际使用中，要根据使用目的和设计条件加以正确选择。

其实，有些型号不同的晶体管的特性是相同的，相互之间可以代换使用，所以也被称之为“半导体器件第二生产供应源”。实际的产品与原选产品特性相同，或者制造出在市场上可以与原有的型号代换的产品也是存在的。

例题1

晶体管的发明者是谁，试着弄清楚他们从属于哪个机构或组织。

【例题 1 解】

美国物理学家巴丁（John Bardeen）和布拉顿（Walter Brattain）在 1947 年发现了成为晶体管基础的“点接触型晶体管”的原理，他们两人都在贝尔电话研究所工作。其后，他们两人与肖克莱（William Shockley，贝尔电话研究所）共同发明即使现在也在使用的结型晶体管。

例题 2

下图为 pnp 型和 npn 型晶体管的正确连接方法，试着标出这些 p 型半导体剩余的部分空穴（载流子）、n 型半导体剩余的部分电子（载流子），考虑给出电流流动方向以及载流子移动方向。并且通过下图的原理加以说明。

【例题 2 解】

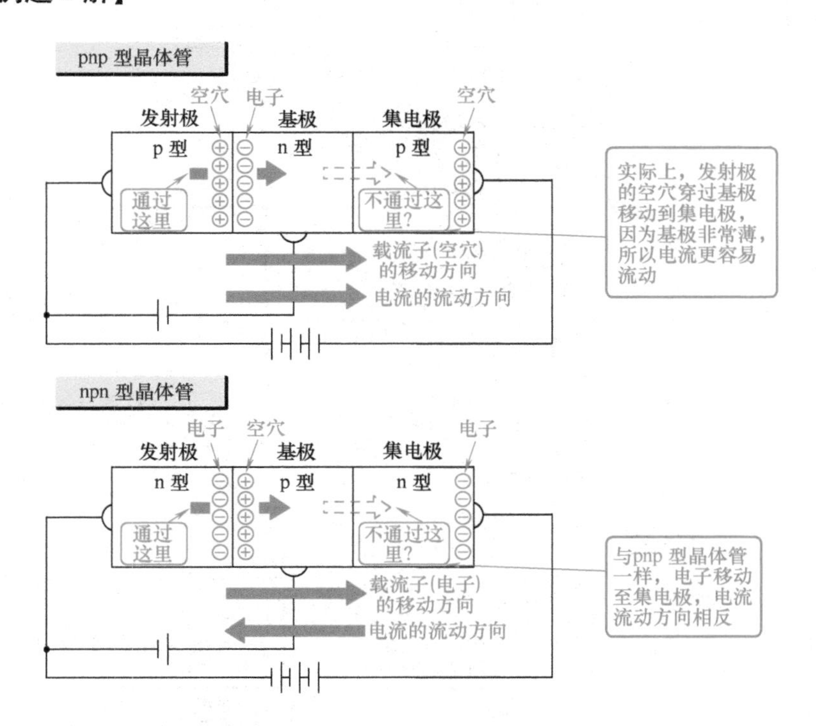

第6课
充分理解简化等效电路以灵活应用晶体管

● 用称为晶体管电流放大倍数的比例系数控制电流

（注）后续课程中的晶体管电路图中的电压（V）、电流（A）、阻抗（Ω）的单位符号均省略。

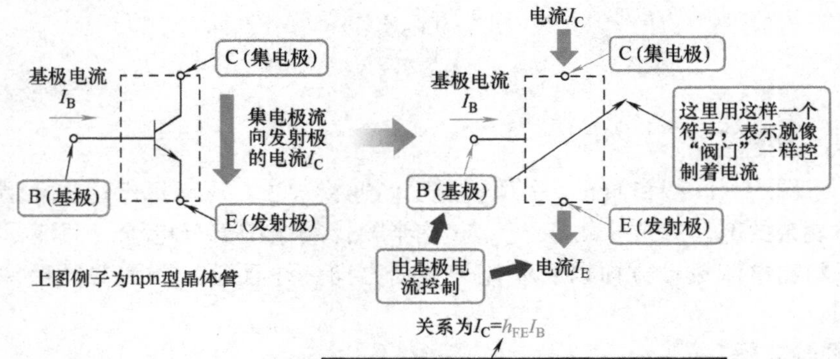

这就是所说的电流放大倍数，有时也用β代替h_{FE}。不同的晶体管，电流放大倍数也不同

● 在实际的电路设计中要充分熟悉简化等效电路

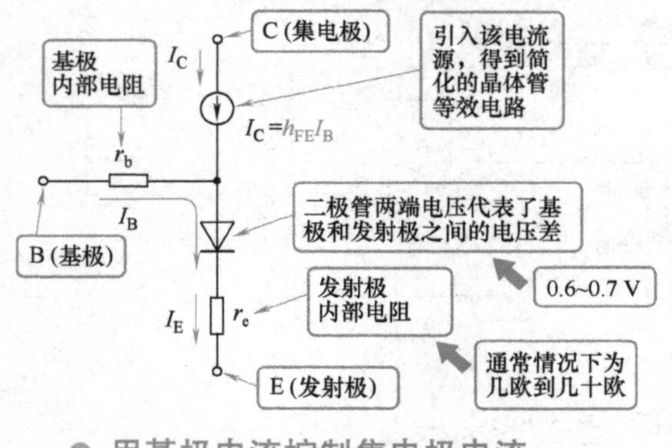

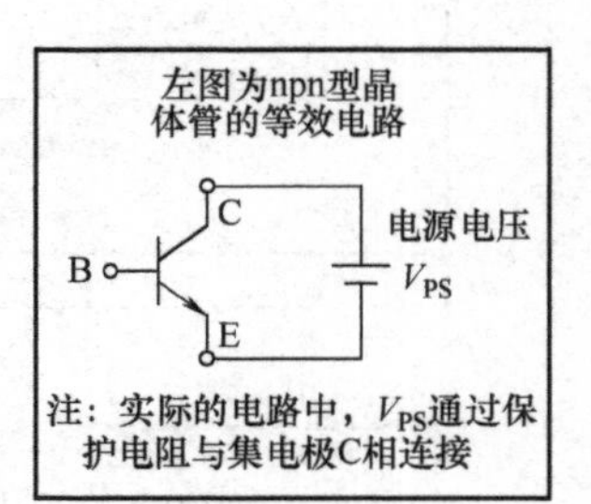

● 用基极电流控制集电极电流

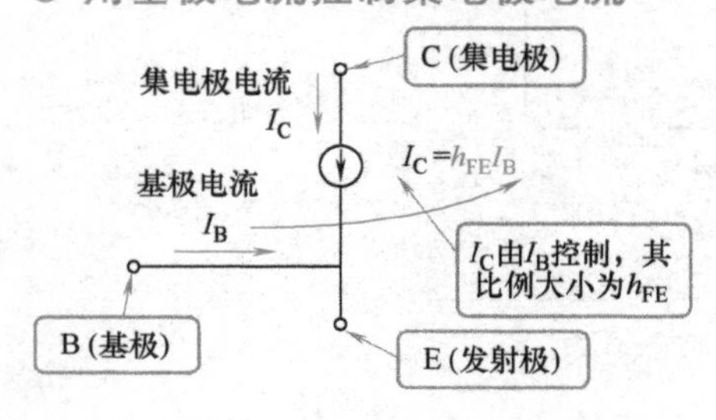

实际上，h_{FE}为基极电流I_B控制集电极电流I_C的倍数，就像阀门控制着水管中水流的速度一样

注：左图是根据上述等效电路说明所必要部分的简化电路

● 将晶体管的简化等效电路的工作理解为水管中水的流动

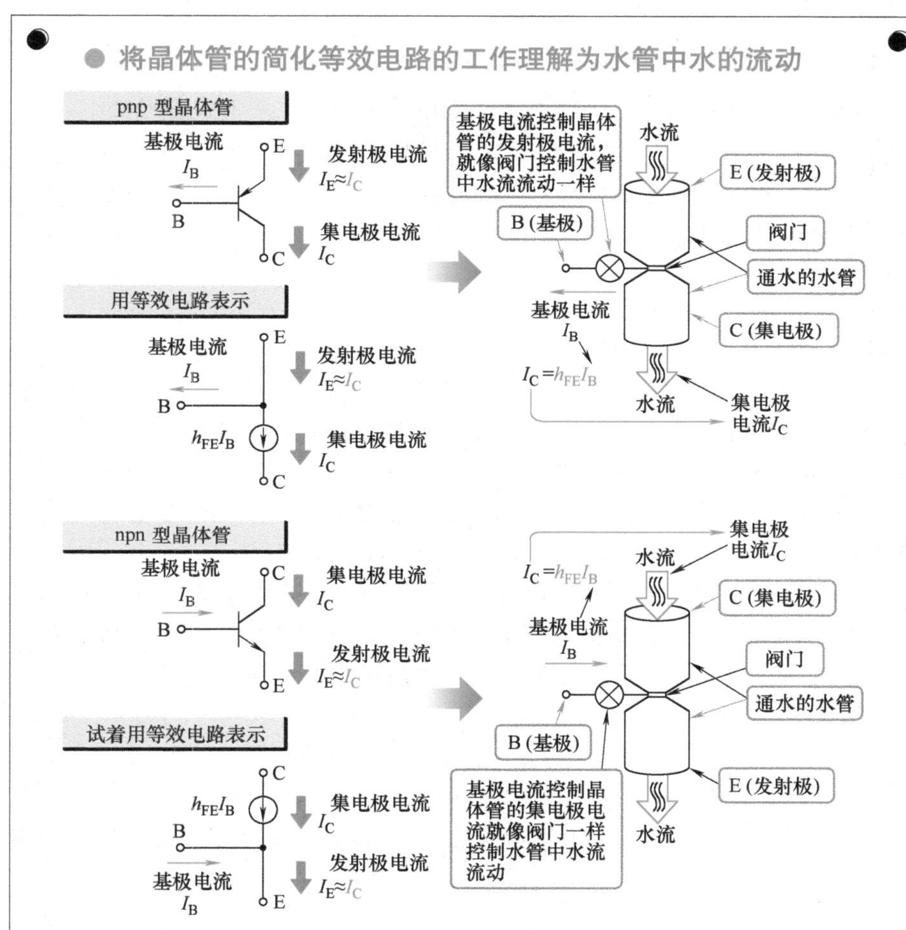

● 集电极电流和发射极电流基本相等

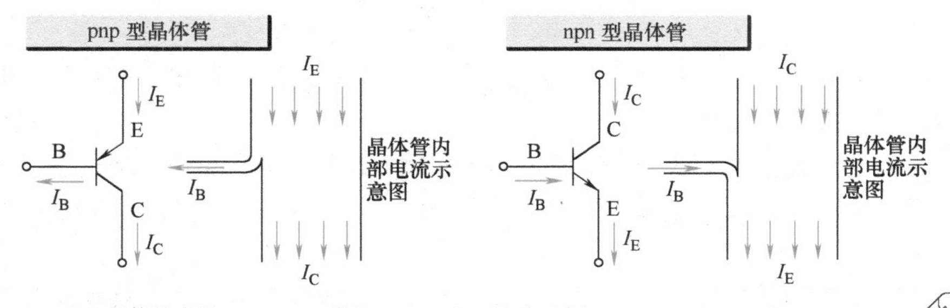

注：晶体管内部 $I_B << I_C$，所以 $I_E \approx I_C$（I_C 几乎不变）

用称为晶体管电流放大倍数的比例系数控制电流

将晶体管集电极与发射极间流动的电流 I_C（A）按下式进行控制：

$$I_C = h_{FE} \times I_B \tag{6-1}$$

式中，I_B（A）为流过基极的电流；h_{FE}为称为电流放倍数（也有用β表示）的比例系数。

充分理解在实际的电路设计中简化等效电路

把晶体管工作可用等效电路进行模型化表示。由于本书属于入门书，所以就用最简单的简化等效电路表示。虽然是简化等效电路，但在实际的电子电路设计中，应充分熟悉简化等效电路。

本课一开始给出的图为 npn 型晶体管的连接方式。pnp 型晶体管电路的电源 V_{PS}（V）与电流 I（A）的方向与该图完全相反。

基极与发射极之间可用二极管进行模型化，基极电流 I_B 为从基极流向发射极（仅限于 npn 型晶体管）。发射极内部电阻 r_E（Ω）通常为几欧~几十欧，基极和发射极之间的导通电压通常为0.6~0.7V。

用基极电流控制集电极电流

集电极电流 I_C 的大小为基极电流 I_B 与晶体管电流放大系数 h_{FE}的乘积，电流 I_C 受 I_B 的“控制”。

晶体管的简化等效电路工作可理解为水管中的阀门工作

试着考虑有水流过的管子（水管）的中途有阀门的例子。阀门用来调节流过水管中的水量。

在集电极与发射极之间，可以类比为水流过的管子本身。基极电流 I_B 可类比为打开水管上的阀门而有“微量的水”，该水量与阀门的开启度成比例关系。

如果把基极电流 I_B 类比为“水”的话，该电流 I_B（水）就相当于微小量流向（仅限于 npn 型晶体管）发射极的控制电流（水），控制来自集

电极的电流 I_C（水）按一定比例流向发射极，最终这两股电流 I_C（水）和基极电流 I_B（水）在晶体管内混合在一起，从发射极共同流出来。

集电极电流与发射极电流基本相等

在晶体管中，基极电流 I_B 与集电极电流 I_C 相比，非常小。在这里发射极电流 I_E（A）可表示为

$$I_E = I_C + I_B \approx I_C \tag{6-2}$$

例题 1

在晶体管的简化等效电路中，通过图中所示的 npn 型晶体管的电流放大倍数，试着计算出当基极电流 I_B 为 10μA 时该晶体管的集电极电流 I_C 和集电极电压 V_C。

【例题 1 解】

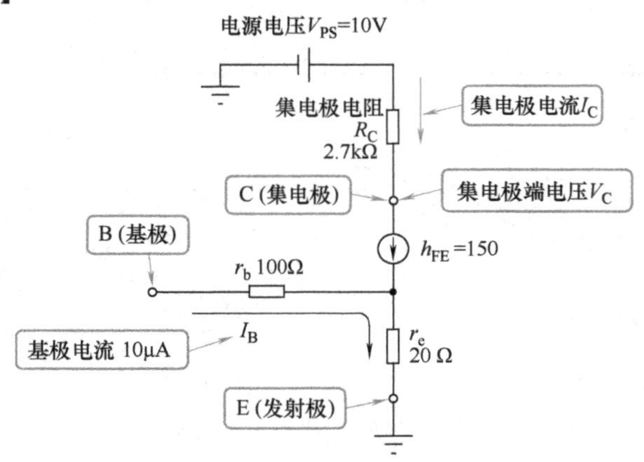

基极电流　$I_B = 10\mu A$

集电极电流　$I_C = h_{FE}I_B = 150 \times 10 \times 10^{-6}A = 1.5 \times 10^{-3}A = 1.5mA$

因为集电极电流 I_C 流过 R_C(2.7kΩ)，所以集电极电阻 R_C 两端的电压为

$$2.7 \times 10^3 \times 1.5 \times 10^{-3}V = 4.05V$$

电源电压 $V_{PS} = 10V$ 时，集电极端电压为

$$V_C = (10 - 4.05)V = 5.95V$$

第7课

最常用的基本放大电路是"共射放大电路"

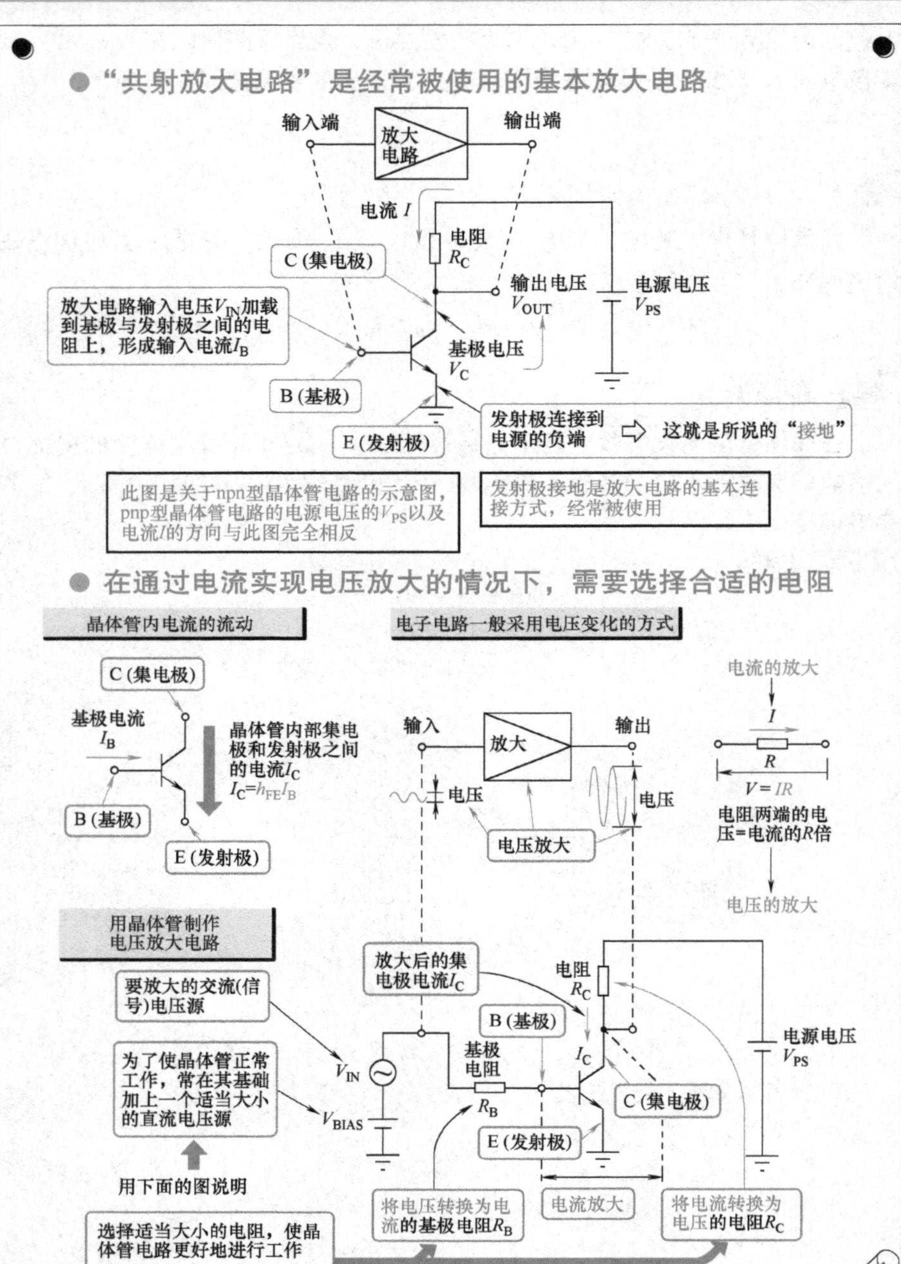

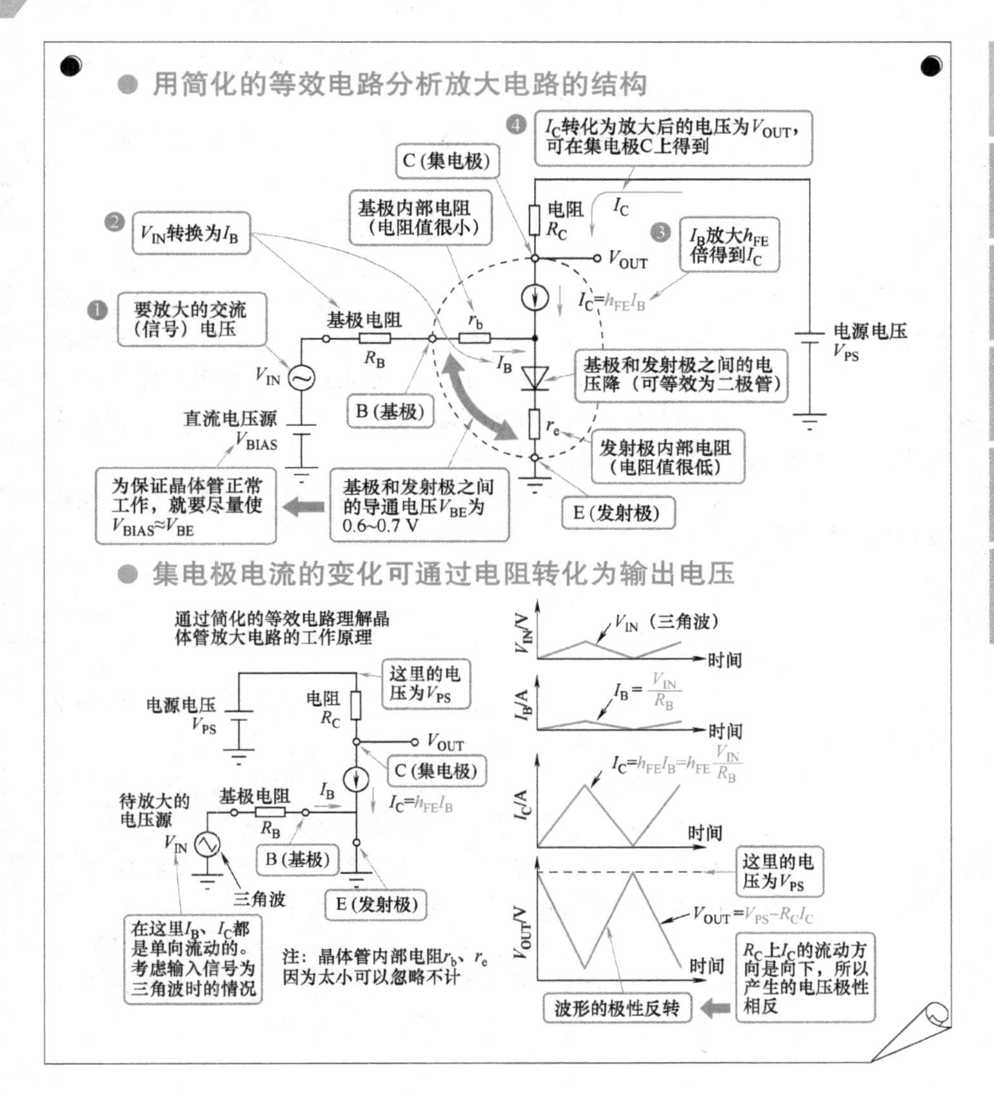

“共射放大电路”是经常被使用的基本放大电路

“共射放大电路”是把发射极连接在0V的地电位上（称为“接地”）构成的放大电路，也称为“发射极接地”。输出电压 V_{OUT}（V）取自集电极电压 V_C（V）。

此图是关于 npn 型晶体管的。pnp 型晶体管电路的电源电压 V_{PS}（V）、电流 I（A）的方向与此图完全相反。

共射放大电路是晶体管放大的基本电路，在各种场合经常被使用。

在通过电流实现电压放大的情况下，需要选择合适的电阻

晶体管是实现电流放大的基本元件，但在电子电路中通常是需要进行电压信号放大的，因此，晶体管也被用作放大电压的电子电路的基本原件。要想将晶体管用于电压放大电路，在信号输入端通过电阻将输入电压转化为电流，并加载到基极，电路的输出阻抗将晶体管的放大电流转化为电路的放大电压，然后在集电极输出。

要放大信号，就要选择适当大小的电阻，只有这样，才能让电子电路按照预想的计划进行放大。

利用等效电路分析放大电路的结构

在基极，直流电压源 V_{BIAS}（V）与交流（信号）电压源 V_{IN}（V）相串联，基极电阻 R_B（Ω）连接在基极与交流（信号）电压源之间。

基极与发射极之间的电压 V_{BE}，在第 6 课时我们把它等效为一个二极管，导通电压为 0.6～0.7V，并且需要从外部提供相应的电压 V_{BIAS}。

当交流（信号）电压源 V_{IN} 变化时，基极电阻 R_B 上基极电流 I_B（A）发生变化，从而引起集电极电流 I_C（A）也发生变化。

$$I_C = h_{FE} \times I_B \tag{7-1}$$

这是电流“控制”的关系式。将基极电流 I_B 放大 h_{FE} 倍，其数值等于集电极电流 I_C（同第 6 课中讲的一样，并不是电流 I_B 产生的 I_C）。

集电极电流的变化通过电阻可以转化为输出电压

集电极电流 I_C 的变化会引起电阻 R_C（Ω）两端电压的变化。集电极电压 V_C，正是基极的交流电压经过放大所得到的。

输入信号 V_{IN} 经过晶体管放大电路，得到的放大的电压信号为 V_C，V_{IN} 和 V_C 的波形的极性是相反的。

实际的电路上可使用偏置电路

不同的晶体管（即使是一样的型号）电流放大倍数也存在不同，同时，电流放大倍数也根据周围温度的变化而变化，所以这样的电路是不稳定的。

所以，在实际的电路中，经常采用第 11 课以后所介绍的“偏置电路”，这样的电路不受各种参数差异和温度变化的影响。

例题 1

通过本课所学的晶体管简化等效电路，试着分析共射放大电路的集电极输出时，电路的输出阻抗 R_{OUT} 的大小。

【例题 1 解】

首先考虑晶体管内部的等效电路，集电极输出是电流源，电流源内部电阻无穷大，而且集电极电阻 R_C 和电源相连接。

因此，晶体管的集电极，在作为电路的阻抗方面，就像没有连接一样，电源 V_{PS} 的内阻很小，可以忽略不计，集电极输出电路的输出阻抗 R_{OUT} 为 R_C，即

$$R_{OUT} = R_C$$

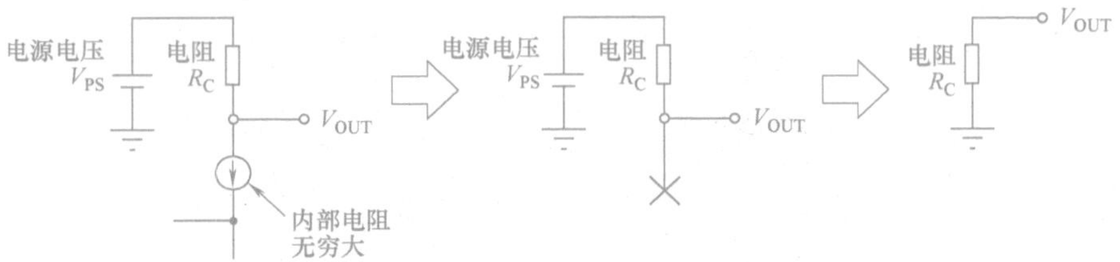

第 8 课

共集放大电路/射极跟随器的电流放大

● 发射极电压跟随基极电压变化的共集电极电路（射极跟随器）

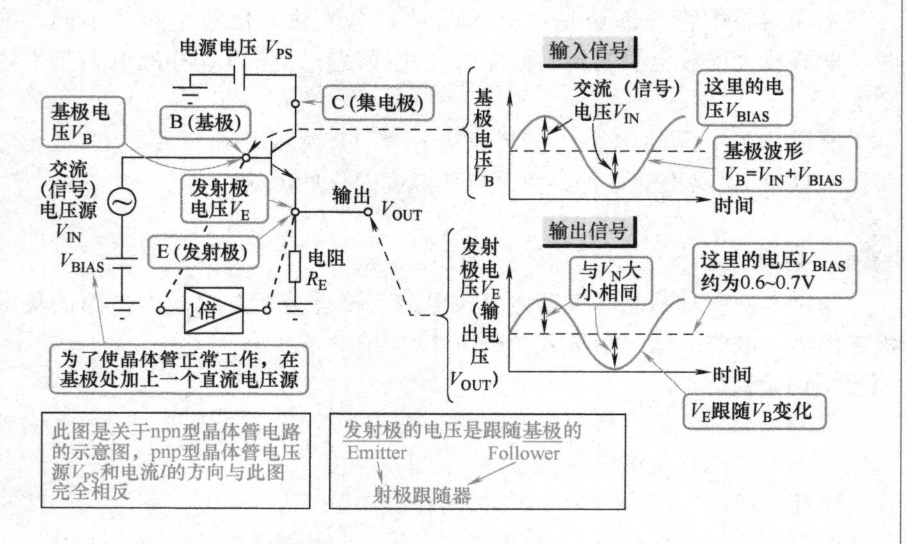

此图是关于npn型晶体管电路的示意图，pnp型晶体管电压源V_{PS}和电流I的方向与此图完全相反

发射极的电压是跟随基极的
Emitter Follower
射极跟随器

● 集电极与电源相连接的共集放大电路

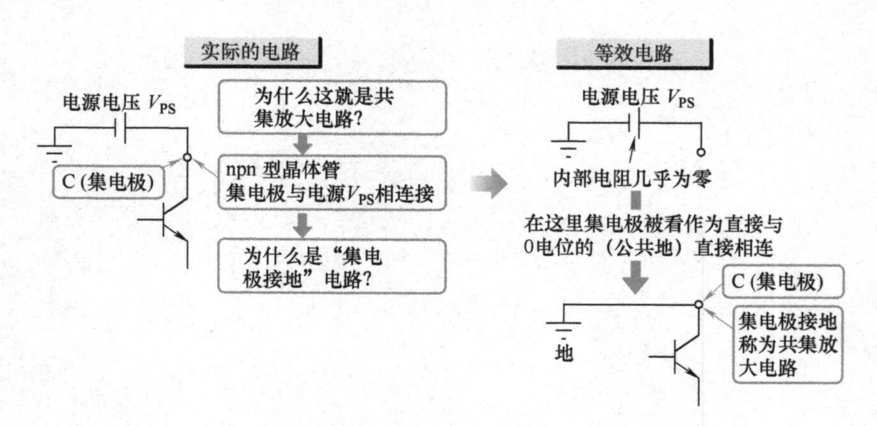

● 共集放大电路能够输出很大的电流

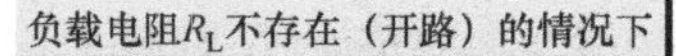

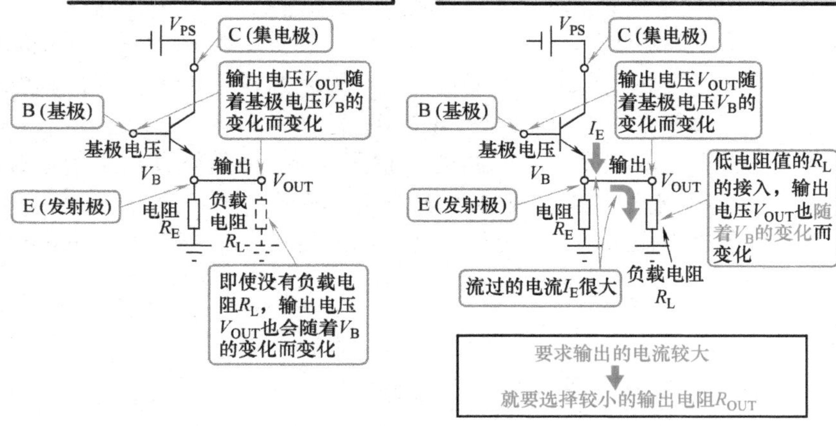

● 共集放大电路的输入阻抗很大

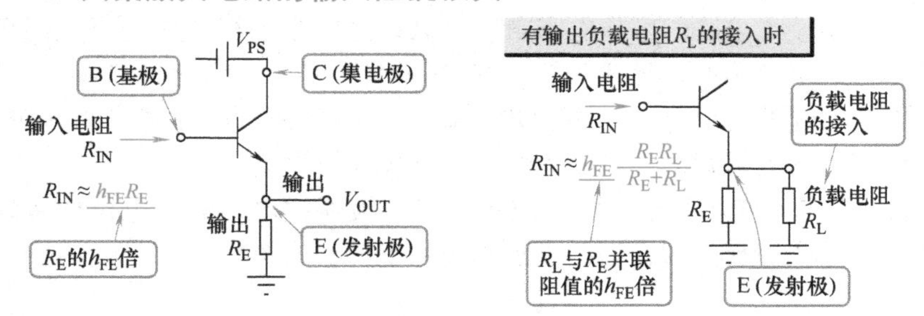

● 利用简化的等效电路对实际电路的分析

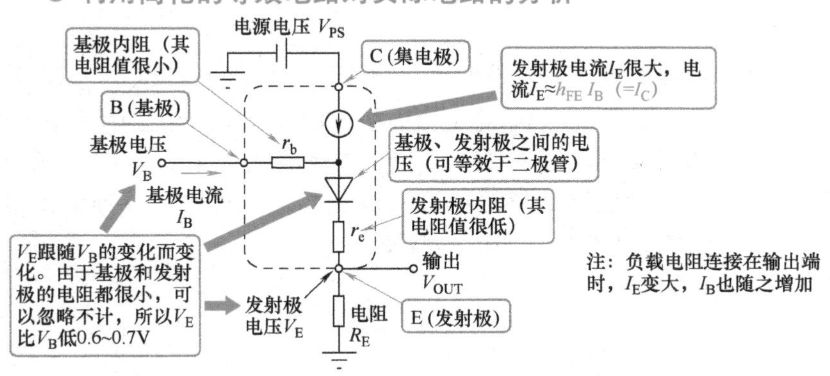

注：负载电阻连接在输出端时，I_E变大，I_B也随之增加

发射极电压跟随基极电压变化的共集电极电路

如图中所示的电路，电阻 R_E（Ω）一端与晶体管的发射极相连，另一端接地。直流电压源 V_{BIAS}（V）和交流（信号）电压源 V_{IN}（V）相串联作为基极电压 V_B（V），发射极电压 V_E（V）随着基极电压 V_B（V）的变化而变化。取发射极电压 V_E 作为输出电压 V_{OUT}（V）。

此图是关于 npn 型晶体管电路的示意图。pnp 型晶体管电路的电源电压 V_{PS}（V）与电流 I（A）的方向与此图完全相反。

由于发射极电压跟随基极电压变化，因此通常共集电极电路一般也称为射极跟随器。

集电极与电源相连接的共集放大电路

共集放大电路，npn 型晶体管的集电极与电源 V_{PS}直接相连。

从共集放大电路的等效电路来看，晶体管的集电极与发射极之间可以被看作是一个理想的直流电流源，其内阻为无穷大，因此可以看作开路。与集电极相连的电源是一个直流电压源，其内阻为可以被看作为无穷小，因此电路中的晶体管的集电极等效地可以被看作为接地。

pnp 型晶体管的共集放大电路中，发射极通过电阻与零电位的接地点相连（也可以看作发射极通过电阻与正的电源相连接）。

共集放大电路能输出很大的电流

共集放大电路的输出端（发射极）所连接的负载电阻为 R_L（Ω），输出电压 V_{OUT}是随着基极电压 V_B 的变化而变化的，与负载电阻的大小无关。因此，当负载电阻 R_L 变得很小时，流过负载的电流 I_E（A）将会很大。

这就是共集放大电路能够输出很大电流的原因所在，亦即输出电阻 R_{OUT}的减小，使得集电极的输出电流增加。

共集放大电路的输入阻抗很大

共集放大电路还具有较大的输入电阻 R_{IN}（Ω）的特点。其输入电阻 R_{IN}为

$$R_{IN} \approx h_{FE} \times R_E \tag{8-1}$$

因此，其基极电流 I_B 很小，这也是共集放大电路的一个优点。

利用等效电路对实际电路进行分析

基极和发射极之间的电压 V_{BE}（V），和在第6课中介绍的一样，可等效为一个二极管，其导通电压为0.6～0.7V。交流（信号）电压源 V_{IN} 的变化会引起基极电压 V_B 的变化，然后以降低0.6～0.7V 的数值决定发射极电压的变化。

发射极能够输出较大电流的原因为

$$I_E \approx h_{FE} \times I_B = I_C \tag{8-2}$$

由此式可以看出，发射极输出电流较大。

共集放大电路一般用于前置电路

共集放大电路输入输出的电压基本不变，然而它们的输入/输出阻抗却大不相同，输入电阻 R_{IN} 很大，输出电阻 R_{OUT} 很小，两者相差很大。在电子电路的实际应用中，常常利用共集放大电路输入/输出阻抗大小不同的特性，将其用作电路的前置电路，将较小电流的信号源进行放大，以得到较大的电流，从而驱动负载 R_L。

例题1

利用本课所讲的等效电路方法，分析共集放大电路的发射极输出电阻 R_{OUT} 的大小。

【例题1解】

首先试着分析晶体管内部的情况，在发射极的输出端，发射极内阻为 r_e(Ω)。又因基极电流 I_B 很小时，基极内阻 r_b(Ω) 的影响很小，可以忽略不计。

晶体管内部，当基极电压 V_B 大于基极与发射极间的导通电压时，发射极内阻 r_e 所产生的压降为基极和发射极之间的导通电压（相当于一个二极管）。这里 V_{BE} 根据晶体管的不同，其大小略有差异，一般为0.6～0.7V。

在这里，发射极输出电阻 R_{OUT} 为

$$R_{OUT} \approx r_e$$

因此，其输出电阻 R_{OUT} 很小（即使在信号源内阻 R_s 很大的情况下，R_{OUT} 也只有 R_S/h_{FE} 那么大）。发射极内阻 R_e 请参考式（13-1）。

第9课

具有良好高频特性的共基放大电路

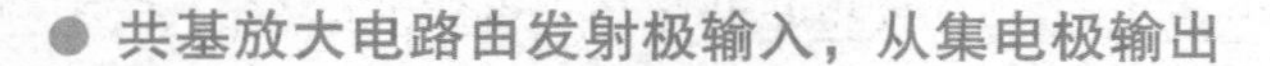

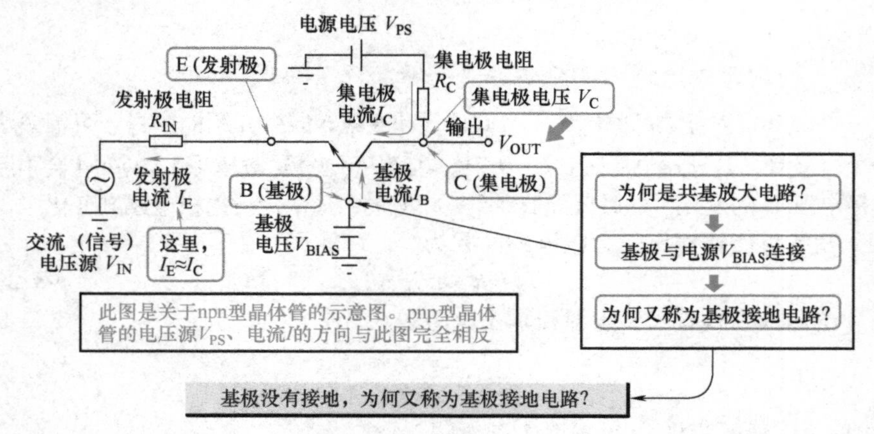

※与第8课相同，只是……

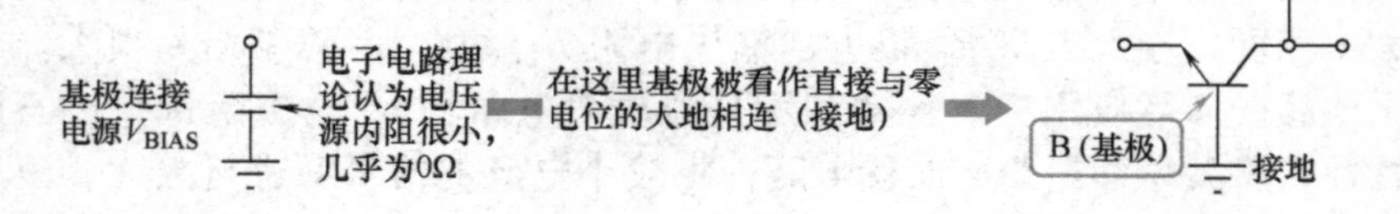

● 共基电路的放大功能

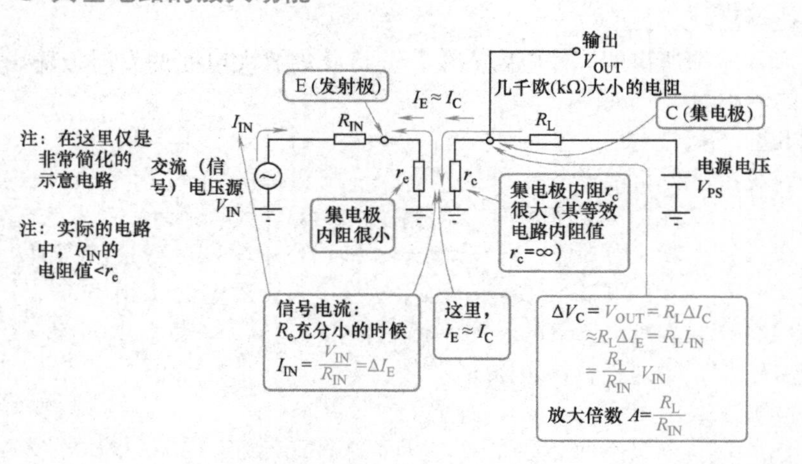

● 利用晶体管的等效电路分析放大电路的工作原理

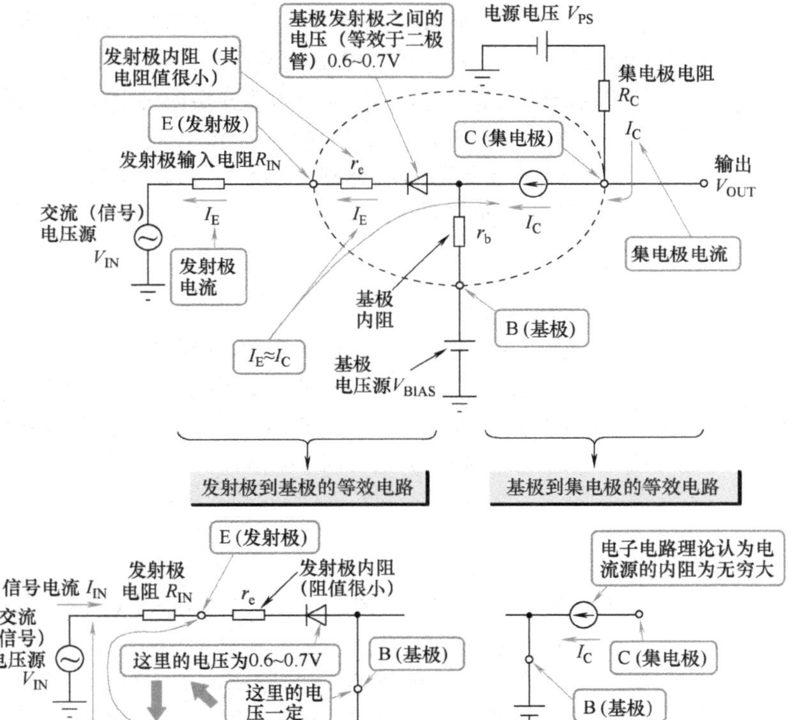

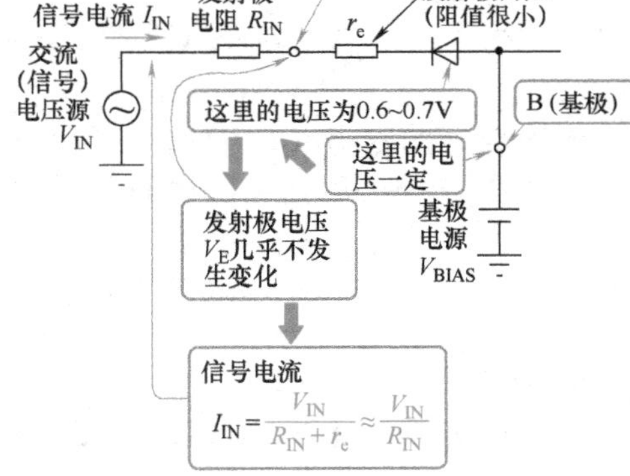

从前页的图中可知

$$\Delta V_C = V_{OUT} = \frac{R_L}{R_{IN}}V_{IN}$$

电路的放大倍数

$$A = \frac{R_L}{R_{IN}}$$

共基放大电路是由发射极输入、集电极输出的

共基放大电路，发射极电流 I_E（A）基本上是由集电极电流供给的，因此 $I_E \approx I_C$（基极电流 I_B 很小，几乎可以忽略不计）。

发射极电流 I_E 和集电极电流 I_C（A）的大小取决于集电极电阻 R_C（Ω），此电流改变输出电压 V_{OUT}（V）。输出电压 V_{OUT}（V）从集电极电压 V_C（V）取出。

此图是关于 npn 型晶体管电路的示意图，pnp 型晶体管的电压 V_{PS}（V）和电流 I（A）的方向与此图完全相反。

基极没有与大地连接，为何又称为基极接地电路?

基极与电压源 V_{BIAS}（V）相连接，为何又称为基极接地电路呢？电路理论认为，理想的电压源其内阻为 0Ω，因此，该电路可以被看作是基极直接与零电位的大地相连接（尽管有电动势的存在），也就是基极接地，所以称为基极接地电路。这里和第 8 课所讲的相同。

共基电路的放大功能

共基放大电路发射极内阻 r_e（Ω）很小，集电极内部电阻 r_c（Ω）在其等效电路中 $r_c = \infty$，并且 $I_E \approx I_C$。

在集电极与电源之间连接一个阻值较大的电阻 R_L（Ω），其值大约为几千欧（kΩ）。发射极的交流（信号）电压 V_{IN}（V）通过输入阻抗 R_{IN}（Ω）与发射极相连接。

因此，输入信号电流 I_{IN}（A）为

$$I_{IN} = \frac{V_{IN}}{R_{IN}} = \Delta I_E \tag{9-1}$$

该电流信号在晶体管发射极所产生的电流变化量 ΔI_E，以及集电极所产生的电流变化量 ΔI_C 为

$$\Delta I_C \approx \Delta I_E = I_{IN} \tag{9-2}$$

由于集电极电流 I_C 流过电阻 R_L，因此，集电极所产生的电流变化量 ΔI_C 在电阻 R_L 两端所产生的电压变化量为

$$\Delta V_C = V_{OUT} = R_L \times I_{IN} = \frac{R_L}{R_{IN}} \times V_{IN} \tag{9-3}$$

通过以上式可以看出，如果选择 $R_L > R_{IN}$，电路则可以实现输入信号的电压放大。并且 V_{IN} 和 V_{OUT} 波形的极性相同。

在实际的电路中，与第14课所描述的一样，采用 CR 的连接方式。如果电容 C 及 R_{IN} 的等效电阻值为0的情况下，电路的实际输入阻抗就只有 r_e 了。

利用晶体管等效电路分析放大电路的工作原理

基极到发射极之间的电压 V_{BE}，正如第6课中所讲的那样，可以等效于一个二极管，其导通电压为0.6～0.7V。又因为基极电压连接的电压源 V_{BIAS}（V）是恒定的，通过该等效二极管到发射极的电压也几乎保持不变，所以，输入信号源输出的电流为

$$I_{IN}=\frac{V_{IN}}{R_{IN}+r_e}\approx\frac{V_{IN}}{R_{IN}} \tag{9-4}$$

这个电流 I_{IN} 的绝大部分均转换为集电极电流，即为集电极的电流源。根据电路理论，理想电流源的电阻为无穷大。因此，在等效电路中，集电极内部电阻 $r_c=\infty$。

共集放大电路具有良好的频率特性

共基放大电路的输入输出电压的极性相同，集电极和发射极之间的电容很小（因为基极与发射极之间结合得很紧密，间隙非常小），极间电容对输入信号的密勒效应影响变得相当小。

因此共基放大电路，可以高品质地保持放大电路的频率特性，能够方便地改善高频电路的频率特性。

例题1

试分析共基放大电路的发射极的输入电阻 R_{INT}（Ω）的大小。

【例题1解】

从晶体管的内部结构考虑的话，在发射极输入端上存在着发射极内阻 r_e，基极输入端上也存在着基极内阻 r_b。因为基极电流 I_B 很小，所以基极内阻 r_b 对电路的影响可以忽略不计。

再来看发射极内阻 r_e 在晶体管内部所产生的电压降，由基极电压 V_{BIAS} 在基极和发射极之间所产生的电压降基本保持不变（相当于一个二极管的导通电压）。

因此，发射极的输入电阻 R_{IN} 的大小为

$$R_{IN}=r_e$$

r_e 的大小可参照式（13-1）。

第10课

可作为开关使用的晶体管

● 要使晶体管以开关方式工作，其基极需要加足够的电流

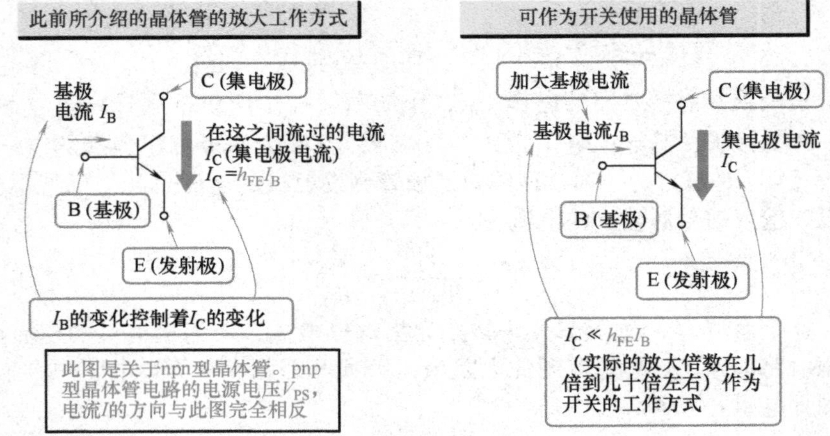

注：晶体管的开关与普通开关不同。电流的流向为同一方向

● 此时晶体管的 V_{CE} 处于饱和状态

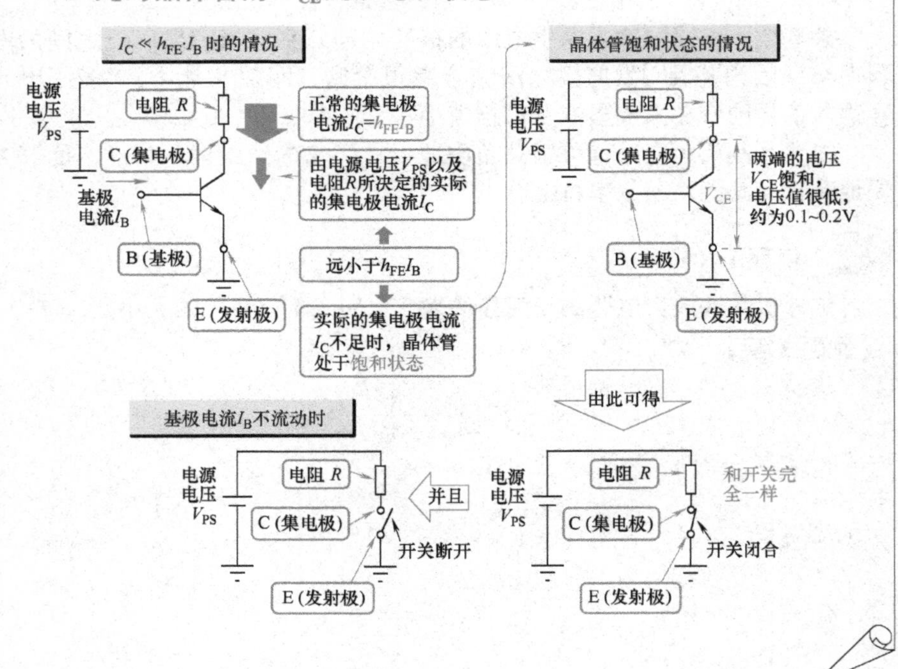

集电极电流是由电源电压和集电极电阻所决定的

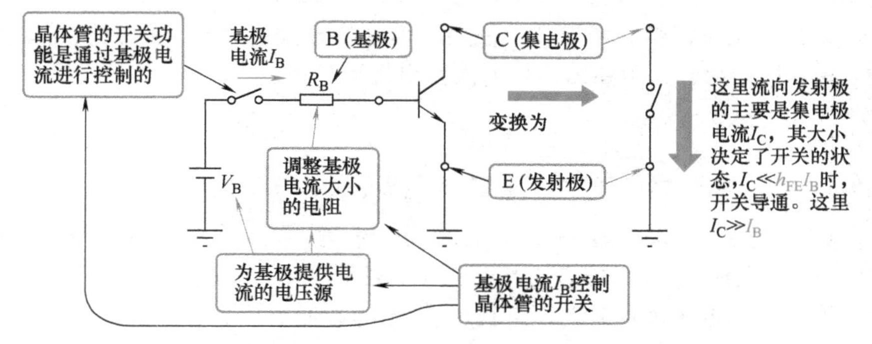

通常采用集电极开路的连接方式

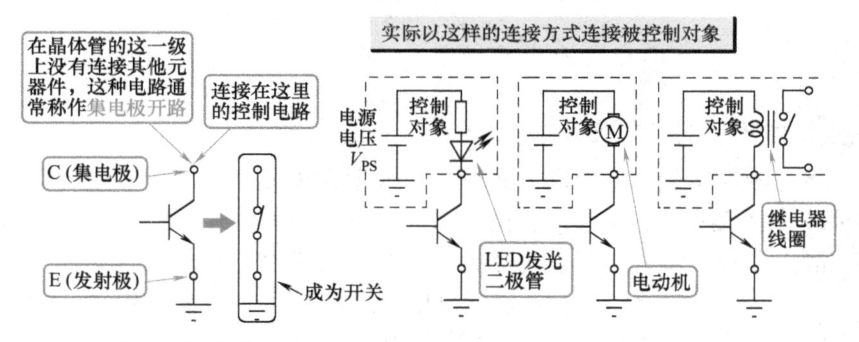

电荷存储效应引起的开关时间延迟

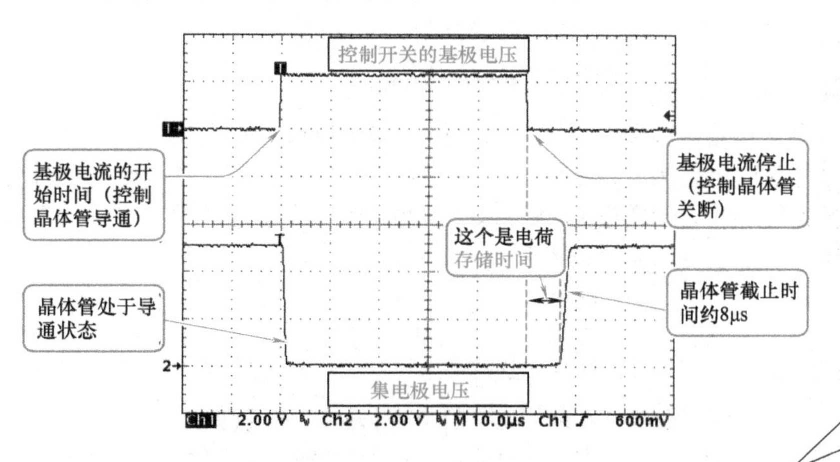

晶体管作为电流单方向通过的电子开关使用

晶体管也可以作为电子开关使用。但这个开关的电流方向只能是单向的，pnp 型管和 npn 型晶体管的电流方向相反。

如果使晶体管以开关方式工作，需要加大基极电流

此图是关于 npn 型晶体管的。而 pnp 型晶体管电路的电源电压 V_{PS}（V）、电流 I（A）的方向与此图完全相反。

在用作为开关晶体管时，基极电流 I_B 的数值要比 I_C/h_{FE} 大一些，通常取几倍到几十倍的裕度。即

$$I_C \ll I_B \times h_{FE} \tag{10-1}$$

晶体管 V_{CE} 的饱和状态

当晶体管处于开关工作方式时，因为电源电压和集电极电阻的限制，集电极 I_C 不足以提供 $h_{FE}I_B$ 大小的电流。因此，集电极电流 I_C 不能持续增加，晶体管进入饱和状态，此时集电极和发射极之间的电压 $V_{CE(SAT)}$（V）间的电压约为 0.1 ~0.2V 左右的低电压。晶体管处于导通状态。正是因为这个缘故，晶体管才可以作为开关来使用。

基极电压源通过电阻提供基极电流

为了使晶体管成为电子开关工作，需要提供一个电压源，并将其通过电阻与基极相连接。如果要使开关导通，基极电压源通过电阻向晶体管的基极提供足够大的电流 I_B 就可以使得晶体管导通。晶体管导通时，开关就导通，并且允许电流通过该管。

晶体管开关工作方式的电路通常采用集电极开路的连接方式

晶体管作为电子开关使用时，能够对被控对象进行控制，诸如 LED、电动机、继电器线圈等。应为此时晶体管的集电极除被控对象外，没有连接任

何其他的电路或元件，因此也将晶体管的这种连接方式称为集电极开路。

另外，在晶体管开关电路中，晶体管处于饱和状态，使得开关导通。当晶体管关断时（晶体管从饱和状态恢复到截止状态），由于电荷的存储效应，晶体管工作状态的转换将有几个微秒（μs）的动作延迟，将该时间称为“恢复时间”。

在发射极连接继电器线圈时需要注意线圈的反电动势

在晶体管开关电路中，如果连接的被控对象为电动机或继电器线圈时，晶体管的导通与关断控制着线圈中电流的通过。此时，当晶体管由导通状态向截止状态转换时，集电极（线圈中）的电流的突然减小，线圈将会会产生一个反电动势，并作用于集电极。这个反电动势将高达数百伏（V），常常会引起晶体管的损坏。

为解决这个问题，通常在电动机和继电器线圈上并联一个反向二极管，当晶体管关断时，此二极管可以吸收感应反电动势所产生的电流。

例题 1

如图所示电路为电流放大倍数 $h_{FE}=200$ 的晶体管开关电路，试计算当 5V 的电压连接着 100Ω 的电阻加载到集电极（晶体管处于饱和状态）时的基极电流 I_B。这里，基极电流的富裕度为 5 倍。

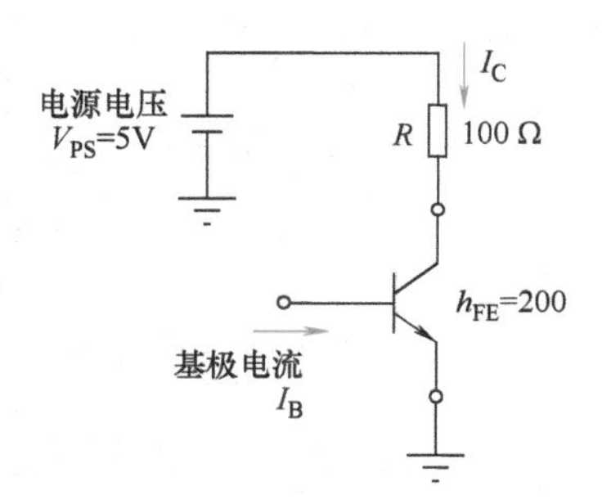

【例题 1 解】

对于 5V 的电源电压，当晶体管导通并处于饱和状态时，晶体管的饱和电压很小，在这里可以假定为 0V。

因此，晶体管处于饱和状态时，100Ω 的电阻内有 50mA 的电流通过。

因为基极电流的富裕度为 5 倍

$$I_B=5\times\frac{I_C}{h_{FE}}=5\times\frac{50\times10^{-3}}{200}\text{A}=1.25\times10^{-3}\text{A}=1.25\text{mA}$$

第11课

CR 连接方式和晶体管的偏置电路

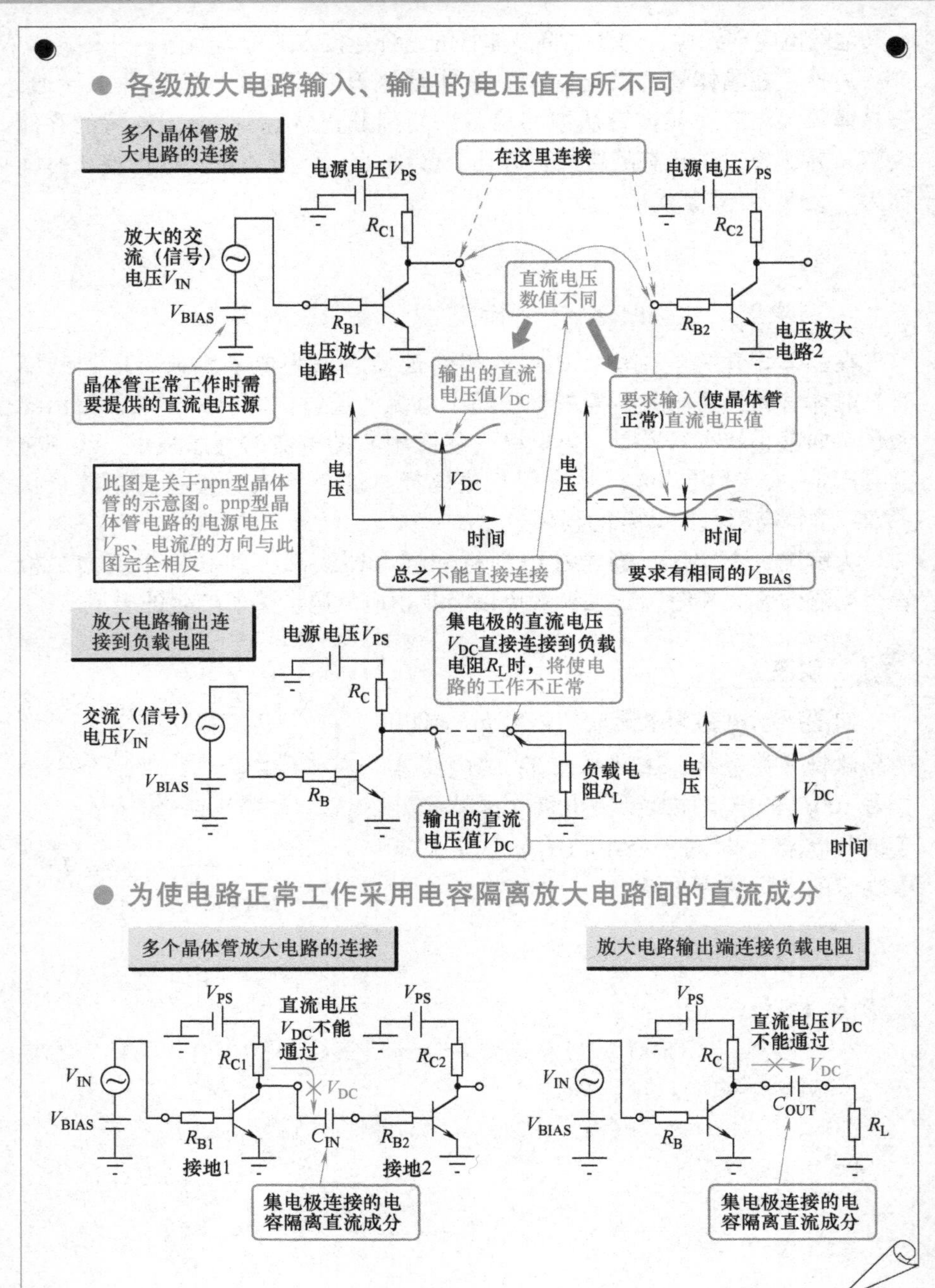

● 为了让晶体管正常工作，需要为其提供偏置电压

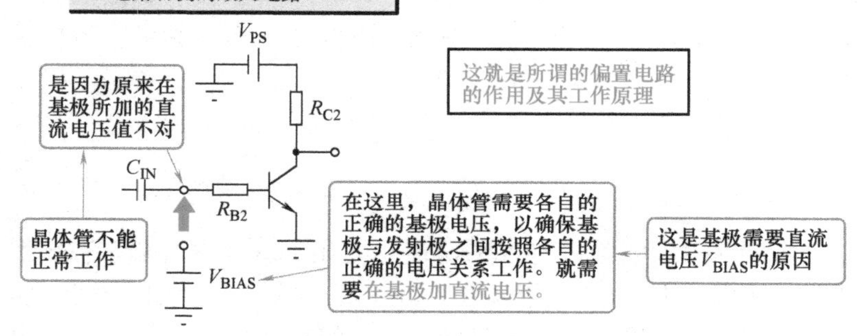

● 通过电阻产生偏置电压的"偏置电路"

为了获得晶体管正常工作所需要的正确的电压关系，通过电阻实现与直流电压源 V_{BIAS} 相当的电压。

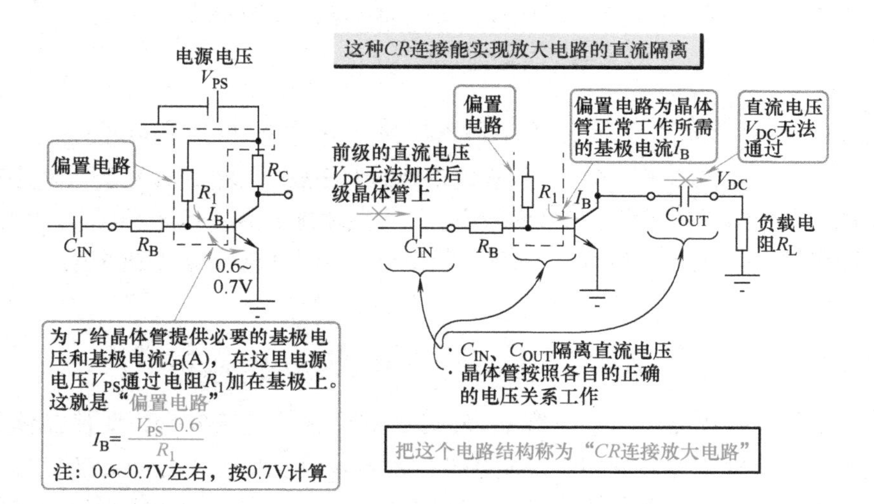

实际放大电路的信号不需要直流电压成分

在实际的放大电路中，由于需要放大的信号不包括直流成分，晶体管放大电路所放大的仅仅是交流信号部分。频率大约在数十赫兹以上的交流信号能够通过放大电路就可以了。因此在电路中，为了滤除直流成分，常常在输入端连接一个电容。

各级放大电路的输入、输出的直流电压幅度不同

以上图中对放大电路进行说明所使用的是 npn 型晶体管。pnp 型晶体管电路的电源电压 V_{PS}（V）和电流 I（A）的方向，与此图完全相反。

当采用多级晶体管放大电路连接时，各级放大电路的输入、输出以及晶体管工作的直流电压有所不同。

此时，如果通过负载电阻 R_L（Ω）直接将交流电压 V_{IN}（V）放大的部分输出到下一级晶体管放大电路的话，集电极的直流电压也会通过负载电阻 R_L 加到下一级放大电路的输入端，就不能实现正常的放大功能。

为使电路正常工作采用电容隔离放大电路间的直流成分

为了使各级晶体管放大电路实现正确的电压放大功能，即在放大电路和负载电阻之间只进行交流信号的传递，在电路中加入 C_{IN}（F）和 C_{OUT}（F），以隔离各个晶体管放大电路的直流电压成分，使其无法在电路中通过。

为了让晶体管正常工作，需要为其提供偏置电压

由于放大电路之间的电容 C_{IN} 隔离了信号中的直流成分，要使晶体管放大电路正常工作，就需要保证基极、发射极以及集电极之间处于正确的电压关系。为此，在晶体管放大电路中加入偏置电路，为晶体管提供正常工作所需要的偏置电压。

如第 6 课所介绍的等效电路那样，基极与发射极之间被等效为一个二极管。要使该二极管导通，就需要提供一个适当大小的基极电流 I_B（A）。

通过电阻产生偏置电压的“偏置电路”

为了晶体管能正常工作，通过在放大电路中加入一个普通的电阻 R_1（Ω），引入直流电源电压 V_{PS}，给晶体管提供基极电压和基极电流 I_B。这就是在晶体管电路之外又加入的“偏置电路”。

多级放大电路中的电容 C_{IN}，隔离了各级放大电路块间的直流电压，使得各级电路中的晶体管均能够按照各自的“正确的电压关系”正常工作。这样的电路被称为 *CR*（Capacitor-Resistor）连接方式放大电路。

为了使各级电路的晶体管均能正常工作，就需要为各级电路提供不同的电压源，有了这样的偏置电路，就解决了这个问题。图中提供偏置电压的电路是“固定偏置电路”，但也能在各级放大电路中（恰当地）实用。

关于偏置电路的更多内容，参见后续课程的介绍。

例题 1

如图所示的共射放大电路，基极被直接加了一个偏置电压 V_{BIAS}，电容 C_{IN}将交流信号电压 V_{IN}加到电路的输入端。试分析该电路能够实现交流信号电压 V_{IN}的放大吗？

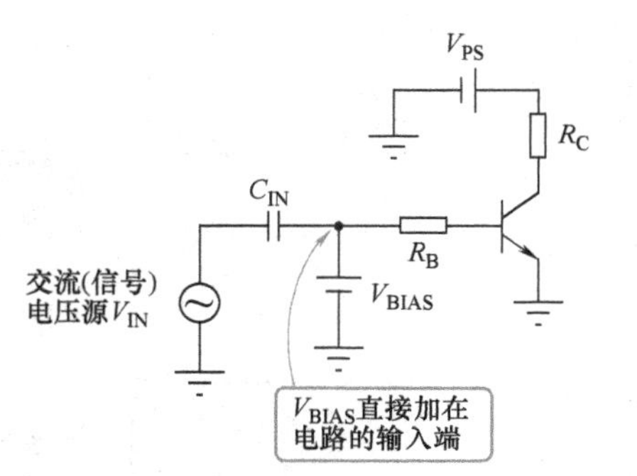

【例题 1 解】

在该电路中，由于被连接到基极电阻 R_B 上的偏置电压源 V_{BIAS}的内阻为0Ω，经由电容 C_{IN}输入的交流信号电压 V_{IN}连接在电压源的一端，直接与电压源连接一起，来自交流信号源的电流，全部经由电压源 V_{BIAS}流向了接地点，没有提供给晶体管。

因此，晶体管放大电路对输入信号不起作用。这也是要采用偏置电阻构成偏置电路的原因。

共射放大电路的实际偏置电路

● 固定偏置电路 h_{FE} 的变化引起放大电路工作不稳定

对于 *CR* 连接方式的共射放大电路，第 11 课所介绍的“固定偏置电路”最为简单。

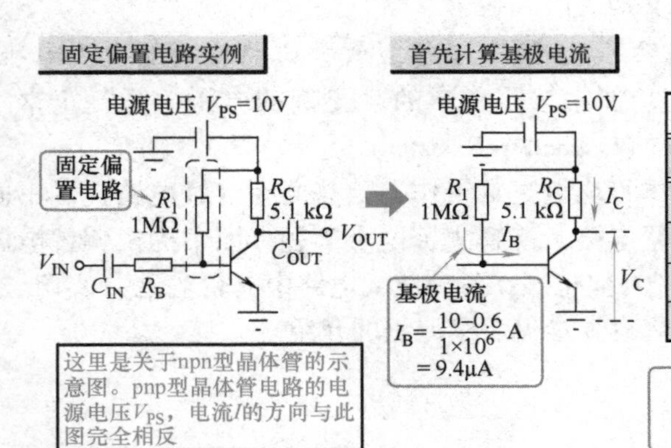

晶体管电流放大倍数h_{FE}的变化范围

以2SC2712的h_{FE}为例

等级	h_{FE}的范围
O (橙色)	70~140
Y (黄色)	120~240
GR (绿色)	200~400
BL (蓝色)	350~700

被分为4个等级，全部变化范围在70~700的范围内，各个等级的范围不同

当晶体管电流放大倍数h_{FE}变化时，其集电极电压也会发生改变

$I_C=h_{FE}I_B$
$=100\times9.4\mu A$
$=940\mu A$

$V_C=10V-I_CR_C$
$=10V-940\mu A\times5.1k\Omega$
$=5.2V$

集电极电压V_C的大小处于电源V_{PS}与地电位中间的位置

$I_C=h_{FE}I_B$
$=150\times9.4\mu A$
$=1410\mu A$

$V_C=10V-I_CR_C$
$=10V-1410\mu A\times5.1k\Omega$
$=2.8V$

集电极电压V_C仅比地电位高1/4电源V_{PS}

只要晶体管h_{FE}有变化，其集电极电压V_C就会发生改变。因此，固定偏置电路是不稳定的

● 自偏置电路能够改善电路的稳定性能

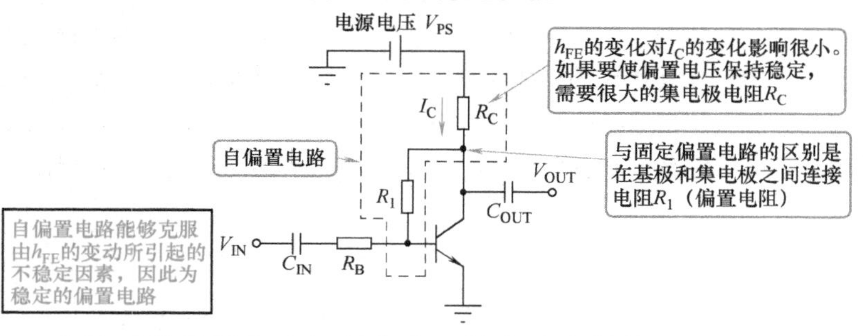

● 电流反馈偏置电路经常在实际的电路中被使用

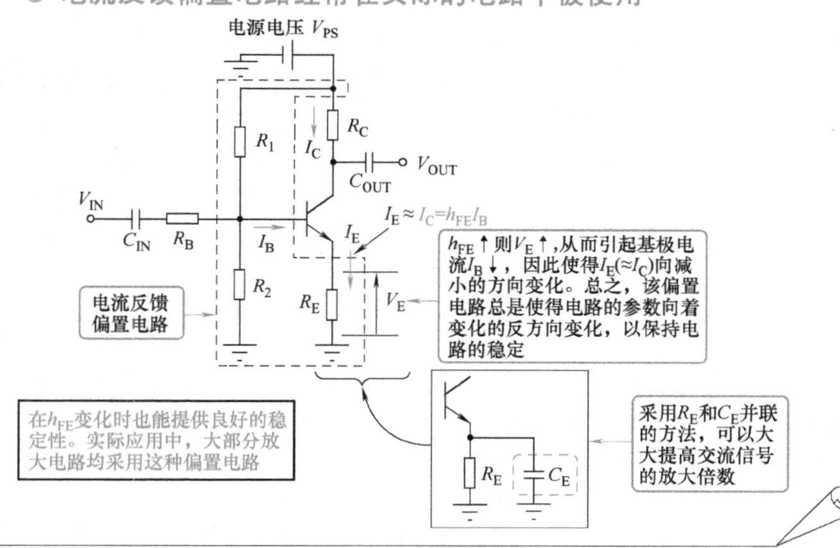

偏置电压是晶体管正常工作的需要

在第7～9课中，介绍了三种不同类型的共极放大电路。在介绍这些电路的工作原理时，电源用的是直流电压源 V_{PS}（V），偏置电压源用的是直流电压源 V_{BIAS}（V）。

该电压源 V_{BIAS}的设置，是为了保证发射极、集电极和基极之间正确的电压关系，从而使得晶体管正常工作。第11课介绍了利用电容来隔离信号中的直流电压成分，因此采用偏置电路中的电阻提供的偏置电压来代替原来的偏置电压源。

晶体管电流放大倍数 h_{FE} 的变化

晶体管的电流放大倍数 h_{FE} 的大小是用其颜色所代表的级别来标识的，不同型号的晶体管（即使是同样的型号）其大小差异也很大，而且温度的变化对电流放大倍数也有很大的影响。以上介绍了共射放大电路几种不同类型的实际偏置电路，这些偏置电路在克服 h_{FE} 变化，改善电路的稳定性方面也有所不同。

固定偏置电路 h_{FE} 的变化引起放大电路工作不稳定

此图是关于 npn 型晶体管的说明。pnp 型晶体管电压源 V_{PS}（V）、电流 I（A）的方向与此图完全相反。

对于第 11 课中所介绍的 CR 连接方式共射放大电路来说，固定偏置电路是最简单的。所以，h_{FE} 的变化会引起稳定度的下降，因此在实际电路中几乎不采用固定偏置电路。

譬如在图中所示的电路里，当晶体管的 $h_{FE}=100$ 时，其集电极电压 V_C（V）的大小处于电源 V_{PS} 与地电位中间的位置（$V_{PS}/2$）。当 $h_{FE}=150$ 时，其集电极电压 V_C（V）的大小只有电源电压 V_{PS} 的 1/4。因此，该固定偏置电路实用性差。

自偏置电路能够改善电路的稳定性能

与固定偏置电路相比，自偏置电路使用的电阻的个数没有改变，但却能够有效地克服 h_{FE} 的改变对电路的影响，提高了电路的稳定性。该电路连接偏置电阻的位置与固定偏置电路不同，不是直接连接在电源上，而是连接在集电极上，因此也被称为电压反馈偏置电路。

如果要提高放大电路的 h_{FE} 变化稳定性，就需要一个较大的集电极电阻 R_C（Ω）很大。因此，放大电路反映基极电压变化的集电极电压变化 ΔV_C（V）也将很大，这一点对放大电路的设计带来了很多限制。

电流反馈偏置电路经常在实际的电路中被使用

电流反馈偏置电路的稳定性能很好，实际应用中，大部分放大电路均采用这种反馈偏置电路。

在该电路中，发射极电阻 R_E（Ω）中流过的电流为基极电流 I_B（A）的 h_{FE} 倍。因此，如果 h_{FE} 增大，则流向发射极电阻 R_E（Ω）中的电流也增大，发

射极电阻 R_E（Ω）所产生的电压降也会增大，使得发射极电位上升。该电位的上升就会引起基极电流 I_B（A）的减少，从而使得放大电路能够抑制 h_{FE} 增大所产生的影响，放大电路朝着稳定的方向变化。这就是我们所说的“电流负反馈”。

与发射极电阻并联的电容能够有效地提高交流信号的放大倍数

电流反馈偏置电路，由于有发射极电阻 R_E 的存在，使得电路能够克服 h_{FE} 变化的影响，从而变得稳定。但是，电路的电压放大倍数也会受到影响。此时的信号电压放大倍数可表示为

$$A=\frac{R_C}{R_E} \tag{12-1}$$

由此可见，电路的电压放大倍数变得很小了。为解决该问题，在此采用将电容 C_E 与发射极电阻 R_E 并联的方法，在不改变电路的直流“电流负反馈”的前提下，可以大大提高交流信号的放大倍数，即

$$A=h_{FE}\times\frac{R_C}{R_B} \tag{12-2}$$

式（12-1）的放大倍数实现的为直流放大功能。

例题 1

右图所示的电路为电流负反馈偏置电路。计算电路的 E（发射极）、C（集电极）、B（基极）各端的电压大小（偏置状态）。此时的 V_{IN}、V_{OUT} 都没有连接信号源和负载，基极电流 I_B(A) 很小，可以忽略不计。V_{BE} = 0.7V 的状态下，晶体管的 h_{FE} 为 200。

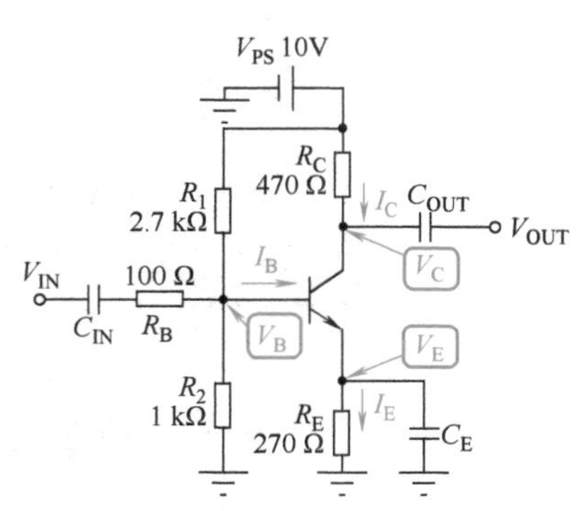

【例题 1 解】

$$V_B=\frac{R_2}{R_1+R_2}=\frac{1\text{k}\Omega}{2.7\text{k}\Omega+1\text{k}\Omega}\times10\text{V}=2.7\text{V}$$

$$V_E=V_B=-V_{BE}=2.7\text{V}-0.7\text{V}=2.0\text{V}$$

$$I_E=\frac{V_E}{R_E}=\frac{2.0\text{V}}{270\Omega}=7.4\text{mA}$$

$$V_C=V_{PS}-R_C\times I_C=10\text{V}-470\Omega\times7.4\text{mA}=6.5\text{V}$$

第13课
共集放大电路的实际偏置电路

● 共集放大电路（射极跟随器）发射极跟随基极变化

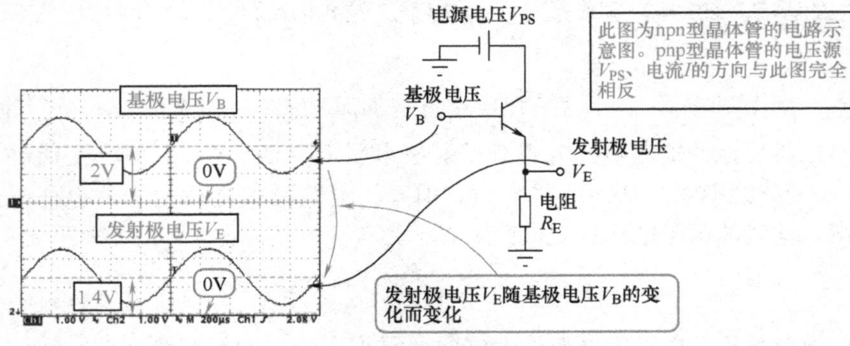

● *CR* 连接方式偏置电路给定的基极电压

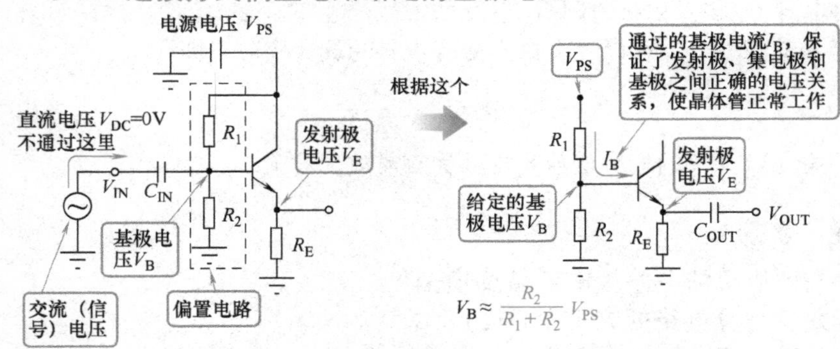

$$V_B \approx \frac{R_2}{R_1+R_2} V_{PS}$$

● 共射放大电路的电流反馈偏置电路

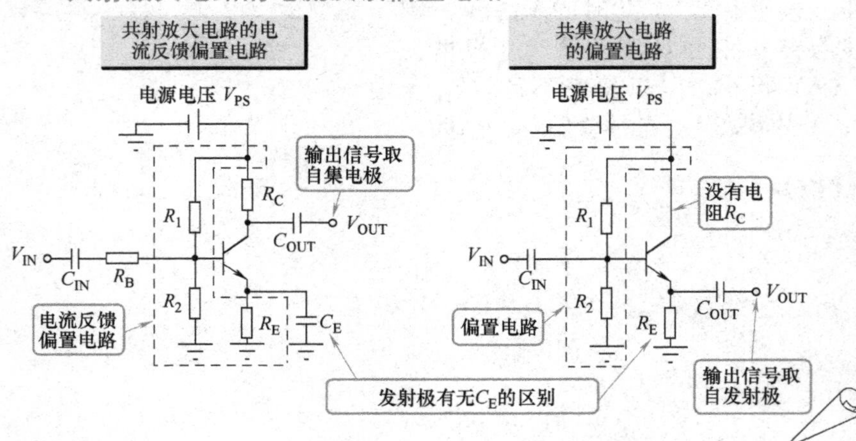

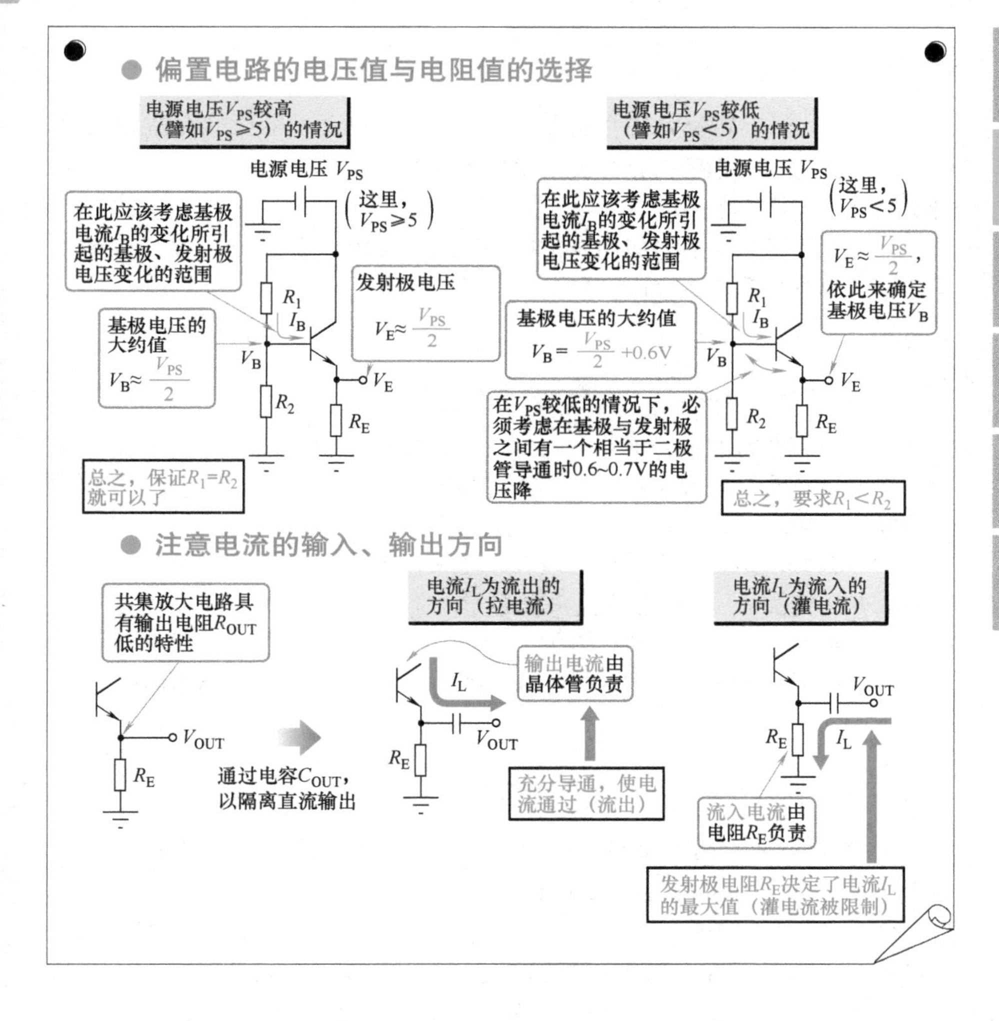

共集放大电路（射极跟随器）发射极跟随基极变化

上图为 npn 型晶体管的电路示意图。pnp 型晶体管的电压源 V_{PS}（V）、电流 I（A）的方向与此图完全相反。

共集放大电路（射极跟随器），基极电压 V_B（V）的变化引起发射极电压 V_E（V）的变化。

CR 连接方式的偏置电路基极电压的设定

在 CR 连接方式下，由于信号源 V_{IN}（V）的直流电压成分被电容器 C_{IN}（F）滤除，所以需要采用偏置电路为晶体管的基极提供其正常工作所需要的直流电压 V_B。

偏置电路提供了由基极向发射极流动的基极电流 I_B（A），从而保证了发射极、集电极和基极之间正常的电压关系。

共集放大电路与共射放大电路的电流反馈偏置电路基本相同

共集放大电路的偏置电路与共射放大电路的电流反馈偏置电路基本相同。集电极直接与电源 V_{PS}（V）连接，信号电压 V_{IN}（V）通过电容器 C_{IN} 与基极相连接。

共射放大电路中，发射极电阻 R_E（Ω）和电容 C_E（F）并联（也有不并联电容的情况）。而共集放大电路的输出信号 V_{OUT}（V）是取自发射极的，所以在发射极没有并联电容 C_E。

发射极通过电容 C_{OUT}（F）与下一级放大电路的负载电阻相连接。

偏置电路的电压值与电阻值的选择

电源电压 V_{PS}较高（譬如 5V 以上）时，偏置电路提供的基极电压 V_B 基本上等于电源电压 V_{PS}的 1/2 左右。

由于基极和发射极之间相当于一个二极管，所以发射极电压与基极电压相比要低 0.6～0.7V。在电源电压较低的情况下，首先考虑发射极输出电压 V_E 的最大输出范围，在此基础上增加一个 0.6～0.7V 的二极管导通电压，以此作为基极电压 V_B 的范围，然后按照该基极电压的要求设定偏置电路的电压。

偏置电路使用的电阻一般为 100Ω 到几千欧（kΩ）的电阻，因此在基极产生的电流也有较大的误差，需加以注意。

要注意电流的方向是拉电流还是灌电流

共集放大电路具有输出阻抗 R_{OUT}（Ω）较低的特点。

通过电容 C_{OUT} 隔离负载电阻之间直流电压的情况下，发射极向负载电阻 R_L（Ω）提供的电流 I_L（A）为流出的方向（拉电流）。与此相对应的，还有一种电流为流入的方向（灌电流）（pnp 型晶体管不具备输出电流的能力）。因此，对于发射极电阻 R_E 的选择还应该考虑（灌）电流 I_L 的最大值。

发射极电流很大、发射极内阻很小

为了降低输出电阻 R_{OUT}，就需要发射极电阻 R_E 上有足够大的电流 I_E 通过。如果发射极的内阻为 r_e（Ω），基极信号源的内阻很小时，发射极的内阻与发射极电流 I_E（A）成反比，即

$$r_e = \frac{26 \times 10^{-3}}{I_E} \tag{13-1}$$

此时，如果负载电阻 R_L 很小（流过的电流很大）时，发射极的内阻 r_e 就会很小。

例题 1

如右图所示，电源电压 $V_{PS}=5V$，如要发射极输出的电压 V_E 的范围最大，试计算偏置电阻 R_1、R_2 的大小。基极电流 I_B 很小可以忽略不计，基极和发射极之间的电压 V_{BE} 为 0.7V。

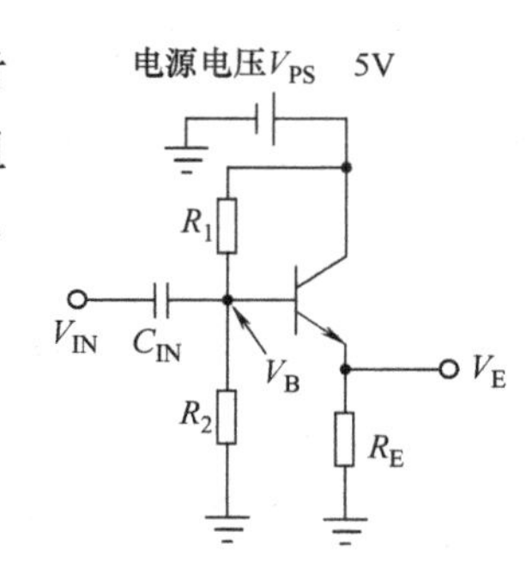

【例题 1 解】

因为 $V_{PS}=5V$，所以发射极电压 V_E 的变化范围为 0～5V。取其中间值得 V_B 为 2.5V。

$$V_B = V_{BE} + V_E = 0.7V + 2.5V = 3.2V$$

所以，电阻值应该按照 $R_1 : R_2 = 1.8 : 3.2$ 比例进行选择。在实际电路中，一般可选择使用阻值为 1.8kΩ 和 3.3kΩ 的标准电阻。因为实际的电阻值是不能任意选取的，所以实际电阻值与 1.8∶3.2 的比例值之间还会有一定的差异（需注意基极电流 I_B 的误差）。

第 14 课

共基放大电路的实际偏置电路

● CR 连接方式共基放大电路的偏置电路

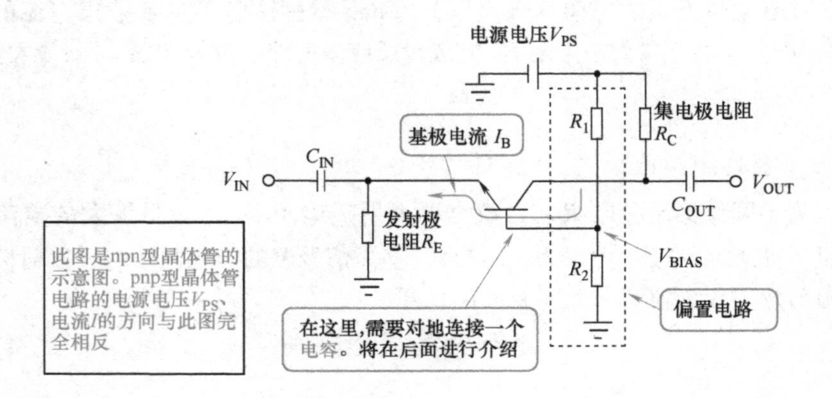

● 与基极相连接的分压电阻分担了部分偏置电流

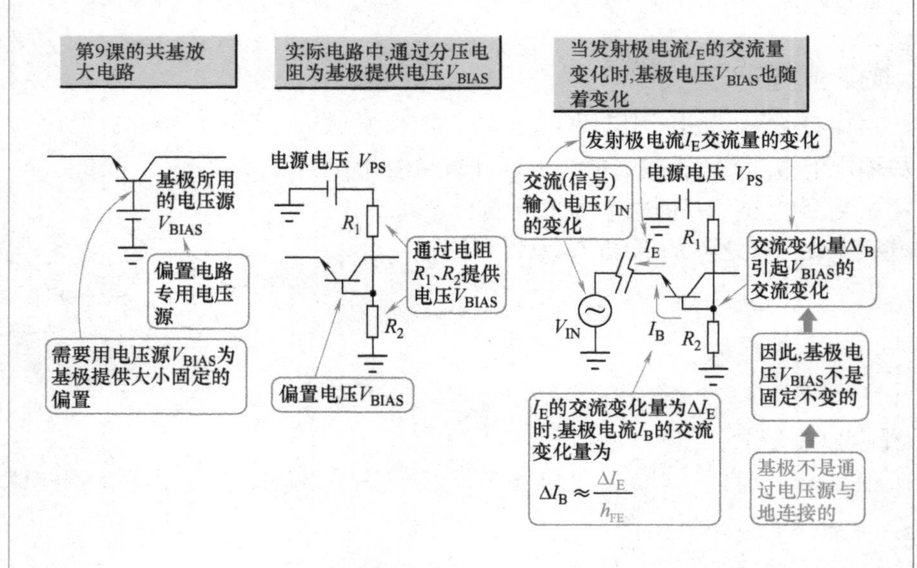

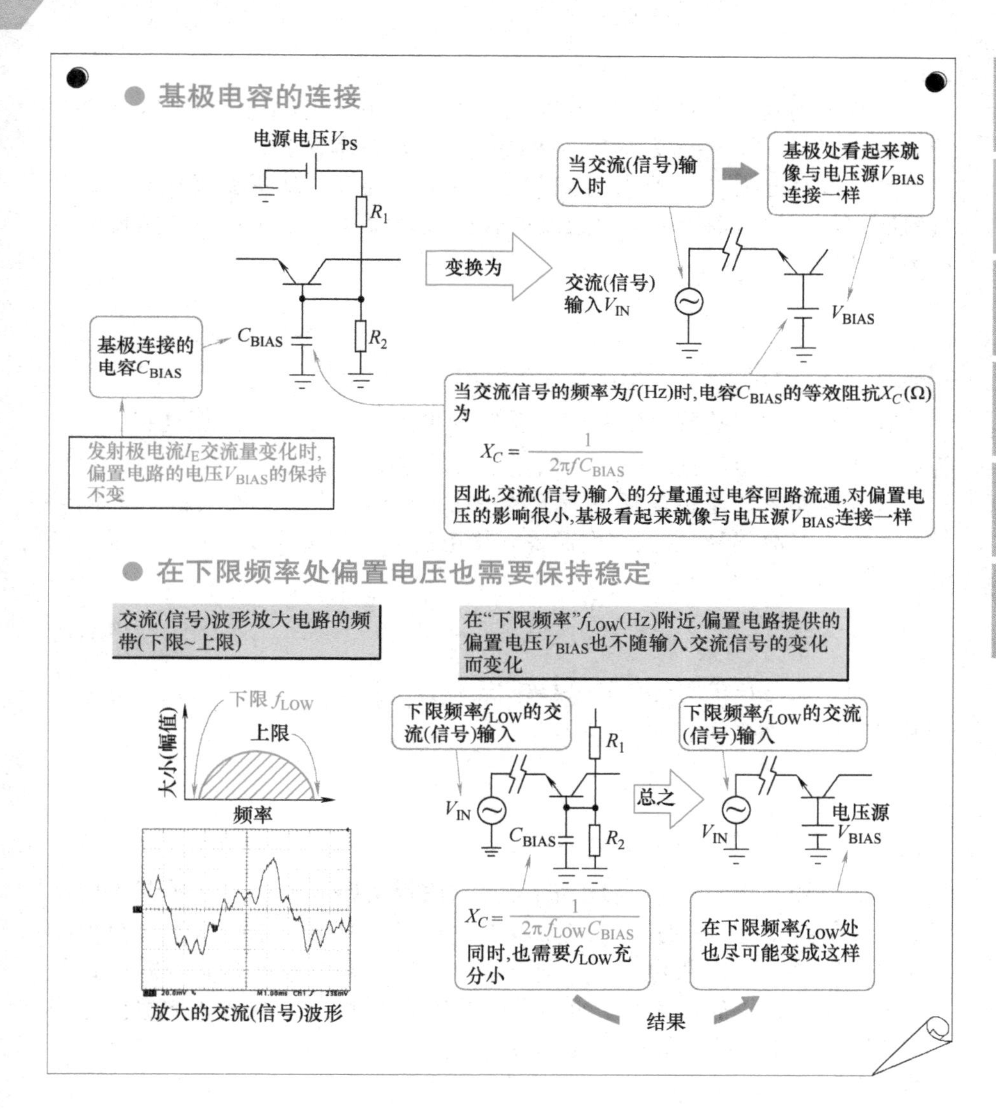

CR 连接方式共基放大电路的偏置电路

上图所示为 npn 型晶体管的电路示意图。pnp 型晶体管电路的电源电压 V_{PS}（V）和电流 I（A）的方向与此图完全相反。

CR 连接方式共基放大电路的偏置电路与此前介绍的设计思路是一

样的。

从基极到发射极的基极电流为 I_B（A），发射极连接有电阻 R_E（Ω）。输入信号 V_{IN}（V）通过发射极外侧的电容加到晶体管上。

如果没有电阻 R_E，则发射极直接与大地相连接，从基极到发射极的电流流向大地，输入信号电流也通过电容向大地流动，晶体管不能实现信号放大的功能。

与基极连接的分压电阻为基极提供偏置电压

在第 9 课的共基放大电路中，基极与电压源 V_{BIAS}（V）相连接。V_{BIAS} 为基极提供了稳定的基极电压，满足基极的需要。

实际电路中，基极电压的 V_{BIAS} 是通过分压电阻（偏置电路）来提供的。当输入交流信号 V_{IN} 变化引起发射极电流的变化量为 ΔI_E 时，基极电流的 I_B 变化量为

$$\Delta I_B \approx \frac{\Delta I_E}{h_{FE}} \tag{14-1}$$

此时，由分压电阻提供的基极电压 V_{BIAS} 也会发生变化。因此，电路中的基极实际是不接地的。

通过下限频率决定 10 倍以上的电容

通过基极与电容 C_{BIAS}（F）的连接，使得电路的基极电压看起来就像 V_{BIAS} 一样保持不变。为使电容 C_{BIAS} 在交流信号的频率下限处也能充分保持电路的这种特性（基极电压 V_{BIAS} 不变），通过下限频率处电容的阻抗计算可得到所需要的电容的大小，并且取满足需要的 C_{BIAS} 10 倍以上容量的电容（下限频率信号引起的基极电压的变化量 ΔV_{BIAS}（V）下降到 1/10 以下，已变得足够小）。

通过这样的措施，使得电路在输入信号的下限频率处，电路的特性也不会发生大的变化（基极电压几乎不变，ΔV_{BIAS} 很小）。

在该电路中能得到的电压增益

输入信号 V_{IN} 通过电容与晶体管的发射极直接相连。信号源 V_{IN} 所引起

的发射极电流的变化量 ΔI_E 由发射极内阻 r_e（Ω）决定。该电路的电压放大倍数 A（只考虑交流信号成分）可按下式计算：

$$V_{OUT}=\Delta V_C\approx R_C\times\Delta I_E=\frac{R_C}{r_e}\times V_{IN}$$

$$A=\frac{V_{OUT}}{V_{IN}}=\frac{R_C}{r_e}$$

式中，ΔV_C 为集电极电压变化量（V）；R_C 为集电极电阻（Ω）。

例题 1

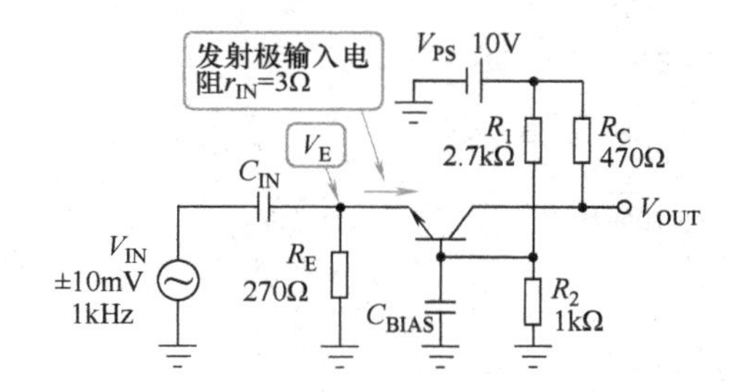

在上图的电路中，频率为 1kHz 的交流电压源 $V_{IN}=\pm10\text{mV}$，通过电容 C_{IN} 提供给晶体管。$V_{IN}=\pm10\text{mV}$ 时，计算电路对应的输出电压（集电极电压的交流变化量为 ΔV_C）V_{OUT}（V）的大小。

对于电容 C_{IN}、C_{BIAS} 来说，1kHz 的交流信号视为短路（阻抗视为 0）。发射极输入阻抗 $r_{IN}=3\Omega$。

【例题 1 解】

发射极输入阻抗 $r_{IN}=3\Omega$ 的情况下：

$$\Delta I_E=\frac{\pm10\text{mV}}{3\Omega}\approx\pm3.3\text{mA}$$

由于该电流变化量只通过集电极电阻 R_C，所以输出电压为

$$V_{OUT}=\Delta V_C=R_C\times\Delta I_E=470\Omega\times3.3\text{mA}=\pm1.55\text{V}$$

另一类型晶体管——结型 FET 的基本原理

● 结型 FET 的管脚 S/D/G

FET：Field Effect Transistor，“场效应晶体管”

FET(场效应晶体管)和晶体管一样也是三个管脚

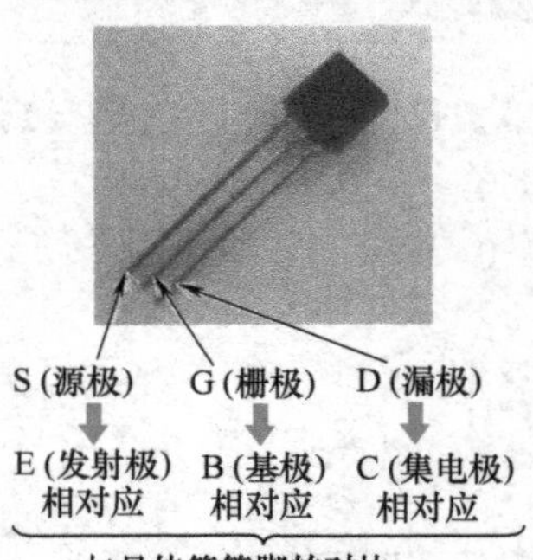

S (源极)　G (栅极)　D (漏极)

E (发射极) 相对应　B (基极) 相对应　C (集电极) 相对应

与晶体管管脚的对比

FET各管脚的名称和功能

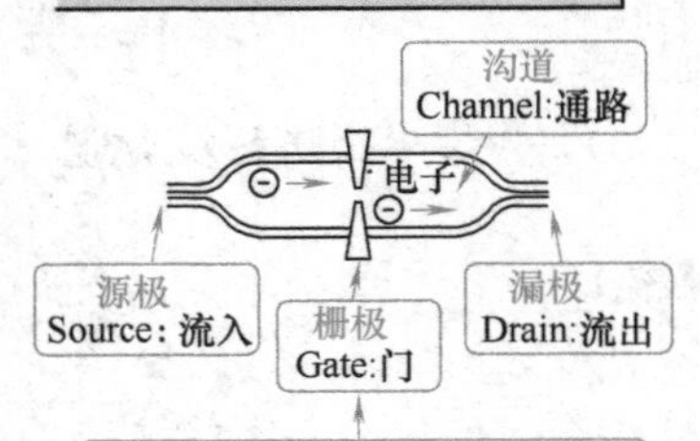

根据门的结构不同,FET分为结型场效应晶体管和绝缘栅(MOS型)场效应晶体管。MOS型场效应晶体管将在第18课中详细介绍

注：上图中是以n沟道结型场效应晶体管为例。P沟道结型场效应晶体管空穴的流动方向与此图完全相反

● 结型 FET 沟道的构造方式

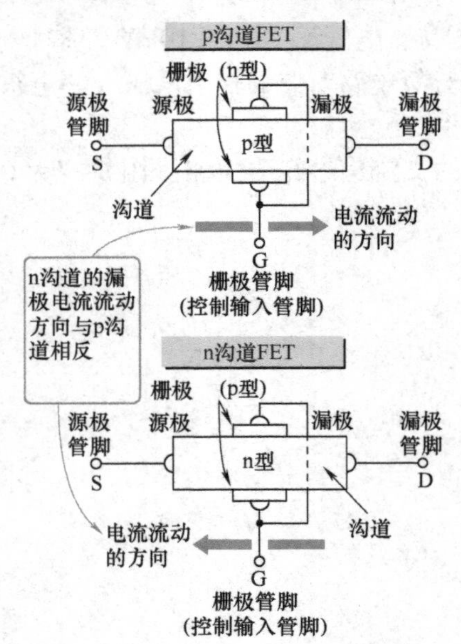

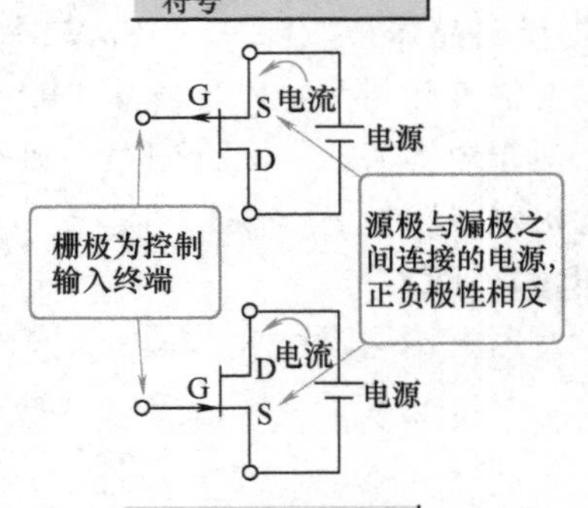

n沟道FET的电路符号

注:在实际电路中,FET并不像图中那样直接与电源连接,而是通过电阻与电源相连接

● FET 工作时 pn 结需要反方向偏置电压

二极管的电源的连接方法

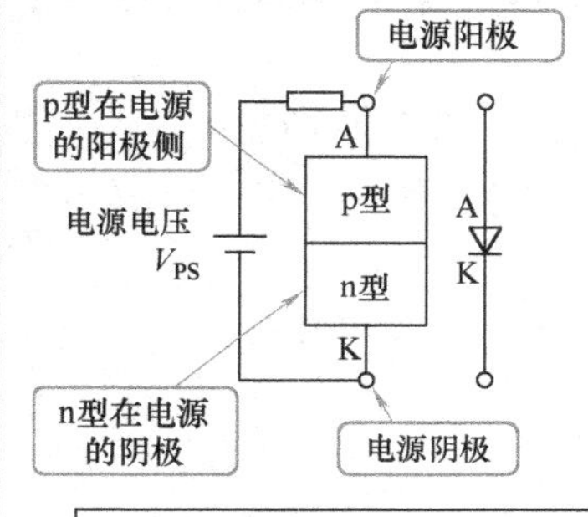

按这个方向连接时,电流I_D才能流动。此时二极管为“正方向”连接

FET的偏置电压源的连接方法

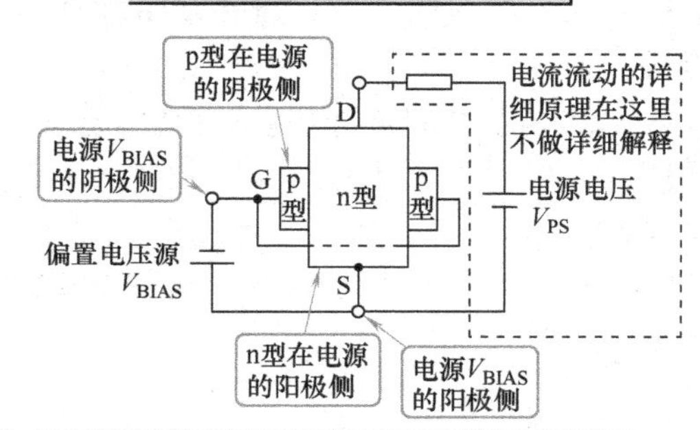

FET的偏置电压源V_{BIAS}连接的连接方向与二极管的连接方向是相反的,这就是所说的“反向偏置”

注：此图是以n沟道FET为例

● 加在栅极上的偏置电压像阀门一样控制电流的流通

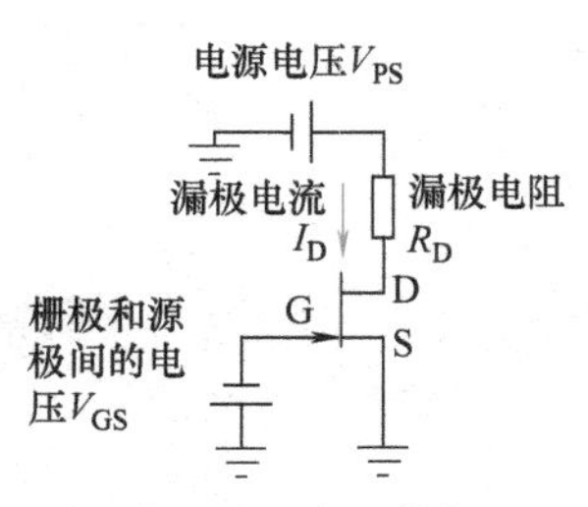

注：这里的V_{GS}与之前所介绍的V_{BIAS}一样,以此来控制栅极和源极之间的电压V_{GS}的变化

此图是关于n沟道FET的例子。p沟道FET的电源电压V_{PS}和电流I_D的方向与此图完全相反

栅极和源极间的电压较小(V_{GS}较小)时

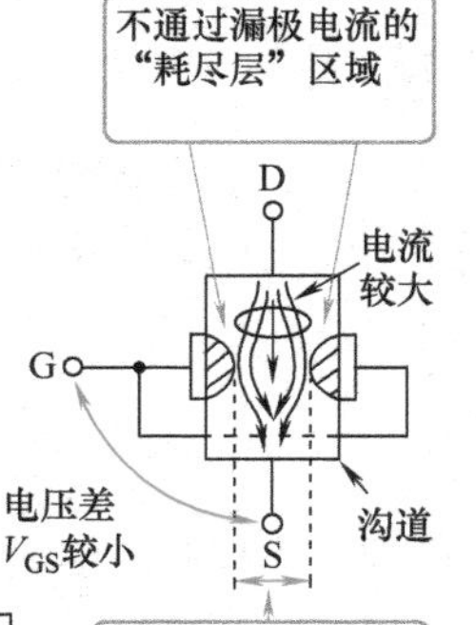

栅极和源极间的电压差较大(V_{GS}较大)时

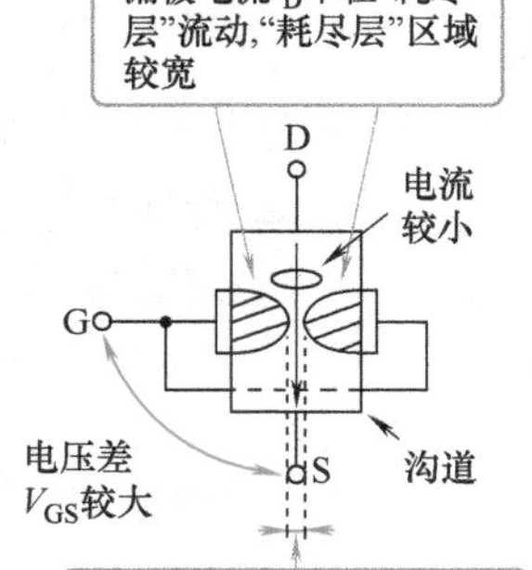

这样的工作方式就像阀门(栅极)控制管道(沟道)中的水流一样

结型 FET 的连接管脚 S/G/D（源极/栅极/漏极）

FET 是“Field Effect Transistor，场效应晶体管”的英文缩写，它与此前所介绍的晶体管一样，都是由 p 型半导体和 n 型半导体所构成的 pn 结组成。

将 FET 与晶体管各个管脚的名字进行比较，FET 的源极（S）相当于晶体管的发射极，栅极（G）相当于基极（B），漏极（D）相当于集电极（C）。

FET 分为结型 FET 和 MOSFET，MOSFET 将在第 18 课中介绍。

结型 FET 的沟道构造方式

与晶体管的三明治结构不同，场效应晶体管的源极和漏极被连接在同一类型半导体的两端，电流 I_D（A）（称为漏极电流）在漏极和源极之间流动，而在漏极和源极之间的半导体则被称为沟道。

沟道为 p 型的场效应晶体管称为“p 沟道 FET”，沟道为 n 型的场效应晶体管称为“n 沟道 FET”。

栅极控制沟道耗尽层的宽度

控制沟道耗尽层的宽度的是栅极（控制沟道通过电流的能力）。栅极采用的是与沟道类型不同的半导体（n 沟道采用 p 型栅极，P 沟道采用 n 型栅极），并与沟道相结合。

FET 工作时 pn 结需要反方向偏置电压

当二极管两端的电源电压方向与 pn 结的 p-n 方向一致时，这种连接即为“正方向”。但是，FET 的 pn 结需要与二极管连接相反的“n-p 反向”连接才能正常工作。结型 FET 的 pn 两端的反向偏置电压 V_{BIAS}（V）（亦成为反向偏置）控制着 FET 的工作。

如果给结型 FET 的 pn 结施加正向偏置电压的话，FET 将显示与二极管相同的特性。

加在栅极上的偏置电压像阀门一样控制电流的流通

以 n 沟道 FET 为例，FET 的工作原理与晶体管是不同的。栅极和源极间 pn 结两端施加的电压 V_{GS}（V）（相当于晶体管基极电压 V_{BIAS}）为反向偏置电压，当该电压值较大时，沟道中的漏极电流 I_D 就不能流通且耗尽层范围就会变得较宽广。

沟道中的非耗尽层的部分，是漏极电流 I_D 流动的区域。栅极和源极间反向电压 V_{GS}（V）的大小控制着耗尽层的宽度，因此也就能（像水管中的阀门一样）控制着沟道中流过的漏极电流 I_D 的大小。

日本标准的 2SK 和 2SJ 晶体管

在日本生产的晶体管，规定 n 沟道 FET 以 2SK 开头命名，p 沟道 FET 以 2SJ 开头命名（类似于此前所介绍的以 2N 开头的晶体管的命名）。

例题 1

晶体管与结型 FET 相比，试着考虑各自内部的 pn 结的数量有几个。从那个方面试着考虑工作方式的基本原理。

【例题 1 解】

晶体管的 pn 结有两个，而结型 FET 只有（栅极和沟道间）一个 pn 结。

晶体管的基极和发射极之间的电压为正向偏置电压，其工作情况是基于基极流动的电流的，因此也称为“电流动作”型的器件。

与此相反的是，结型 FET 的栅极和源极之间施加的是反向偏置电压，栅极没有电流流过。其工作情况是基于栅极和源极间的电压的，因此也称为“电压动作”型的器件。

第 16 课
结型 FET 的等效电路及特性

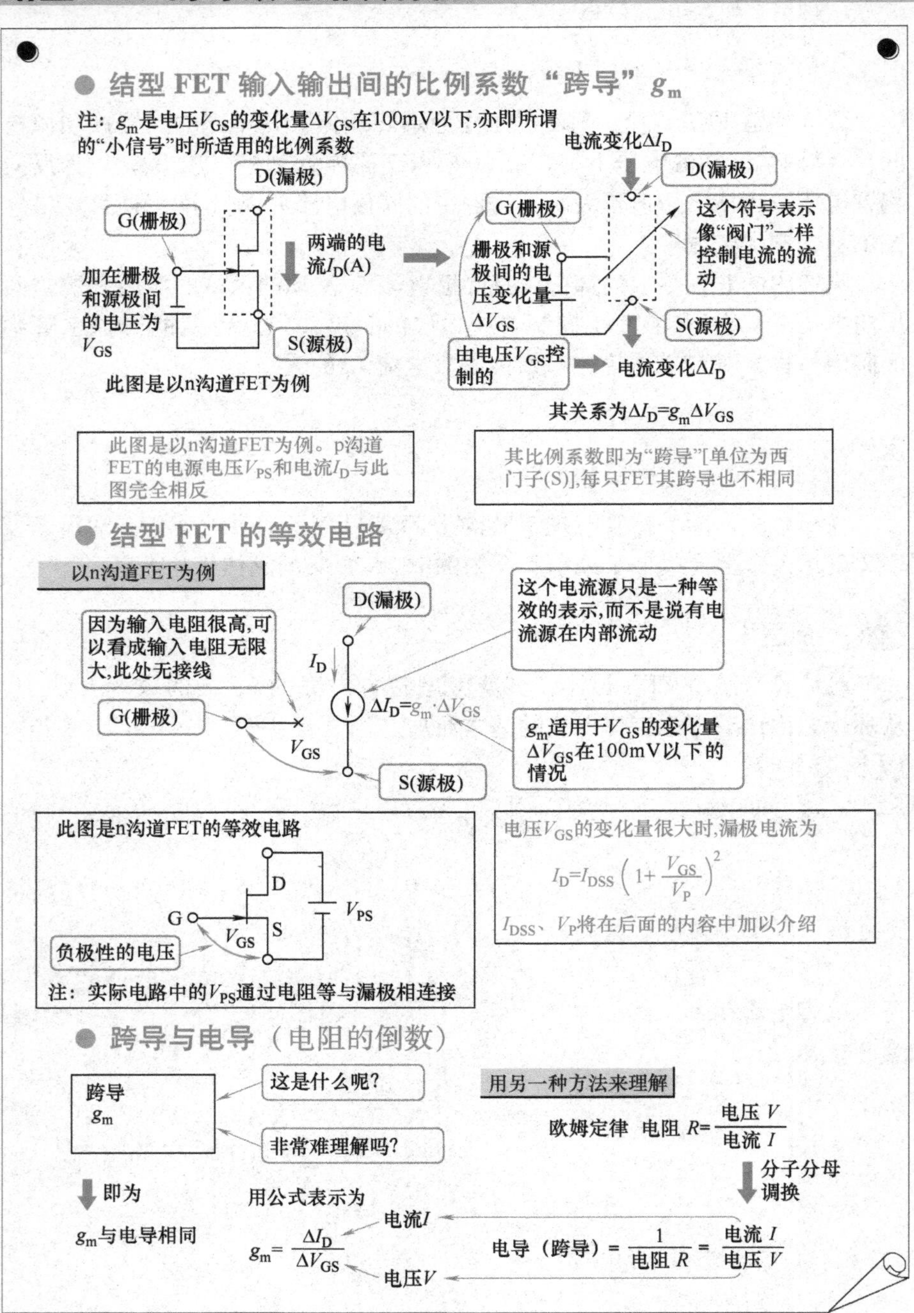

跨导表示输入电压对输出电流的控制程度

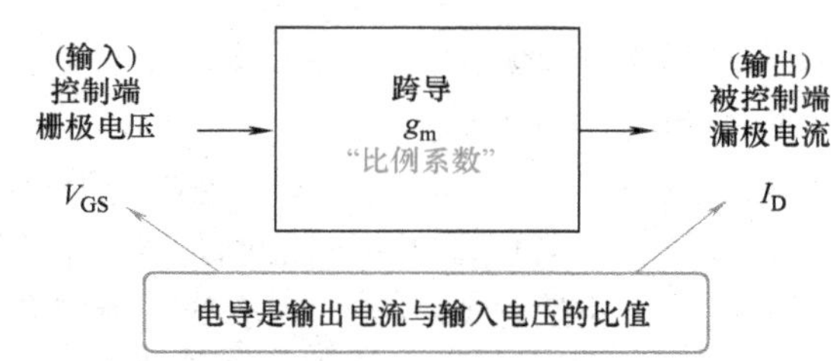

栅极电压为低于源极电位的反向偏置电压

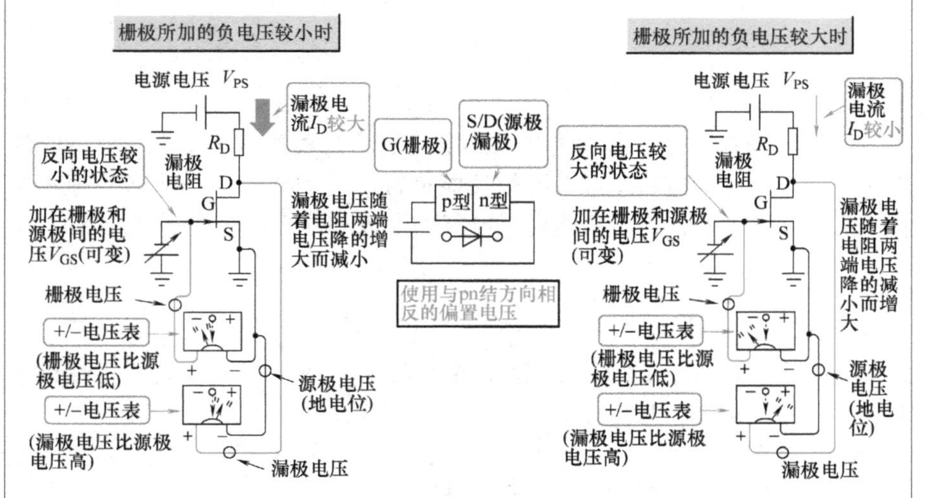

夹断电压和漏极饱和电流为两个重要参数

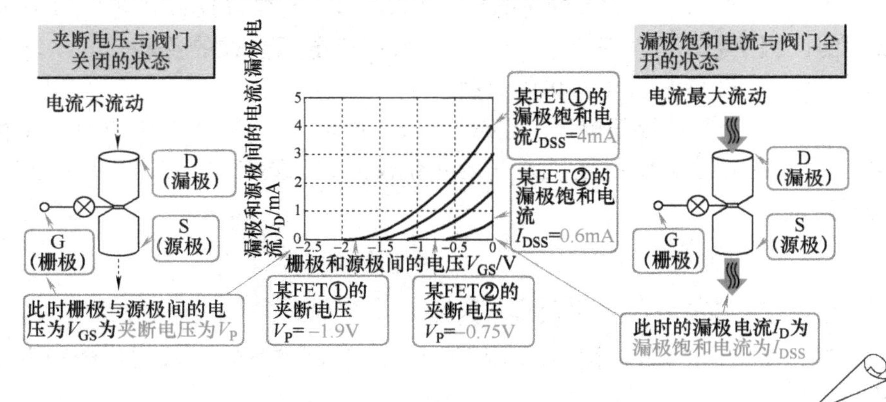

结型 FET 输入输出的比例系数“跨导”g_m

此图是关于 n 沟道 FET 的示意图。P 沟道 FET 的电源电压 V_{PS}（V）与电流 I_D（A）的方向与此图完全相反。

结型 FET 的栅极与源极间的电压 V_{GS}（V）控制着漏极与源极间的电流 I_D（A）的大小。就像水管中的阀门一样控制着电流 I_D 的流动。

栅极和源极间的电压变化量为 ΔV_{GS}时，相应的漏极与源极间的电流变化量为 ΔI_D（A）。则，ΔI_D（A）与 ΔV_{GS}的比值被称为跨导 g_m（S）（西门子，电阻 Ω 的倒数）。

结型 FET 的等效电路

通过“等效电路”能够容易得到电路的功能模型。为便于初学者的理解，本书采用等效电路来对电路的功能进行简单的描述。虽然这些等效电路是简化的，但它们对于实际电子电路的设计和分析仍然是不可或缺的。

跨导表示输入电压对输出电流的控制程度

跨导 g_m 是结型 FET 放大功能的放大系数。“跨导”这个述语常常让人感觉非常难以理解，其公式为

$$g_m = \frac{\Delta I_D}{\Delta V_{GS}} \tag{16-1}$$

即为控制栅极与源极间的电压变化量 ΔV_{GS}，与被控漏极电流变化量 ΔI_D 的比例系数。因为分母和分子为欧姆定律电阻公式的倒数，与电导相同，因此将 g_m 称为跨导（单位为西门子（S））。

g_m 是栅极与源极间电压 V_{GS}变化量在 100mV 以下，亦即所谓的“小信号”时所适用的比例系数。当 V_{GS}的变化较大时，漏极电流 I_D 的变化为 V_{GS} 的 2 次曲线。

栅极电压为低于源极电位的反向偏置电压

结型 FET 工作时，其 pn 结是处于反向偏置状态的，因此其栅极电压 V_G（V）比源极电压 V_S（V）低一些。

在这个状态下，负电压 V_G（栅极与源极间的电压 V_{GS}）的值越大，漏极电流 I_D 越小。

夹断电压和漏极饱和电流为两个重要参数

漏极电流 I_D 为 0A 时的栅极与源极间电压 V_{GS}（V）被称为“夹断电压” V_P（V）。栅极与源极间电压 V_{GS} 为 0V 时的漏极电流 I_D（A）被称为“漏极饱和电流” I_{DSS}（A）。如果将栅极和源极间电压 V_{GS}（V）对漏极电流 I_D 的控制理解为电流的阀门的话，则阀门全关状态下的栅极和源极间的电压 V_{GS} 即为夹断电压 V_P，阀门全开状态下的漏极电流 I_D 即为漏极饱和电流 I_{DSS}（A）。

如何确定偏置电压 V_{GS} 与跨导 g_m 的变化关系

电压变化量 ΔV_{GS} 与电流变化量 ΔI_D 的比值即为跨导 g_m。当偏置电压 V_{GS} 的大小在一个合适的范围内时，对于较小幅度的输入信号 V_{IN}（V）（V_{GS} 的变化量 ΔV_{GS}），跨导 g_m 基本上还是一个固定的值。

如果偏置电压 V_{GS} 变的很大时，此时的偏置电压 V_{GS} 的大小发生变化的话，g_m 即变为偏置电压 V_{GS} 的二次曲线的关系。

在 g_m 一定的模型化电路中，可以先采用简易的模型。

例题 1

右图为栅极和源极间电压 V_{GS} 与漏极电流 I_D 的关系曲线，试给出 $V_{GS} = -0.5V$、$V_{GS} = -1.5V$ 时的漏极电流 I_D。

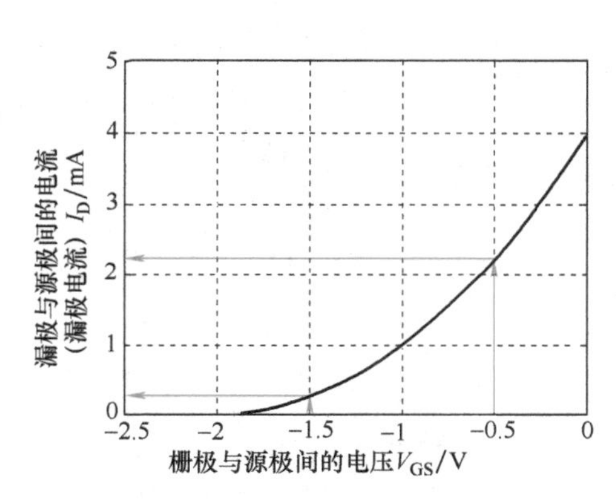

【例题 1 解】

$V_{GS} = -0.5V$ 时，大约为 $I_D = 2.25mA$

$V_{GS} = -1.5V$ 时，大约为 $I_D = 0.25mA$

第 17 课
采用结型 FET 实现的放大电路

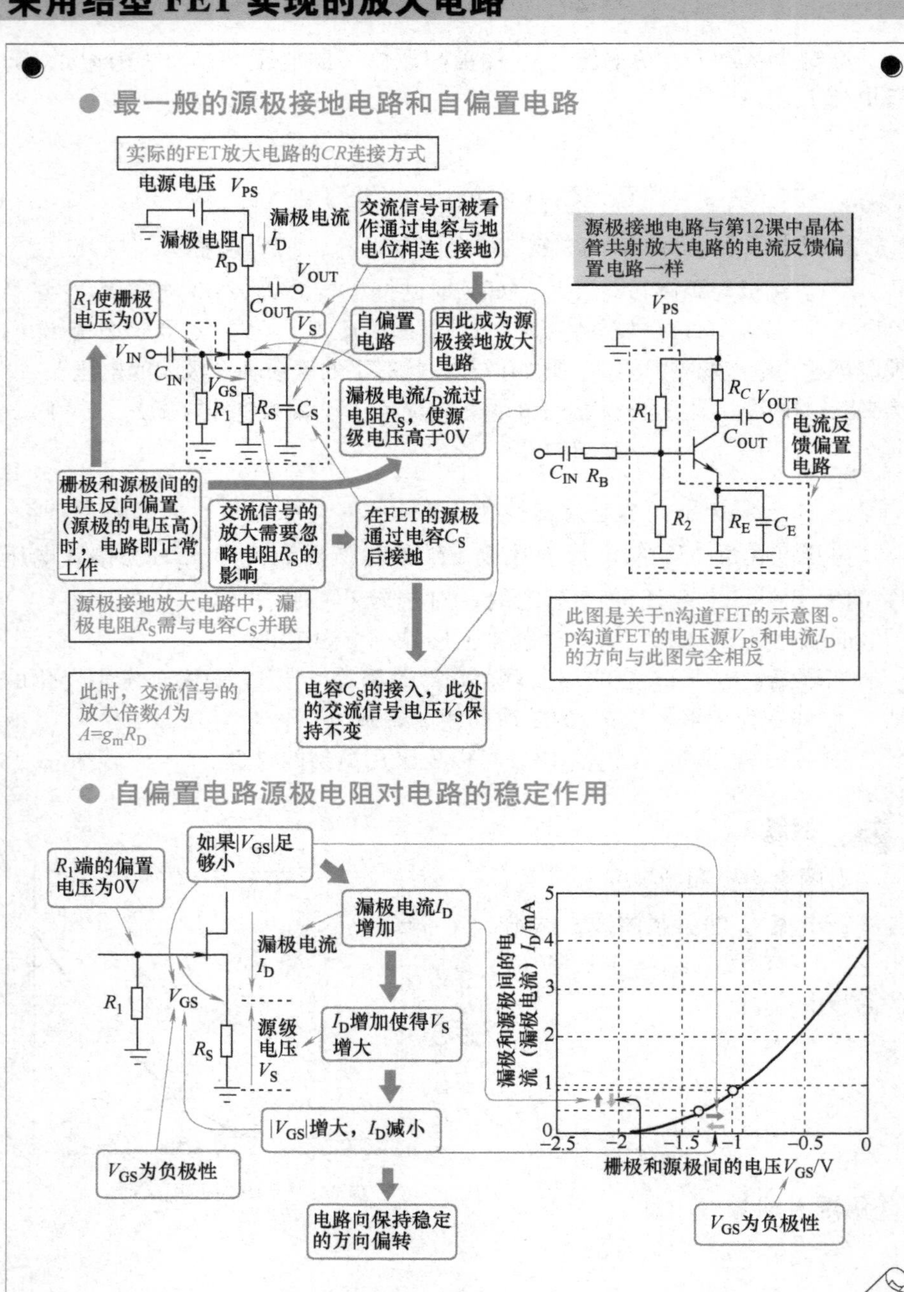

漏极接地电路的偏置电路和放大倍数

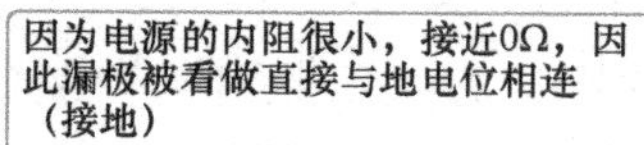

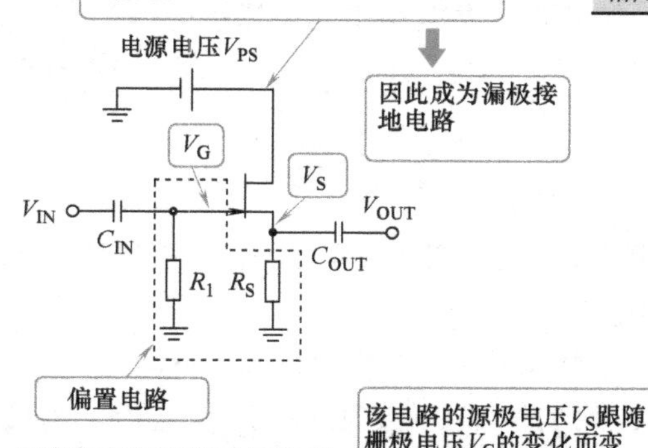

漏极接地电路（源极跟随器）与第13课中的晶体管共集放大电路（射极跟随器）是相同的

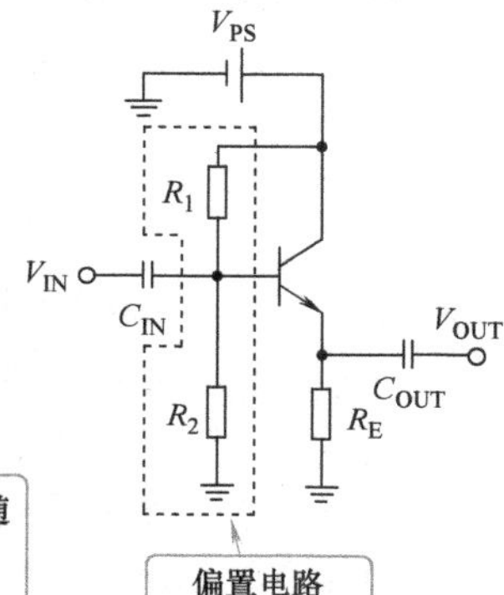

交流信号的电压放大倍数A为

$$A=\frac{V_{OUT}}{V_{IN}}\approx 1$$

该电路的源极电压V_S跟随栅极电压V_G的变化而变化，因此也叫作"源极跟随器"

栅极接地电路的偏置电路和放大倍数

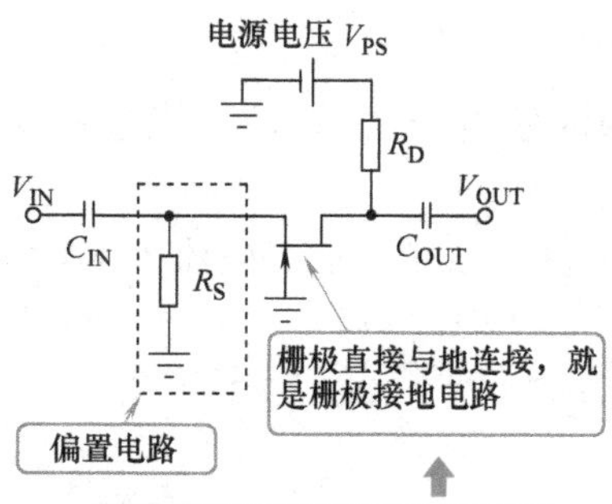

栅极和源极间为反向偏置电压，栅极处没有电流流动

交流信号的电压放大倍数A为

$$A=\frac{V_{OUT}}{V_{IN}}=g_m R_D$$

栅极接地电路与第14课中的晶体管共集放大电路一样

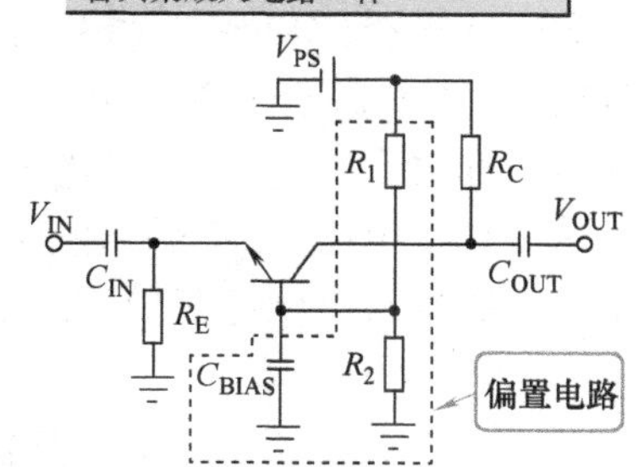

实际的 FET 放大电路的 *CR* 连接方式

与第 11 课中介绍的晶体管放大电路相同，各级 FET 放大电路之间的连接也必须通过电容连接，以构成 *CR* 的连接方式。此时，为保证栅极、源极和漏极间正确的电压关系，就需要偏置电路来提供栅极电压。

与晶体管放大电路的接地方式相同，结型 FET 放大电路也有多种接地方式。

最一般的源极接地电路和自偏置电路

n 沟道 FET 的例子如图所示，p 沟道 FET 电源电压 V_{PS}（V）和电流 I_D（A）的方向，与此图完全相反。

FET 源极接地电路的功能，与晶体管的共射放大电路一样。由于结型 FET 的正常工作，要求栅极和源极间的电压 V_{GS} 为反向偏置电压，因此其偏置电路的构造有些不同。

与晶体管的电流反馈偏置电路一样构成的 FET“自偏置电路”，由于其稳定程度良好，在实际电路中得到了普遍应用。

自偏置电路源极电阻对电路的稳定作用

与栅极和源极间电压 V_{GS} 相对应的漏极电流 I_D（A），流过源极电阻 R_S（Ω）。V_{GS} 为负极性的偏置电压。

此时，如果我们把 $|V_{GS}|$（绝对值）变得很小，漏极电流 I_D 就会增大。这样一来，源极电压 V_S（V）就会升高，从而使得 $|V_{GS}|$ 增大，同时 I_D 也会减小，电路的状态向稳定的方向变化。

源极接地电路要实现放大功能，需要给源极电阻并联电容

实现交流信号放大时，需要忽略源极电阻 R_S 的影响。与源极电阻 R_S 并联的电容 C_S（F），使得交流信号变化对源极电压 V_S 没有影响，源极电压 V_S 保持不变。对于交流信号来说，源极是通过电容 C_S 接地的，因此也称为源极接地电路。该电路对交流信号的电压放大倍数 A 为

$$A = g_m \times R_D \qquad (17\text{-}1)$$

式中，R_D（Ω）为漏极电阻。由于结型 FET 的 g_m 很小（在 1～10mS 之

间），很难实现电压放大倍数很大的单级放大电路。

漏极接地电路的偏置电路和放大倍数

漏极接地电路（源极跟随器）与晶体管的共集放大电路（射极跟随器）相同。漏极接地电路中，漏极与电源 V_{PS} 相连接（关于 n 沟道 FET），与第 8、9 课所介绍的那样，通过电源接地，所以可以被看作为“漏极接地”电路。

信号的放大倍数 A 为 $A \approx 1$，实际的放大倍数要比 1 略小一些。

栅极接地电路的偏置电路和放大倍数

栅极接地电路和晶体管基极接地电路一样。偏置电路和其他的结型 FET 的接地电路一样。

结型 FET 的栅极和源极间为反向偏置电压，源极通过电阻 R_S 接地，栅极直接与地电位相连。

栅极接地电路，输入、输出信号的极性相反。信号的电压放大倍数 A 为

$$A = g_m \times R_D \tag{17-2}$$

例题 1

试计算右图电路中的电压放大倍数 A。电容 C_{IN}、C_{OUT}、C_S 对于交流信号可视为直通（阻抗忽略不计，视为 0），场效应晶体管的 $g_m = 3\text{mS}$。

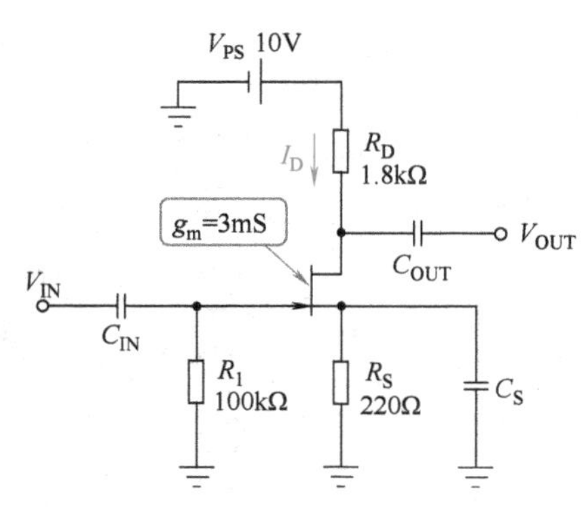

【例题 1 解】

假设 V_{IN} 为 1mV 的交流信号，因为 $g_m = 3\text{mS}$，漏极电流的变化量 $\Delta I_D = 3\mu\text{A}$。在 $R_D = 1.8\text{k}\Omega$ 两端形成的电压为

$$V_{OUT} = R_D \times \Delta I_D = 1.8\text{k}\Omega \times 3\mu\text{A} = 5.4\text{mV}$$

放大倍数 A 为

$$A = \frac{V_{OUT}}{V_{IN}} = \frac{5.4\text{mV}}{1\text{mV}} = 5.4$$

第 18 课

常用于开关功能的 MOSFET 的基本原理

● MOSFET 的功能和管脚与结型 FET 类似

MOS：Metal Oxide Semiconductor，“金属氧化物半导体”

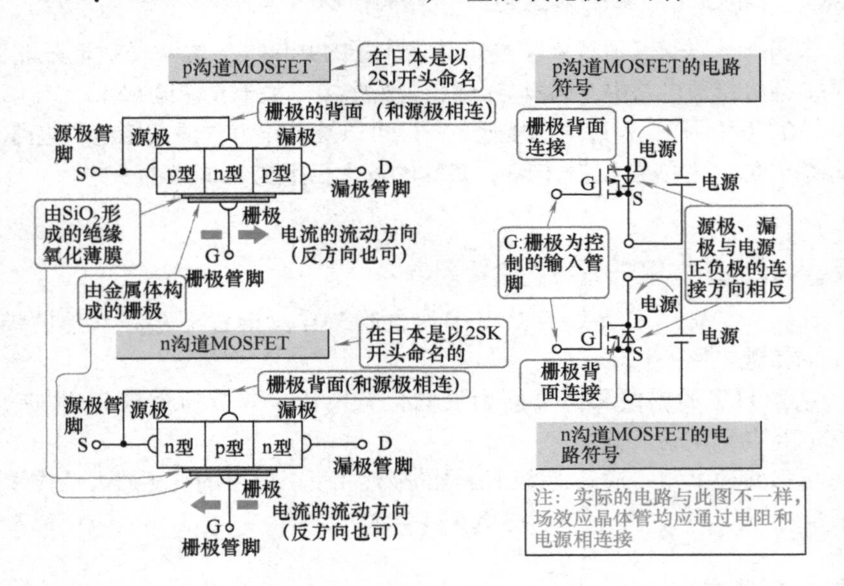

● 绝缘栅型 FET 的沟道结构及与结型 FET 的区别

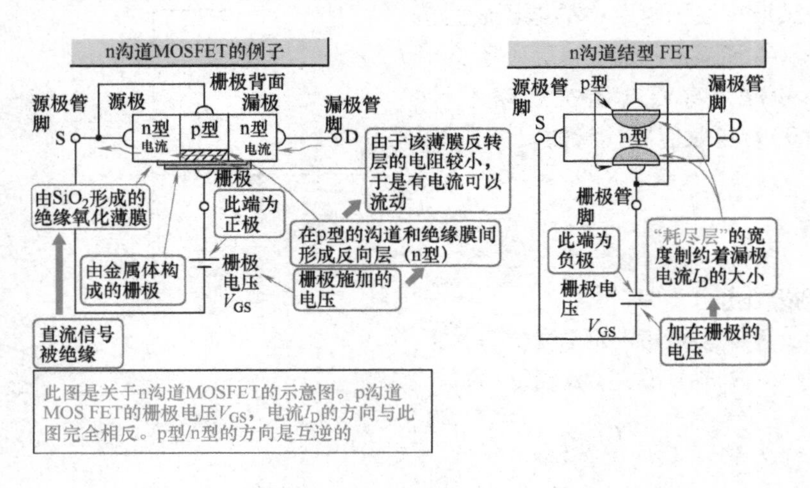

● n 沟道 MOSFET 栅极和源极间为正极性电压

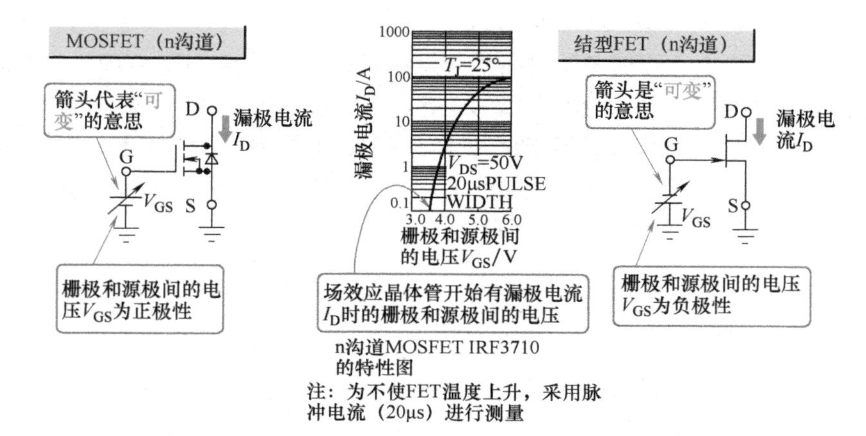

n沟道MOSFET IRF3710
的特性图

注：为不使FET温度上升，采用脉冲电流（20μs）进行测量

● 常用作开关的 MOSFET 的电流和电压的切换

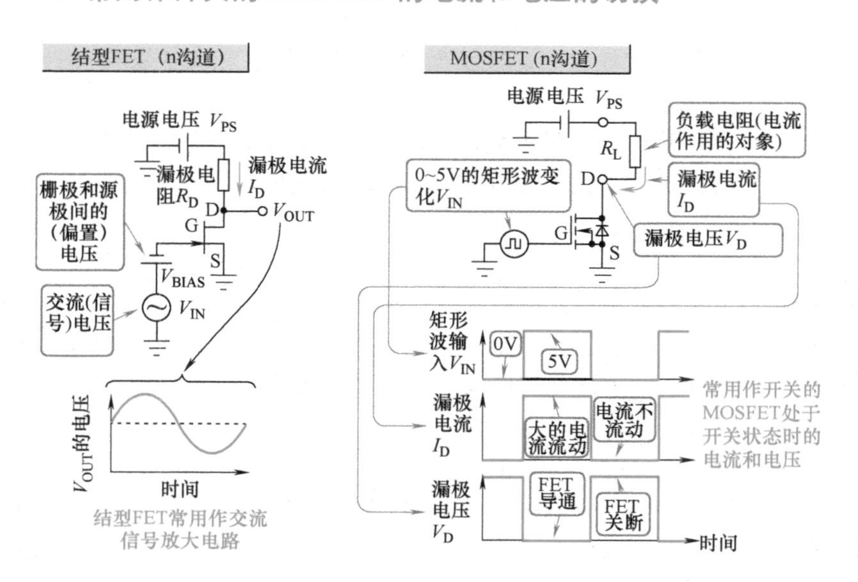

结型FET常用作交流信号放大电路

MOSFET 的功能和管脚与结型 FET 类似

MOSFET 是“Metal Oxide Semiconductor（金属氧化物半导体）FET”的缩写，一般称绝缘栅场效应晶体管，是晶体管和结型 FET 的同类。管脚名字与结型 FET 一样，分别为源极（S）、栅极（G）和漏极（D）。

其基本工作原理和结型 FET 一样，栅极和源极间的电压 V_{GS}（V）就像水管的阀门一样控制着漏极电流 I_D（A）。它们的比例系数也用 g_m（S）（西门子，Ω 的倒数）“跨导”来表示。

沟道结构与结型 FET 不同

与结型 FET 一样，MOSFET 的漏极和源极间的“沟道”也有漏极电流 I_D 流过，但是其沟道的结构有所不同。

n 沟道 MOSFET 的漏极和源极均为 n 型半导体，沟道（也叫衬底）为 p 型。p 沟道 MOSFET 的漏极和源极均为 p 型，沟道为 n 型。两种类型的 MOS FET，通过沟道流过的电流，其在源极和漏极之间的方向是互为反向的。

与结型 FET 相同，在日本生产的晶体管，n 沟道 MOSFET 是以 2SK 为开头的，p 沟道 MOS 型场效应管是以 2KJ 为开头的。

绝缘栅型 FET 的沟道结构及与结型 FET 的区别

MOSFET 的结构与结型 FET 有很大的差异。MOSFET 的栅极是由金属体构成的，栅极与沟道之间有绝缘薄膜（实际上是 SiO_2 的绝缘氧化膜）以阻断直流信号。

沟道的结构与之前介绍的也不一样。

如图中以 n 沟道 MOSFET 为例所介绍的那样，当电压 V_{GS} 施加于栅极时，电子被拉到 p 型沟道和绝缘膜的边界处，在 p 型的沟道和绝缘膜间形成反向层（n 型）。由于这个薄膜反转层的电阻较小，于是有电流可以流动。

n 沟道 MOSFET 栅极和源极间为正极性电压

n 沟道的 MOSFET 的栅极和源极间的电压 V_{GS} 为正极性，MOSFET 的栅极为绝缘栅极，可以阻断直流信号的通过。

结型 FET 的电压 V_{GS} 为负极性的，需要提供与 pn 结反向的偏置电压才能工作。MOSFET 的 V_{GS} 为正极性的，需要提供与 pn 结（内部二极管）方向一致的正向偏置电压，才能正常工作。

常用作开关的 MOSFET 的电流和电压的开关切换

结型 FET 较多应用于放大电路中，而 MOSFET 用于电流和电压的开关切换电路中。

例题 1

MOSFET 被广泛用作电路的开关。当场效应晶体管导通时，漏极和源极间表现出较低导通电阻的特性。假设此时的导通电阻为 50mΩ，试计算在消耗功率为 2W 时，该管漏极电流 I_D 的大小。

【例题 1 解】

电流 I 和电阻 R 及功率 P 的关系为

$$P = I^2R$$

通过变形，得到 I 的计算公式为

$$I = \sqrt{\frac{P}{R}}$$

代入数值得

$$I = \sqrt{\frac{2\text{W}}{50\text{m}\Omega}} = 6.3\text{A}$$

说明可以流过较大的电流。

● 电子电路功能的仿真验证

在实际制作（试制）前对电子电路的实验

设计和开发过程中的软件仿真对于电路功能的预测很重要

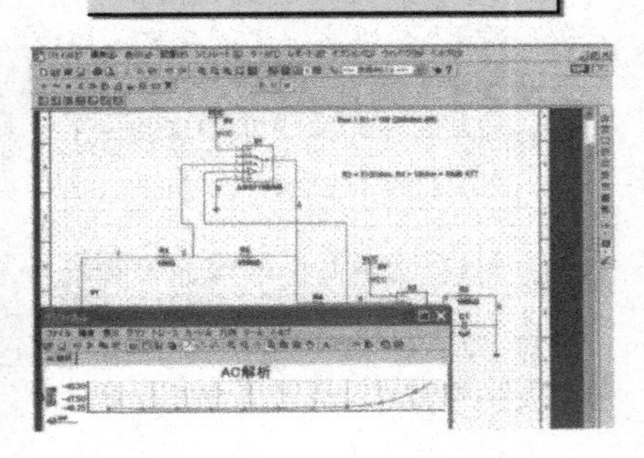

● SPICE 仿真的基本原理

譬如分析这样的电路

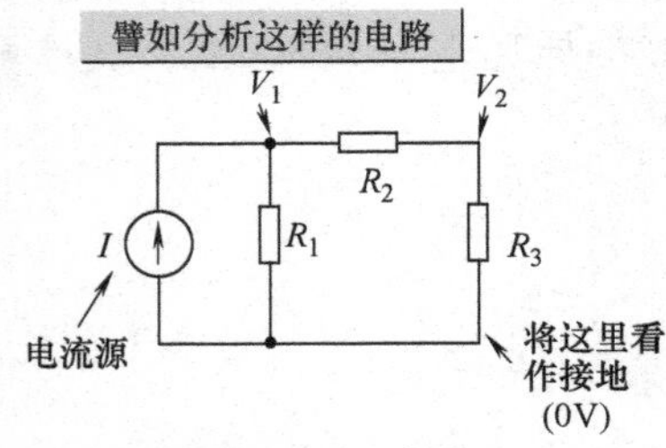

注：欲求解这个电路的参数V_1、V_2

① 电路的方程式化

$$(V_2 - V_1)\frac{1}{R_2} + \frac{V_2}{R_3} = 0$$

（V_2 处流出电流的代数和）

$$(V_1 - V_2)\frac{1}{R_2} + \frac{V_1}{R_1} - I = 0$$

（V_1 处流出电流的代数和）

② 方程式转换为矩阵

$$V_1\left(-\frac{1}{R_2}\right) + V_2\left(\frac{1}{R_2} + \frac{1}{R_3}\right) = 0$$

$$V_1\left(\frac{1}{R_1} + \frac{1}{R_2}\right) + V_2\left(-\frac{1}{R_2}\right) = I$$

$$\begin{bmatrix} -\frac{1}{R_2} & \frac{1}{R_2} + \frac{1}{R_3} \\ \frac{1}{R_1} + \frac{1}{R_2} & -\frac{1}{R_2} \end{bmatrix}\begin{bmatrix} V_1 \\ V_2 \end{bmatrix} = \begin{bmatrix} 0 \\ I \end{bmatrix}$$

③ 求解 V_1、V_2

$[M]\begin{bmatrix} V_1 \\ V_2 \end{bmatrix} = \begin{bmatrix} 0 \\ I \end{bmatrix}$ M 为左面所列的矩阵将等式的两边乘以 M 的逆矩阵 M^{-1}

$\begin{bmatrix} V_1 \\ V_2 \end{bmatrix} = [M^{-1}]\begin{bmatrix} 0 \\ I \end{bmatrix}$ V_1、V_2 得以求解。

这就是 SPICE 仿真的基本原理

电路的直流（DC）节点仿真分析

直流电路电压V及电流I的计算

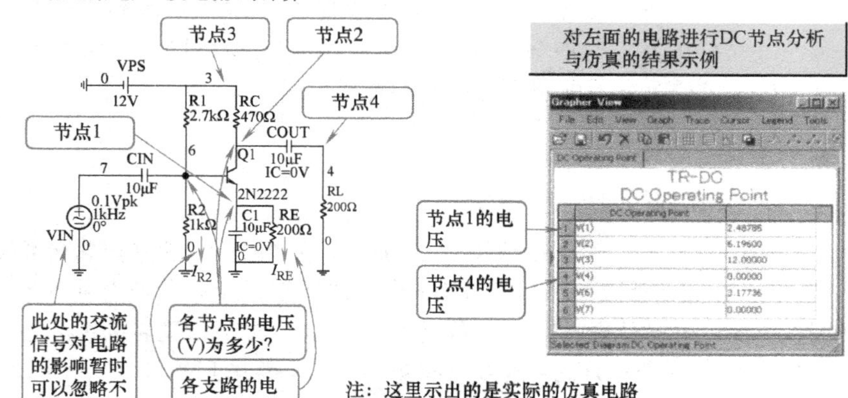

注：这里示出的是实际的仿真电路
采用的软件为NI Multisim Analog Devices Edition

电路的交流（AC）仿真分析

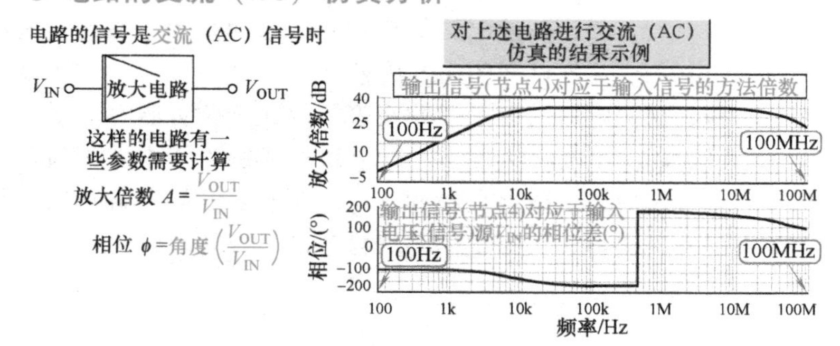

过渡过程的仿真分析

过渡分析也被称为暂态分析

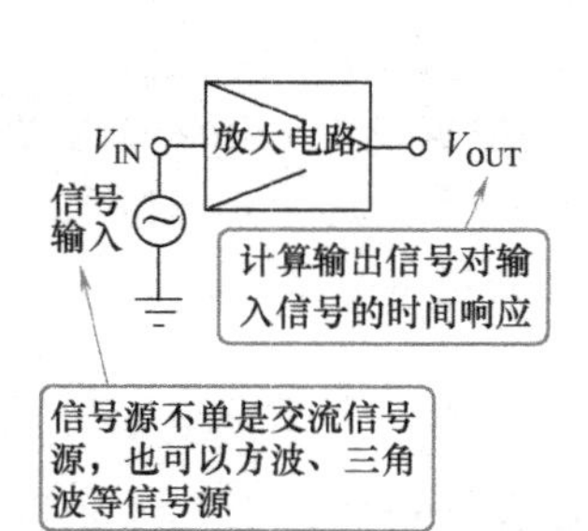

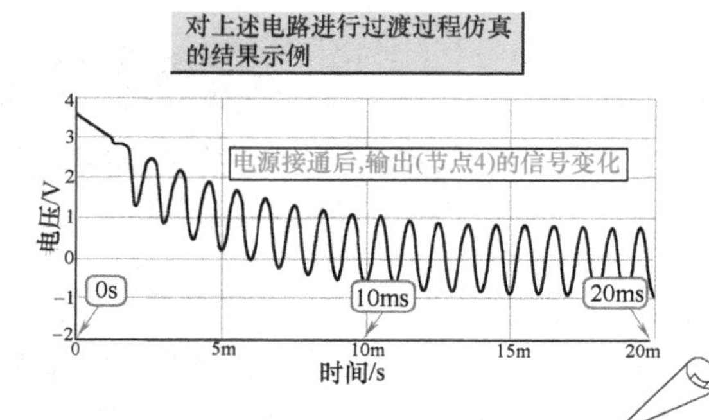

电子电路功能的仿真验证

当前，随着计算机技术的发展，在实际制作（试制）实验电子电路前，可通过软件仿真，对所设计的电子电路的功能和特性加以分析和验证。软件仿真已成为电子电路设计开发的重要手段。

SPICE 仿真的发展历史

从电脑还尚未广泛普及的1970年初起，希望通过计算机仿真来分析电子电路功能的工作就已经开始了。1973年，加利福尼亚大学伯克利分校在当时的大型机（在今天看来，其功能还达不到多年前已经过时的个人电脑的水平）上，使用FORTRAN语言，成功开发了电路仿真软件。

目前使用的SPICE（Simulation Program with Integrated Circuit Emphasis）电路仿真软件就是在该原型的基础上开发出来的，很多现代的SPICE软件也是基于这个原型的。当时开发电路仿真软件的目的是为了满足集成电路设计的需要。电路图中元器件间的连接信息以“网络表”这一文本文件来表示，然后将包含全部电路信息的“网络表”输入到仿真器内。

近年来，SPICE软件也广泛用于印制电路板上的电子电路的设计。只要有电路绘图软件生成的电路信息文件，与电路有关的问题都能通过软件仿真给出答案（在软件内，关于电路的计算都是基于电路的网络表的）。

SPICE 仿真的基本概念

首先建立电路各节点的电压和电流方程式，然后通过对方程式的求解，得出电路各节点的电压和电流，这就是SPICE仿真的基本概念。

除了这里的例子所给出的仿真结果以外，软件仿真还能分析诸如温度变化的影响、元件误差的影响、噪声特性的验证等多种电路指标的分析和仿真。

电路的直流（DC）节点仿真分析

所谓DC节点分析，就是在电路不施加交流信号的状态下，计算直流电路各个端点（节点）的电压（V）和电流（A）。

DC 节点分析的结果为后续的 AC 分析和过渡分析提供了电路的基本工作点。一般的，仿真分析软件的预处理工中都要自动执行电路的 DC 节点分析。

电路的交流（AC）仿真分析

AC 分析就是在给电路加载“AC”交流信号的情况下，分析电路的交流特性。如电路放大倍数计算、相位 φ（°）的，以及电路的频率特性等。

计算“微分放大倍数”，就要通过预处理 DC 分析得到各个端点的直流电压，须弄清楚非常微小的信号施加在该电路上的响应。

仿真分析时，一般不考虑电路的非线性的影响，将电路视为线性（纯直线的特性，没有失真成分）电路来考虑。

过渡过程的仿真分析

过渡分析（暂态分析）中，以时间作为横坐标轴，给出电路对输入信号的时间响应情况。过渡分析给出的结果就是实际电路按自身的功能输出的电路波形。

过渡分析中，计算机的计算工作量很大，所需要的处理时间也较长，因此仿真结果的显示输出速度也较慢，通常要比实际电路的动作速度要慢很多。

例题 1

对于第 11 ~ 14 课所给出的 *CR* 方式的放大电路，如果用仿真软件来对电路的下列特性进行验证，DC 分析、AC 分析和过渡分析分别适合于哪一种情况？

① 验证晶体管发射极、集电极和基极的电压

② 验证输入电容器的下限截止频率

③ 验证电源接通时电路的输出波形

【例题 1 解】

① DC 节点分析

② AC 分析

③ 过渡分析

第 20 课

实现信号“过滤”的滤波电路基础

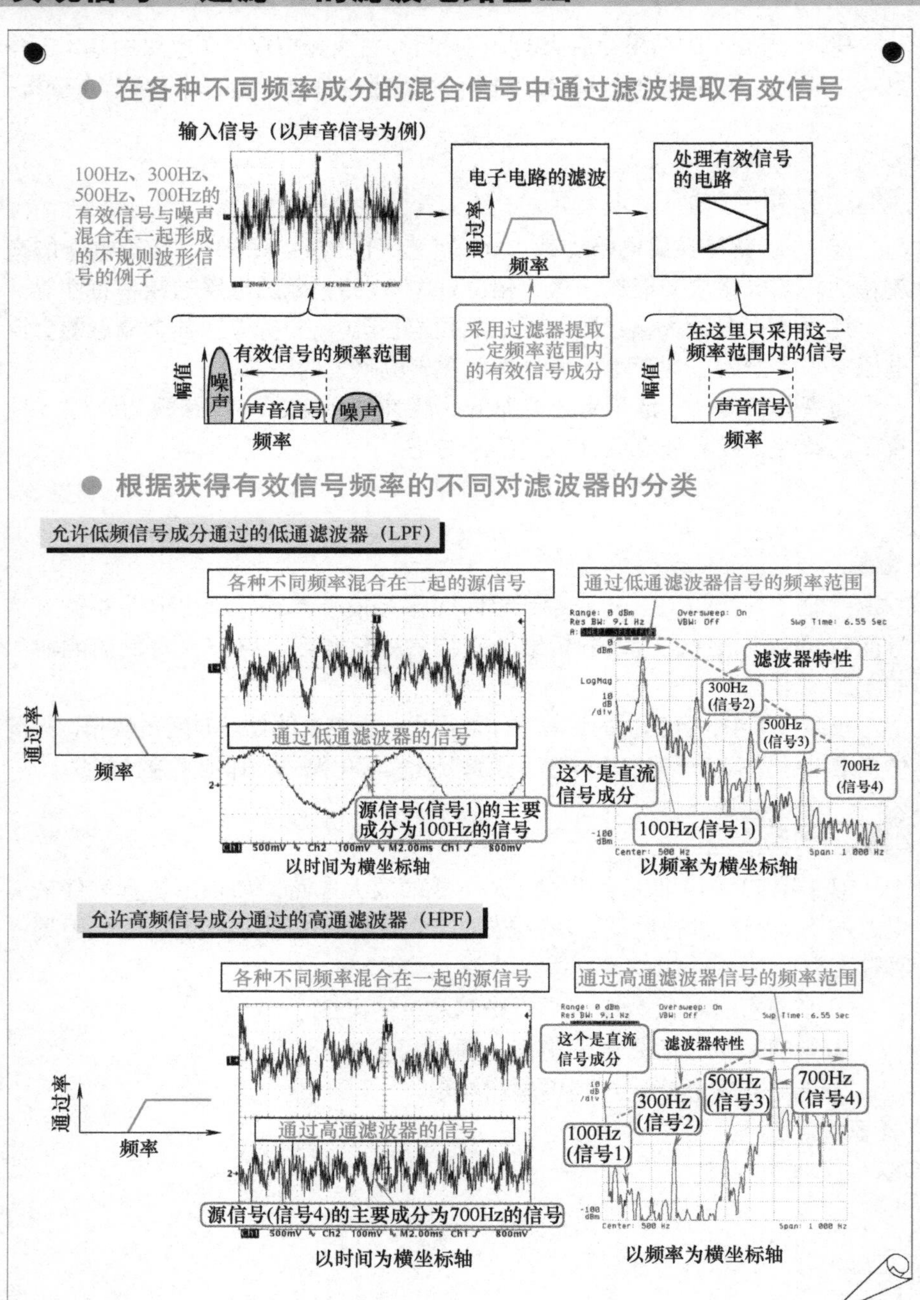

允许一定频率范围信号成分通过的带通滤波器（BPF）

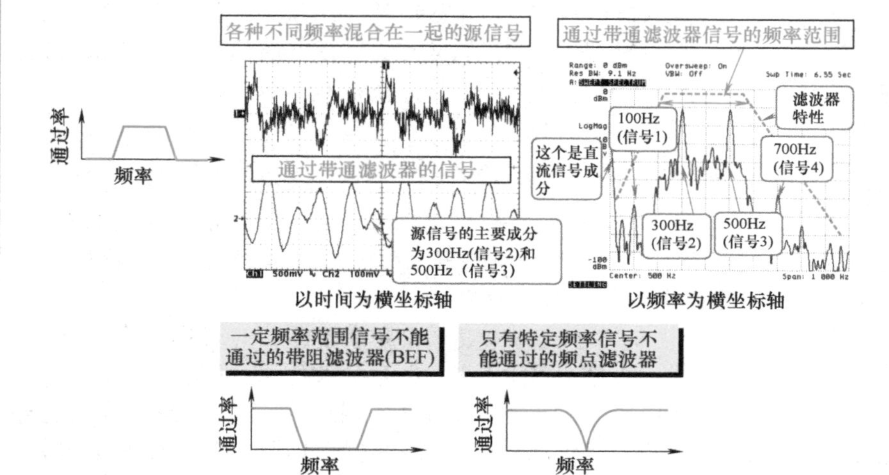

一定频率范围信号不能通过的带阻滤波器(BEF)

只有特定频率信号不能通过的频点滤波器

通过率

频率

通过率

频率

● 滤波器专用器件（多为带通滤波器）

使用陶瓷制作的陶瓷滤波器(可通过的频率范围为几百千赫到几兆赫)

用晶体振荡器制作的晶振滤波器(可通过的频率范围为几兆赫到几十兆赫)

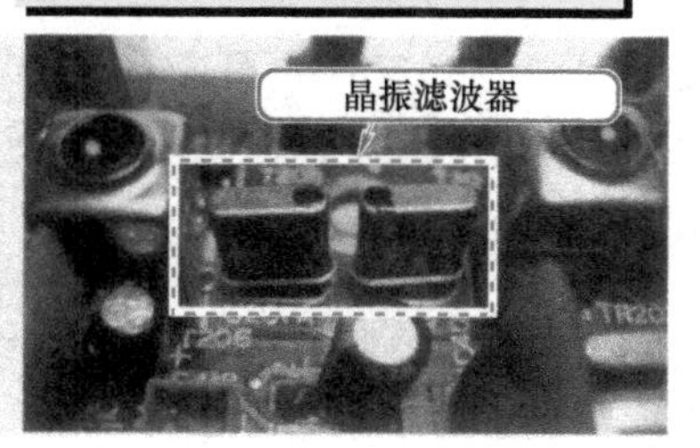

● 电子电路实现的滤波器

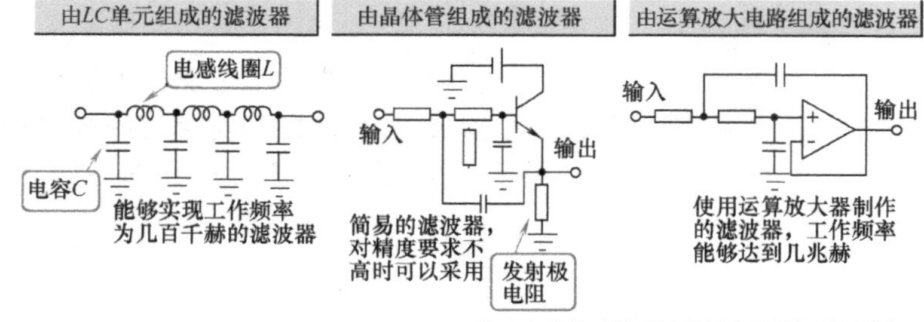

注：本书随后将对运算放大器进行详细介绍。

电信号是由各种不同频率成分信号混合而成的

实际的电信号都有噪声等其他信号的混入，因而是各种不同频率成分信号混合在一起的。像教科书上所介绍的单一频率的信号，也就是所谓的理想信号，在实际中是很“稀少”的，甚至是不存在的。

在由各种不同频率成分混合而成的信号中，通过滤波器提取原有信号

在对“原有信号”进行处理的“实际电路”一侧，如果输入的是单一的“原有信号”，而不是很多不同频率成分的混合信号的话，电路对“原有信号”的处理才能达到理想的效果。

该“原有信号”的频率是分布在某个频率范围内的（但也有是没有用的）。例如语音信号，频率大致分布在 100～4000Hz 的范围内。

噪声信号（的频率成分）大多存在于“原有信号”的频率范围之外。通过信号过滤，只在原有信号的频率范围内提取信号，除去原有信号频率范围以外的信号成分，将能够最大限度地提取到“目标信号”成分。实现这样的功能的电子电路就是“滤波器”。

根据获得目标信号频率不同对滤波器的分类

实际应用中存在着不同种类的滤波器以实现不同的滤波功能。有允许低频信号成分通过的低通滤波器（LPF），允许高频信号成分通过的高通滤波器（HPF），允许一定频率范围信号成分通过的带通滤波器（BPF），还有一定频率范围信号不能通过的带阻滤波器（BEF）以及只有特定频率信号不能通过的频点滤波器等。

滤波器专用器件

滤波器专用器件（多为带通滤波器）的种类也有多种。有陶瓷制成的陶瓷滤波器（范围从几百 kHz 到几 MHz），晶体振荡器制成的晶振滤波器（范围从几 MHz 到几十 MHz），还有使用 SAW 振荡器的 SAW 滤波器（范围从几 MHz 到几 GHz）等。

由 *LC* 元件组成的无源滤波器

由电感线圈 L 和电容 C 组成的滤波器，叫作“无源滤波器”。如果设

计恰当，也能制成工作频率达几百 MHz 的滤波器。

由晶体管和运算放大器构成的有源滤波器

利用晶体管和本书后续介绍的“OP 放大器”，与电容和电阻等元器件一起，也可以构成滤波器。因为所制作的滤波器是需要外接电源才能工作的有源单元，所以也被称为有源滤波器。使用频率特性较好的运算放大器，实现的滤波器的工作频率能够达到几兆赫。

在对精度要求不高的电路中，也可以使用由晶体管组成的简易滤波器。

例题 1

如右图所示的有源 π 型滤波电路，试用第 19 课中所介绍的 SPICE 仿真的 AC 分析，对电路 1Hz ~ 100kHz 频率范围低通滤波频率响应特性进行仿真和分析。

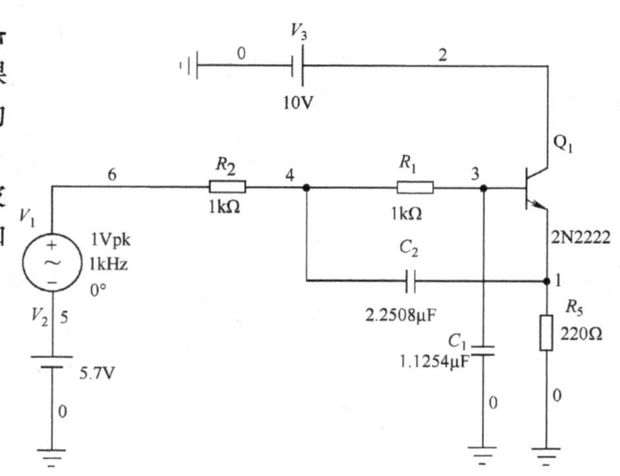

【例题 1 解】

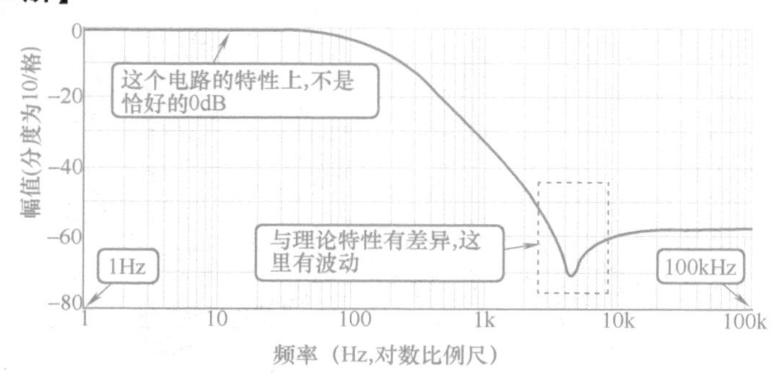

因此，所实现的电路的特性，与理论上的理想特性有一定的差异。

第21课 保持电路稳定工作的技术——“负反馈”原理

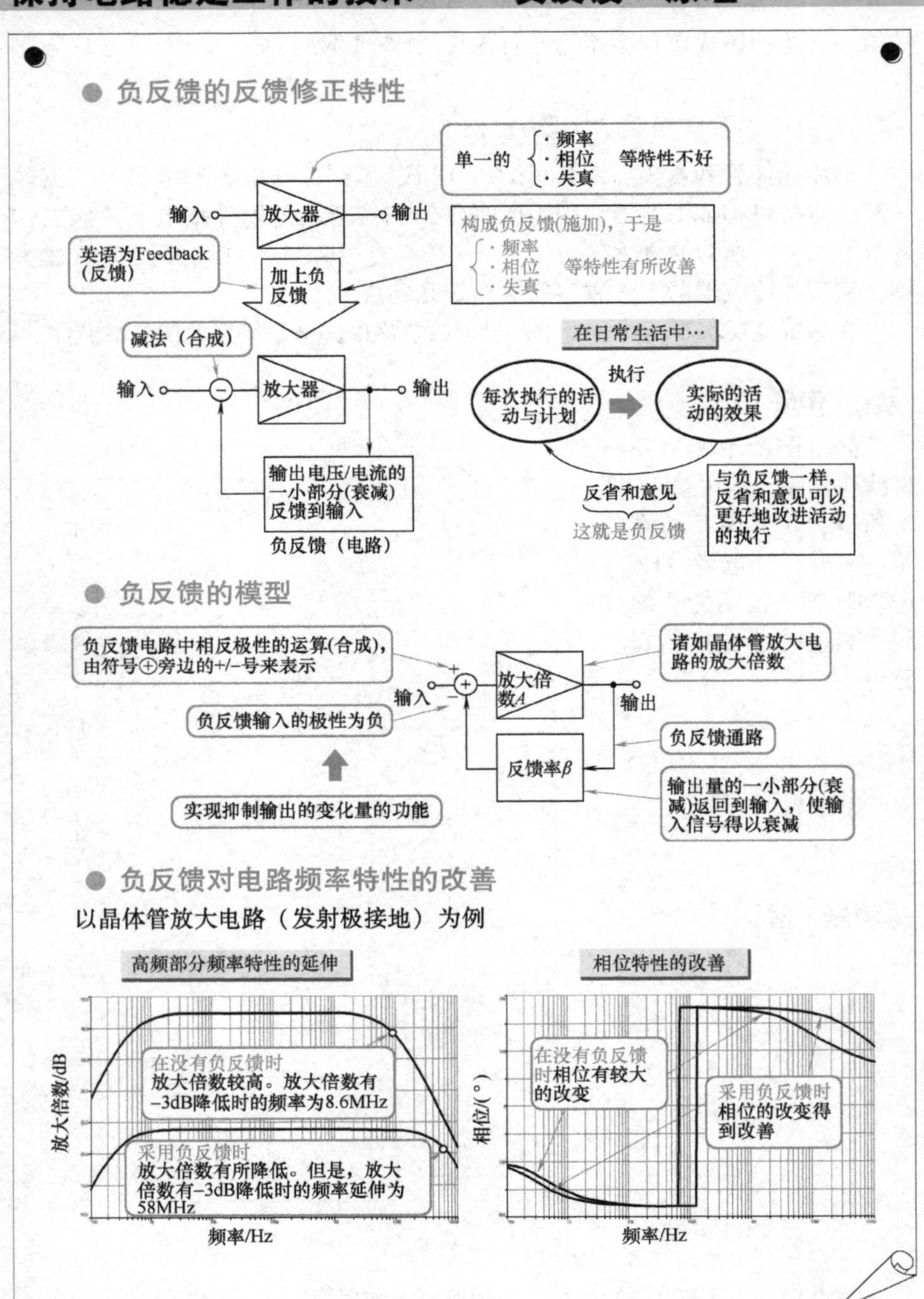

负反馈对电路失真特性的改善

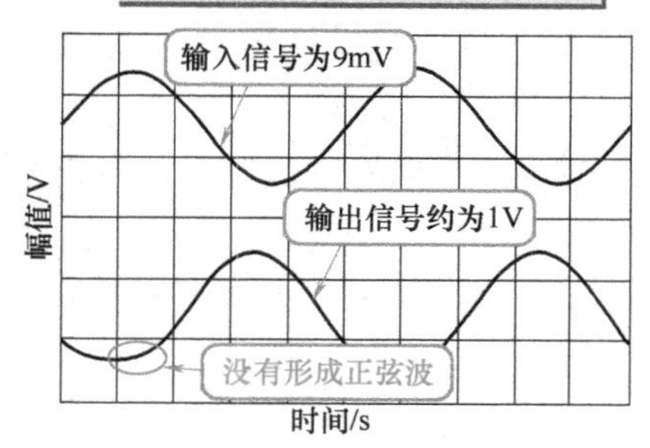

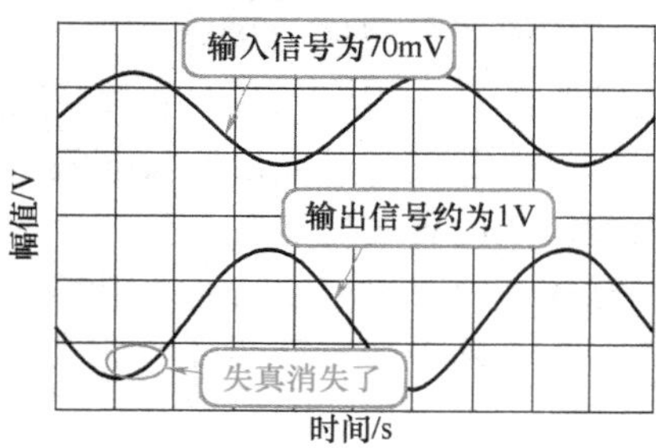

通过负反馈模型计算负反馈电路的放大倍数

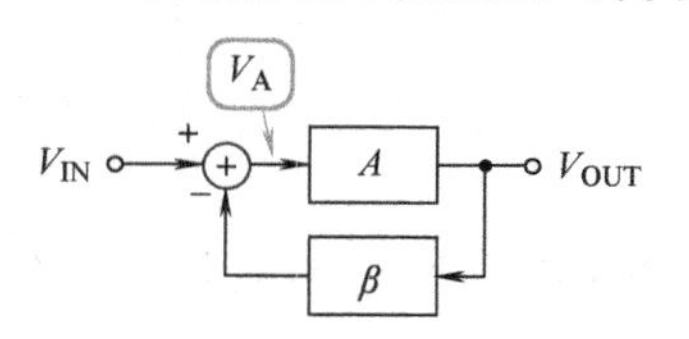

$$\left.\begin{array}{l} V_A = V_{IN} - \beta \cdot V_{OUT} \\ V_{OUT} = AV_A \end{array}\right\}$$

从以上两式得

$$\frac{V_{OUT}}{A} = V_{IN} - \beta V_{OUT}$$

$$V_{OUT} = AV_{IN} - A\beta V_{OUT}$$

$$(1 + A\beta)\ V_{OUT} = AV_{IN}$$

负反馈电路的放大倍数为

$$\frac{V_{OUT}}{V_{IN}} = \frac{A}{1 + A\beta}$$

实际的晶体管负反馈放大电路

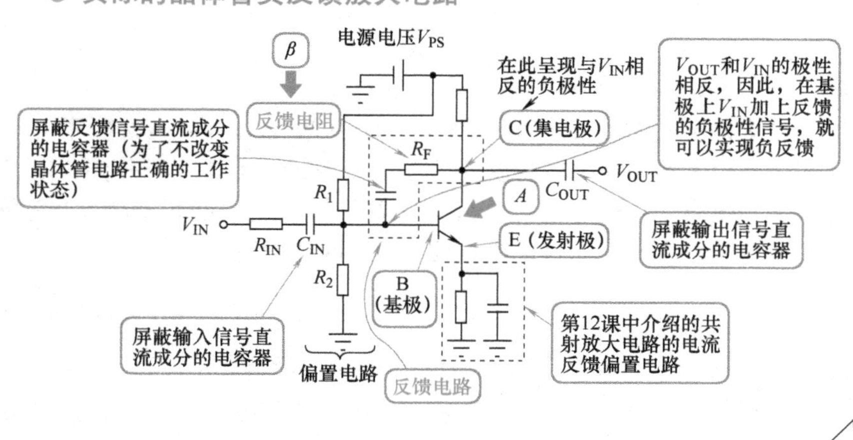

负反馈的反馈修正特性

"负反馈（Feedback，反馈修正）"是电子电路中必需的技术。

负反馈就是将输出的电压（也可以是电流）的一小部分（衰减）分量，反馈给电路的输入端，从而使电路的工作更加稳定。

通过负反馈，可以使放大电路的全部特性（幅值、相位等）得到较大的改善，从而更接近于线性。

晶体管放大电路通常需要采用反馈电路，后续即将介绍的运算放大器电路中也必须采用负反馈技术。

负反馈的模型

负反馈模型中，反馈电路的特性可以用电路的放大倍数 A 和反馈率 β 来表示。

反馈电路的放大倍数 A，和晶体管放大电路的放大倍数有着相同的含义。反馈率就是当输出量的一小部分返回到输入端时，该小部分所输出量（衰减）的比例系数。如果反馈的是电压信号，通常通过分压电阻来实现信号的衰减。

虽说是将输出量的一部分反馈到输入端，但反馈量和输入量的极性是相反，两者的正负方向总是互逆的。因此，负反馈总是朝着抑制电路输出的变化、使电路趋向稳定的方向。

负反馈电路的优点

当放大电路构成负反馈时，放大电路总的放大倍数将有所下降。但是，采用负反馈的放大电路的放大倍数在频率特性上将有所延伸，电路的带宽将变得更宽，同时其相位特性、失真特性等也都能得到较大的改善。因此，负反馈对于放大电路来说，具有多方面的优点。

通过负反馈模型计算负反馈电路的放大倍数

在负反馈放大电路中，如果没有反馈时电路的放大倍数 A，反馈电路的反馈率 β，则负反馈放大电路的放大倍数 A_{FB} 为

$$A_{FB}=\frac{A}{1+A\beta} \tag{21-1}$$

实际的晶体管负反馈放大电路

图中所示为晶体管的负反馈放大电路的例子（实际的OP放大器也多采用负反馈电路）。

这是一个晶体管共射放大电路。与之前的介绍有所不同的是，在该电路中，反馈电阻R_F（Ω）将集电极输出的电压V_{OUT}（V）的一小部分（衰减量，有时也采用电流）反馈输入给基极。

与输入电压V_{IN}（V）相对应的输出电压为集电极输出电压V_{OUT}，并且呈现出与V_{IN}相反的负极性。反馈电路将输出电压V_{OUT}的一小部分反馈（输入）给基极，反馈输入的电压与输入电压V_{IN}的极性相反，因此构成了放大电路的负反馈。

例题1

右图中有一个放大倍数A、反馈率β的负反馈电路模型。当放大器A的输出上有一个额外的失真量D（V）叠加时，计算失真D呈现在输出V_{OUT}上的分量。

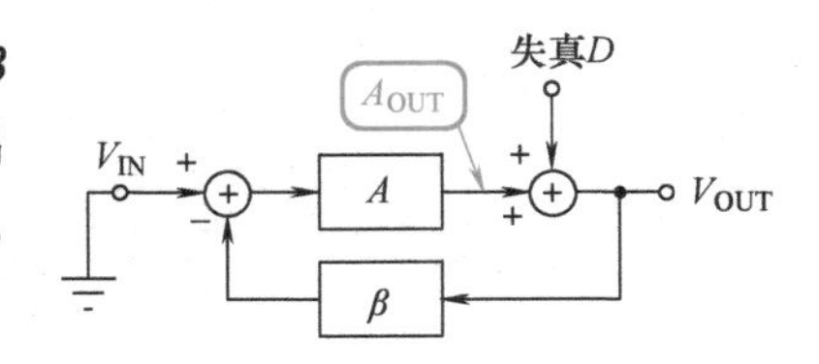

【例题1解】

电路的输入电压为V_{IN}。当$V_{IN}=0V$时，放大电路的输出电压A_{OUT}为

$$A_{OUT}=0-V_{OUT}\beta A$$
$$V_{OUT}=A_{OUT}+D$$

下式代入上式，得

$$V_{OUT}=-V_{OUT}\beta A+D$$
$$(1+A\beta)\ V_{OUT}=D$$
$$V_{OUT}=\frac{D}{1+A\beta}$$

通过负反馈，失真D为其原来的$1/(1+A\beta)$，失真有所降低。

第 22 课

能自行产生信号的振荡电路

● 信号发生器的正反馈振荡电路工作状态

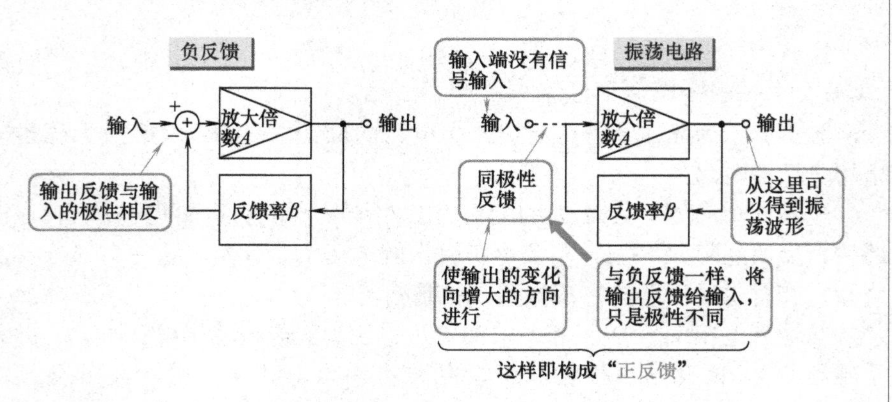

● 振荡电路的模型和振荡的结构

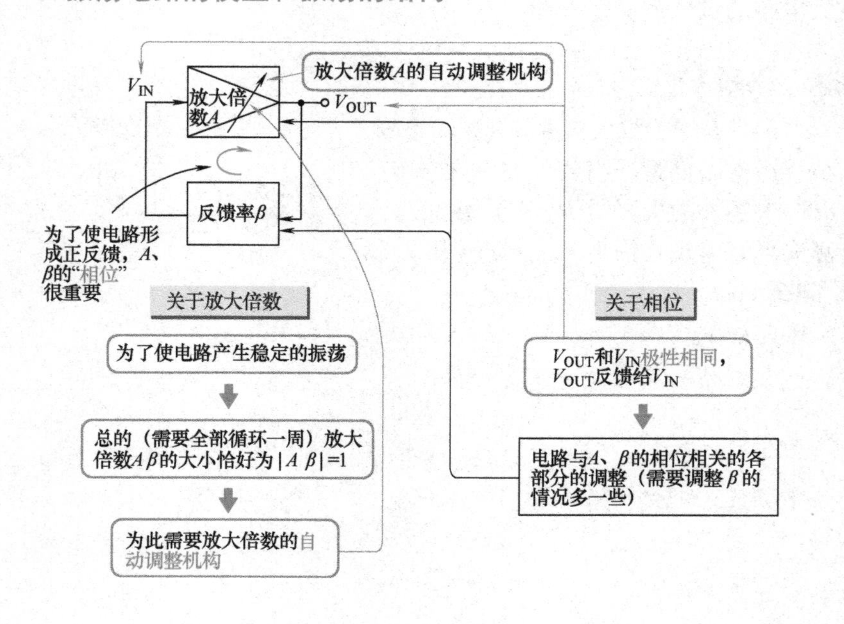

● 由运算放大器组成的振荡电路的例子

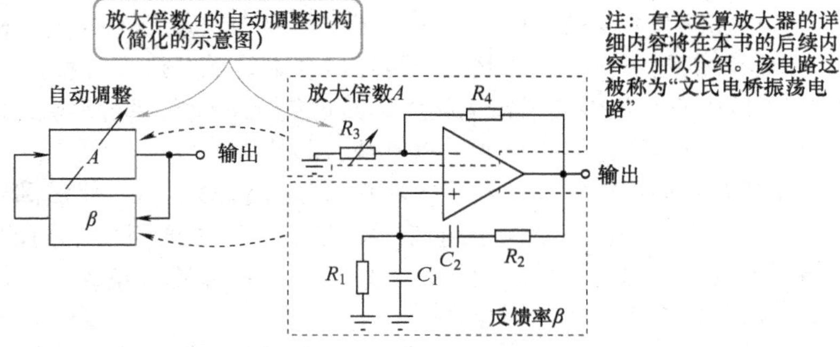

注：有关运算放大器的详细内容将在本书的后续内容中加以介绍。该电路这被称为“文氏电桥振荡电路”

● LC 正反馈振荡电路的基本工作原理

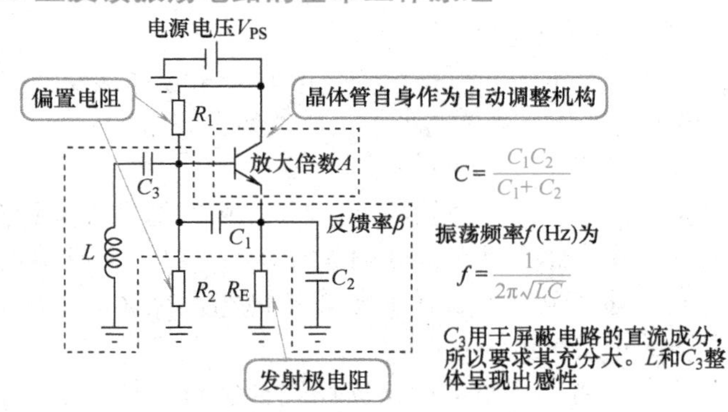

$$C=\frac{C_1C_2}{C_1+C_2}$$

振荡频率f(Hz)为

$$f=\frac{1}{2\pi\sqrt{LC}}$$

C_3用于屏蔽电路的直流成分，所以要求其充分大。L和C_3整体呈现出感性

● 用晶体振荡器取代电路中的 L 构成的晶体振荡电路

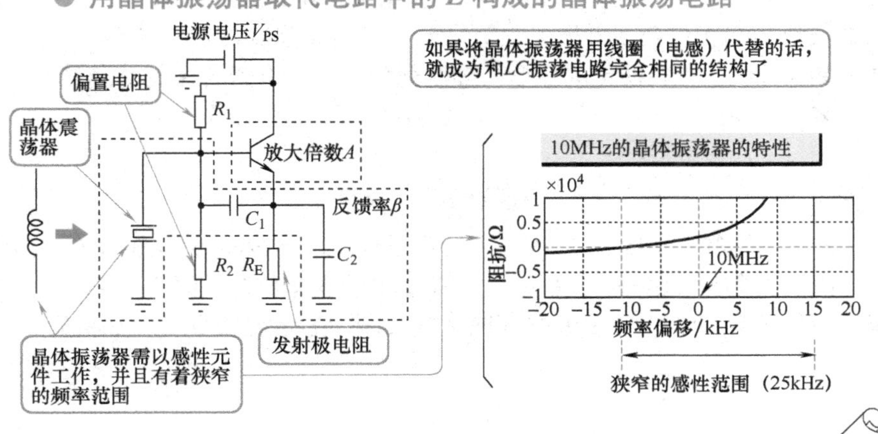

信号发生器的正反馈振荡电路工作波形

振荡电路在没有外界信号输入的情况下，电路自身就可以通过振荡自主地产生周期性的波形信号，这些波形信号最主要的是正弦波信号。

在第21课中所介绍的负反馈电路中，通过负反馈输出到输入端的信号与输入端原有的信号极性是相反的，也就是所谓的“负极性”。

与负反馈电路的结构一样，振荡电路也是通过将输出信号反馈到输入端，从而使电路产生振荡（产生波形信号）。与负反馈电路所不同的是，振荡电路反馈到输入端的信号的极性，是使得输出信号继续增大的。因此我们将这种电路称为“正反馈”电路。

振荡电路的模型和振荡的结构

振荡电路的模型与负反馈电路相同，电路的重要参数也是放大倍数 A 和反馈率 β。但是为了使振荡电路处于正反馈的方式下工作，A、β 的“相位量”就显得非常重要。

为了将输出 V_{OUT}（V）以与输入 V_{IN}（V）相同的极性反馈到输入端，电路的放大部分和反馈部分就需要分别进行调整，以使得反馈信号的相位与输入信号相同（通过反馈率 β 的调整实现同相位反馈的电路居多），进而实现整体电路的正反馈。

通过电路参数的调整，使得沿正反馈路径绕行一周的放大倍数 $A\times\beta$ 的大小恰好为1，也就是 $|A\times\beta|=1$。如果 $|A\times\beta|$ 的值稍稍大于1，那么输出的波形的幅度将会变得很大，信号就会出现较深的饱和；如果 $|A\times\beta|$ 的值稍稍小于1，那么输出的波形的幅度就会变小，电路的振荡就会停止。

要使 $|A\times\beta|$ 的值恰好等于1，振荡电路需要放大倍数 A 的自动调整机构。

由运算放大器组成的振荡电路的例子

本书后续将要介绍的“运算放大器”与电容、电阻一起也能构成振荡电路。由于运算放大器的频率特性的关系，这种振荡电路产生的信号频率一般能够达到几兆赫。同样，在这种振荡电路中也需要放大倍数的自动调整机构。

LC 正反馈振荡电路的基本工作原理

LC 振荡电路产生自激振荡的频率应该在几～几百兆赫之间。晶体管放

大单元与L（H）、C（F）等原件一起也能构成谐振电路（反馈率β成为电路谐振频率的决定要素），这也是通过正反馈构成的振荡电路。

放大倍数A的自动调节机构的作用，是在晶体管的输入、输出的幅值变得较大时，对放大倍数起到下降的作用。这一功能主要依赖于电路的信号饱和等结构加以实现。

用晶体振荡器取代电路中的L构成的晶体振荡电路

采用晶体振荡器也能制作振荡电路，我们把这样的振荡电路称为“晶体振荡电路”。晶体振荡器拥有较复杂的幅值、相位及频率特性，在某一频率（非常窄的范围）上呈现出感（L）性。

在晶体管等的放大电路中设置电容器C，晶体振荡器的L成分和电路的C成分即构成了谐振电路（反馈率β成为谐振频率的决定要素）。

因为满足振荡条件的频率范围非常窄，晶体振荡电路能够制作精度非常高的振荡电路，以输出频率稳定的振荡信号。

也有与正反馈结构不同的其他类型的振荡电路

有应用数字IC和比较器IC两个单元制作的“弛缓型CR振荡电路”。该电路的工作方式与正反馈振荡电路不同，应用CR电路的时间常数（电路的暂态动作过程），产生的是方波或矩形波。

例题1

右图是选取自“文氏电桥振荡电路”的反馈电路部分。其工作原理是让输出电压V_{OUT}以0°的相位反馈，并将该信号连接到放大电路的正反馈侧，实现电路的振荡功能。试采用第19课中所介绍的SPICE仿真软件的AC分析，计算和验证右图电路中V_{OUT}的相位为0°的频率。

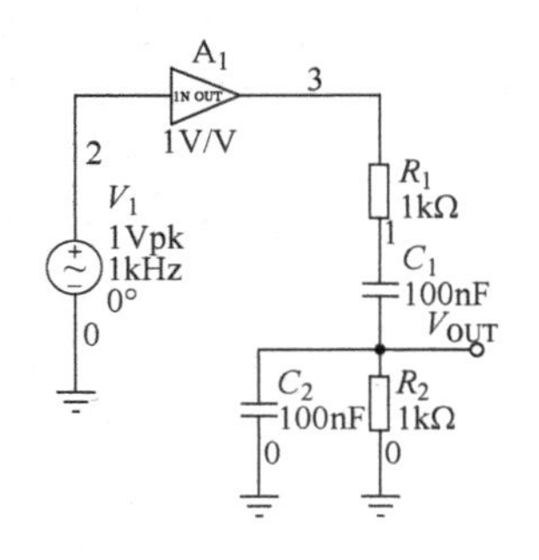

【例题1解】

对图中电路，采用第19课中介绍的SPICE仿真软件的AC分析，得出电路中V_{OUT}的相位为0°的频率大约为1.5873kHz。

第23课

了解运算放大器的基本原理及常用的负反馈方式

● 运算放大器是有着非常大放大倍数的差分电压放大器

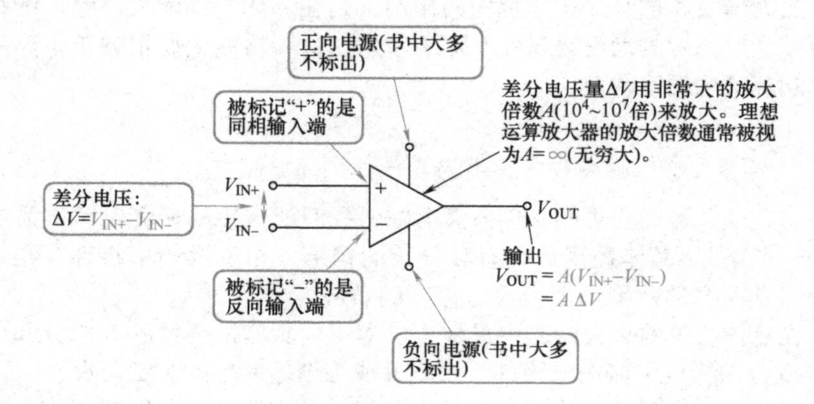

● 运算放大器通过将输出反馈到反相输入端“－”实现负反馈

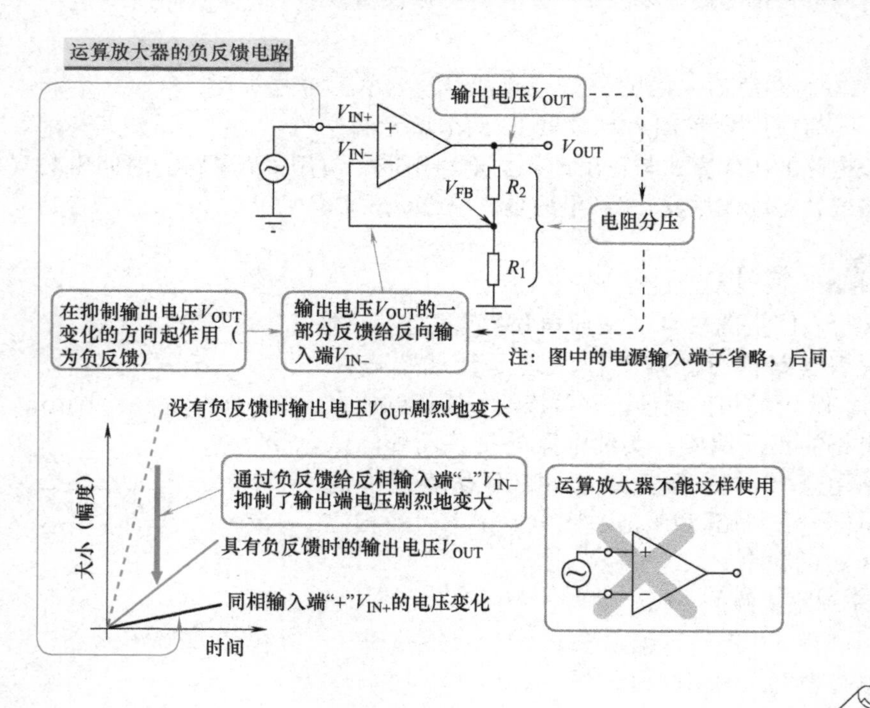

● 采用负反馈电路得到想要的放大倍数

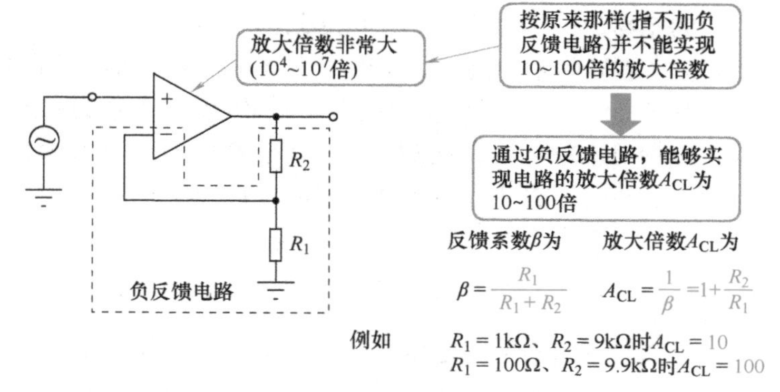

● “理想运算放大器”的最基本模型

1） 放大倍数 A 无穷大（频率特性为一条直线）

2） 输入和输出的电压幅值没有限制

3） $V_{OUT}=A(V_{IN+}-V_{IN-}+\delta)$，其中，电路的偏移量 $\delta=0$

4） 输入端没有电流流动

5） 输出电流的大小没有限制

运算放大器是现代模拟电子电路的基本器件

本书此前主要介绍了由分立半导体器件组成的放大电路。在现代电子电路中，这些分立元件的放大电路仍然被使用。但是在现代电子电路中，模拟放大电路的主角，也就是应用最多的还是“运算放大器”（Operational Amplifier）。

运算放大器是有着非常大的放大倍数的差分电压放大器

运算放大器是具有标记为“+”的同相输入端 V_{IN+}（V）、标记为“−”的反相输入端 V_{IN-}（V），同相和反相输入端电压的差值就是差分电压 ΔV（V），即有

$$\Delta V=V_{IN+}-V_{IN-} \tag{23-1}$$

并将差分电压通过非常大的放大倍数 A 加以放大的放大器。实际运算放大器的放大倍数 $A=10^4\sim10^7$（由运算放大器的种类决定）。

运算放大器采用负反馈电路得到想要的放大倍数

运算放大器电路也采用第 21 课中所介绍的负反馈技术。

单个运算放大器的放大倍数 A 即使很大，与我们通常所需要的 10 ~ 100 倍放大电路的要求还有很大的差距，因此需要抑制运算放大器的放大倍数。

通常通过使用负反馈电路，达到实现 10 ~ 100 倍放大倍数的目的。实际上，负反馈电路也是运算放大器的基本构成方式。

通过将输出反馈到反相输入端实现运算放大器的负反馈

要实现负反馈，通常将输出电压 V_{OUT} 通过电阻来分压（我们把这样的功能称为“分压”），从而将一部分输出电压，即反馈电压 V_{FB}（V）反馈到放大器的反相输入端“ - ”。

通过这样的连接，如果输出电压 V_{OUT} 向正向变大时，反相输入端 V_{IN-} 上的反馈电压 V_{FB} 也会随着输出信号 V_{OUT} 的变化而有相同的增大，使得输出 V_{OUT} 向正向的变化得到较大的抑制。

电路中的反馈量总是抑制电路输出量的变化的，因此构成了负反馈电路。

将运算放大电路的负反馈电压与总输出电压的比称为“反馈系数”

将输出电压 V_{OUT} 分压并构成负反馈，此时，反馈给反相输入端“ - ” V_{IN-} 的量所对应的反馈系数 β（$\beta \leqslant 1$）为

$$\beta = \frac{V_{FB}}{V_{OUT}} = \frac{R_1}{R_1 + R_2} \tag{23-2}$$

使用放大倍数 $A = \infty$ 的理想运算放大器的同相放大电路（将于第 25 课中进行介绍），反馈系数 β 的倒数为电路的放大倍数 A_{CL}。对于实际运算放大器，因为其放大倍数 A 非常大，其放大倍数同样可以视为

$$A_{CL} = \frac{1}{\beta} \tag{23-3}$$

“理想运算放大器”的基本模型和电路的放大倍数

为了分析运算放大器的基本功能，通常采用放大倍数 $A = \infty$ 的“理想

运算放大器”这个概念，我们将在第 24 课中做详细讨论。不过，实际的运算放大器和理想运算放大器有所不同。

例题 1

下图所示电路中，试计算运算放大器各个引脚的电压。

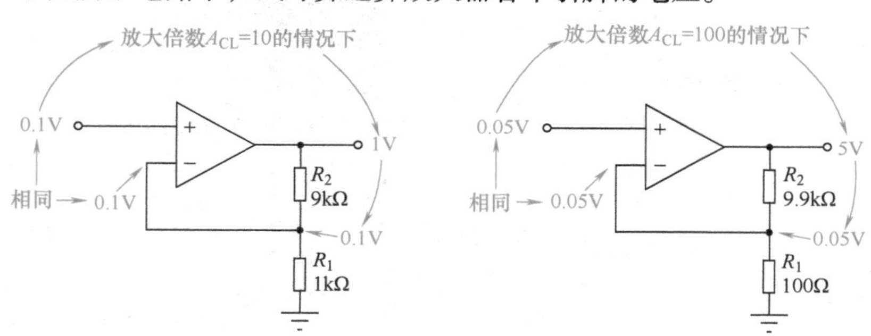

【例题 1 解】

像这样反相输入端和同相输入端的电压相同，是电路工作时运算放大器节点的一个共同特性。

例题 2

假设单个运算放大器的开环放大倍数 $A=\infty$。用在第 21 课所介绍的负反馈电路放大倍数计算式（21-1），试推导出式（23-3）所给出的 A_{CL} 和 β 的关系式。

【例题 2 解】

第 21 课中的式（21-1）给出的负反馈电路放大倍数公式为

$$A_{CL}=\frac{A}{1+A\beta}$$

式中，A_{CL} 是运算放大器电路中的放大倍数，A 是运算放大器自身非常大的放大倍数，β 是电路反馈系数。将上式变为

$$A_{CL}=\frac{A/A}{1/A+A\beta/A}=\frac{1}{1/A+\beta}$$

在 $A=\infty$ 的情况下，得

$$A_{CL}=\frac{1}{\beta}$$

第24课

实际运算放大器（频率特性等）不能达到理想的状态

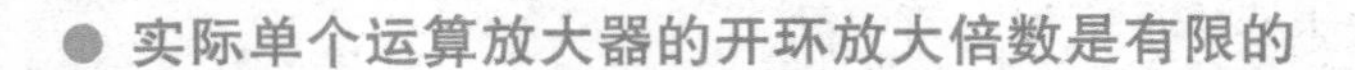

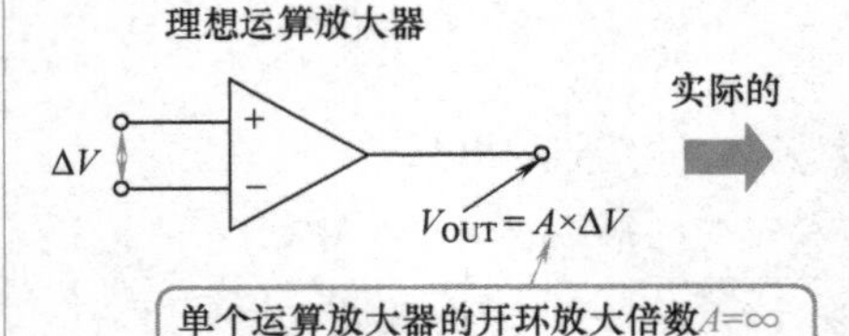

实际运算放大器AD797的外形图

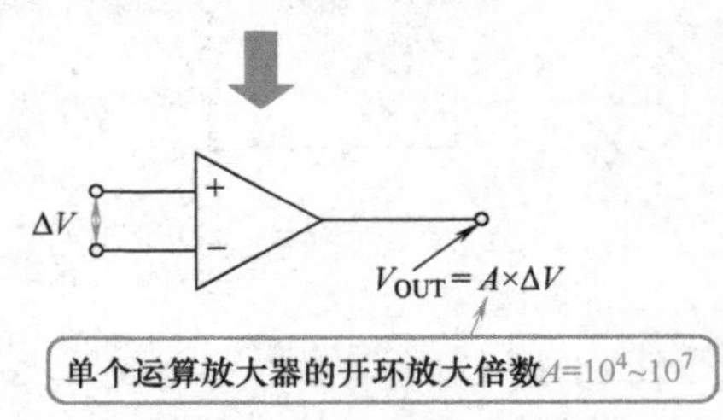

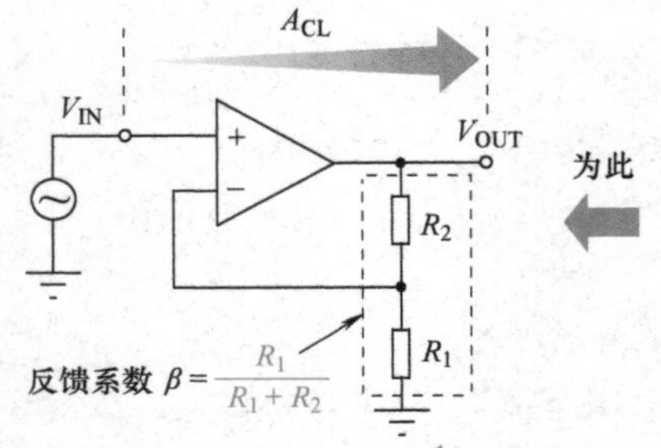

理想运算放大器 $A_{CL}=\frac{1}{\beta}$

实际运算放大器 $A_{CL}<\frac{1}{\beta}$

因为实际的 A 不是无穷大，因此实际的 A_{CL} 比 $\frac{1}{\beta}$ 要小，存在一定的差异

尽管如此，当 A 充分大时，大致可以看作实际的 $A_{CL}=\frac{1}{\beta}$

● 从很低的频率开始单个运算放大器的开环放大倍数就开始下降

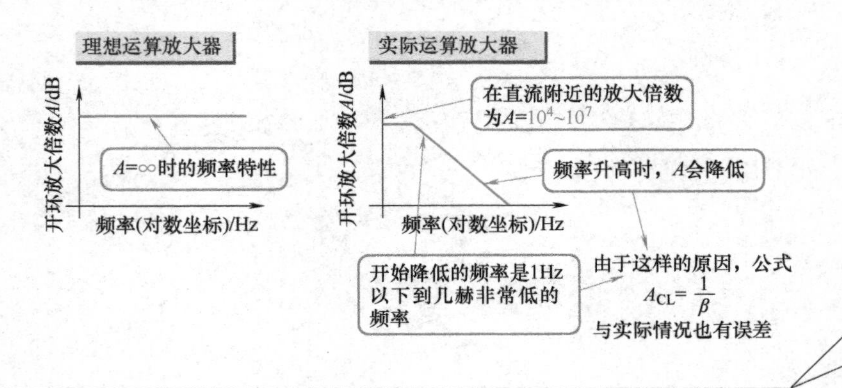

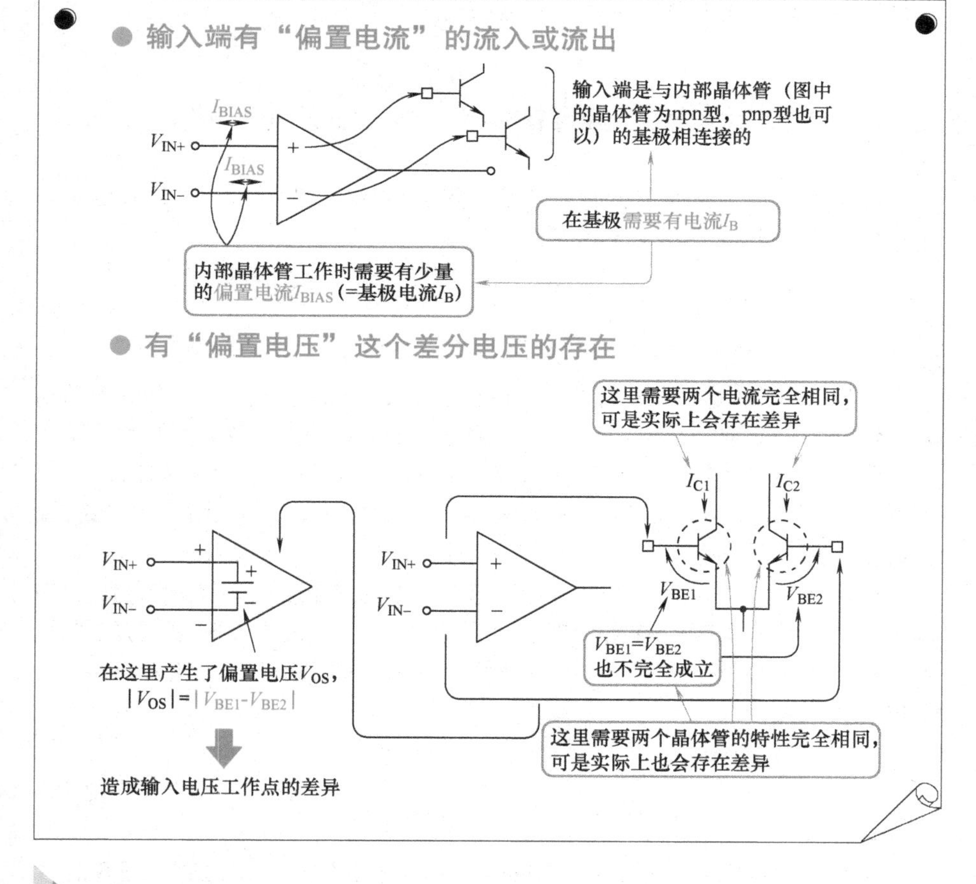

实际中不存在“理想运算放大器”

第 23 课中介绍的理想运算放大器只是一种“理想”的情况，实际运算放大器和理想运算放大器之间均存在着差异。

为了让实际运算放大器电路正常工作，需要很好地认识理想运算放大器与实际运算放大器的差异。

实际单个运算放大器的开环放大倍数是有限的

单个理想运算放大器的开环放大倍数 A 为无穷大（$A=\infty$）。而实际运算放大器的放大倍数 A 在 $10^4 \sim 10^7$ 之间（由运算放大器的种类决定）。放大倍数小的运算放大器中整个放大电路的理想放大倍数：

$$A_{CL}=\frac{1}{\beta} \tag{24-1}$$

也将变小，与理想运算放大器也有差异。这里的β是由分压电阻决定的反馈系数。

尽管如此，当A充分大时，还是像第23课中介绍的一样，常常用这个公式作为实际电路的放大倍数。

从很低频率开始，单个运算放大器开环放大倍数就开始下降

理想运算放大器的频率特性为一条水平直线。然而，实际运算放大器从约为1Hz以下～几赫的低频开始，单个运算放大器开环放大倍数A就开始下降。

因此，为了使得负反馈电路稳定地实现放大电路的功能，我们必须了解运算放大器开环放大倍数的频率特性（详细的就不做介绍了，但同时也要避免电路的异常振荡）。

运算放大器的放大倍数$A=10^4\sim10^7$，这主要指的是直流信号附近的放大倍数，频率上升，放大倍数就会降低。因此，在频率较高的情况下，电路的放大倍数下降，式（24-1）所给出的放大电路的放大倍数A_{CL}会产生较大的误差。

输入端有“偏置电流”的流入或流出

集成运算放大器IC的内部电路是由晶体管放大单元组成的。运算放大器的输入端V_{IN+}和V_{IN-}与内部晶体管的基极相连。

像第6课中所介绍的那样，晶体管是通过基极电流I_B（A）进行工作的器件。因此，运算放大器内部的晶体管也需要有基极电流I_B流过。

为了让运算放大器正常工作，需要在其输入端提供内部晶体管工作所需要的基极电流（只是微小的电流），我们将该电流称为“偏置电流”I_{BIAS}（A）。

因为理想运算放大器不存在偏置电流，所以我们希望该电流要尽可能的小。

有“偏置电压”这个差分电压的存在

理想运算放大器的输入电路内部是由两个特性完全相同的内部晶体管

成对连接构成的。

成对连接的两个晶体管的特性完全相同，其集电极电流 I_{C1}（A）和 I_{C2}（A）也完全相同，$V_{BE1} = V_{BE2}$。因此，作为内部晶体管基极的运算放大器的输入端 V_{IN+} 和 V_{IN-} 之间不产生电压差。

但是现实的情况与此不完全一样。实际的 $V_{BE1} \neq V_{BE2}$，在运算放大器的两个输入端之间产生了电压差，我们把这个电压差称为“失调电压” V_{OS}（V）。

由于失调电压 V_{OS} 的存在，使得运算放大器的工作点产生了偏差，并且这个偏差将以 $1/\beta$ 倍的大小在输出端上呈现。因为理想的运算放大器不存在失调电压，所以我们希望该电压要尽可能的小。

例题 1

（1）单个运算放大器放大倍数 $A = 1000$，试用第 21 课中介绍的负反馈式（21-1），计算右图所示整个放大电路的放大倍数 A_{CL}。

（2）与理想运算放大器的 A_{CL} 进行比较。

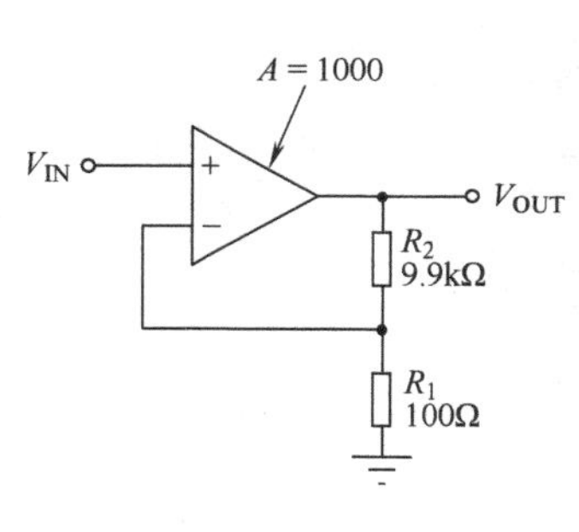

【例题 1 解】

（1）由第 21 课的式（21-1）得

$$A_{FB} = A_{CL} = \frac{A}{1 + A\beta}$$

式中 $A = 1000$，　$\beta = \frac{100\Omega}{9900\Omega + 100\Omega} = \frac{1}{100}$

所以

$$A_{CL} = \frac{1000}{1 + 1000 \times \frac{1}{100}} = \frac{1000}{11} = 90.9$$

（2）理想运算放大器

$$A_{CL} = \frac{1}{\beta} = 100$$

因此，实际的运算放大器 $A = 1000$ 时，放大电路的放大倍数 A_{CL} 为理想电路的 90.99%，放大倍数 A_{CL} 降低了 9%。

运算放大器基本电路①：同相放大电路

● 同相放大电路的电阻比值决定电路的放大倍数

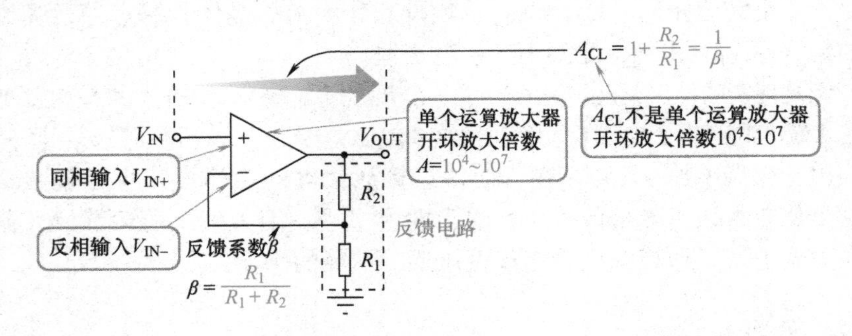

● 由于负反馈，输入端的差分电压得到自动调整而变得非常小

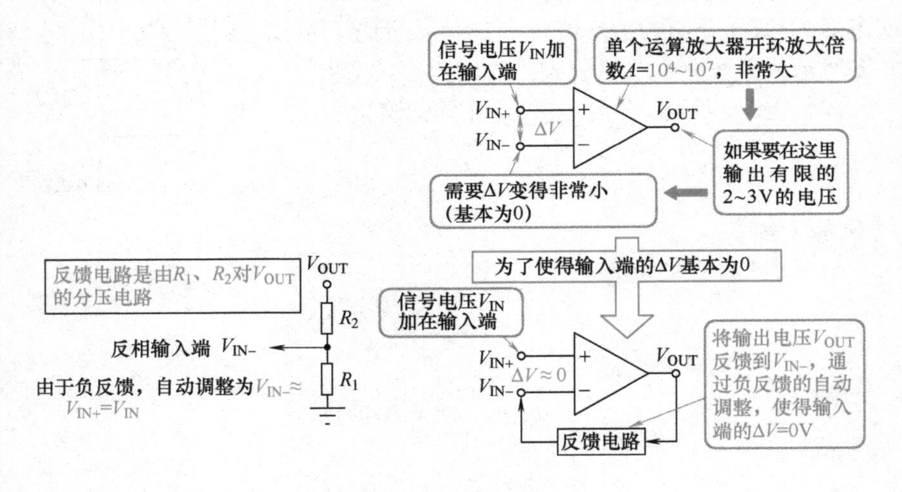

● 由于输入电阻很高，输入端没有电流流过

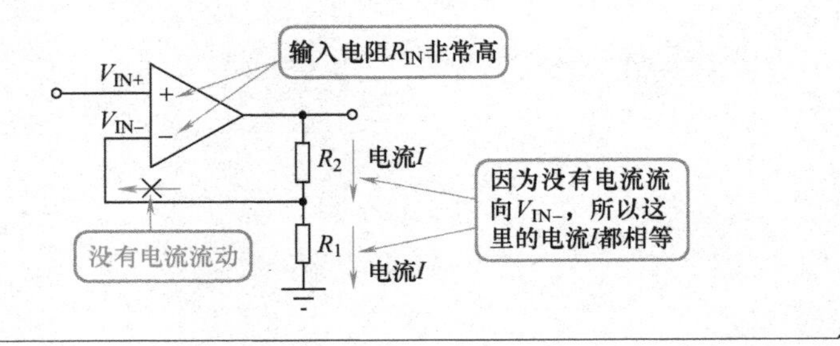

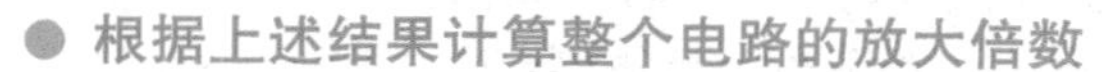

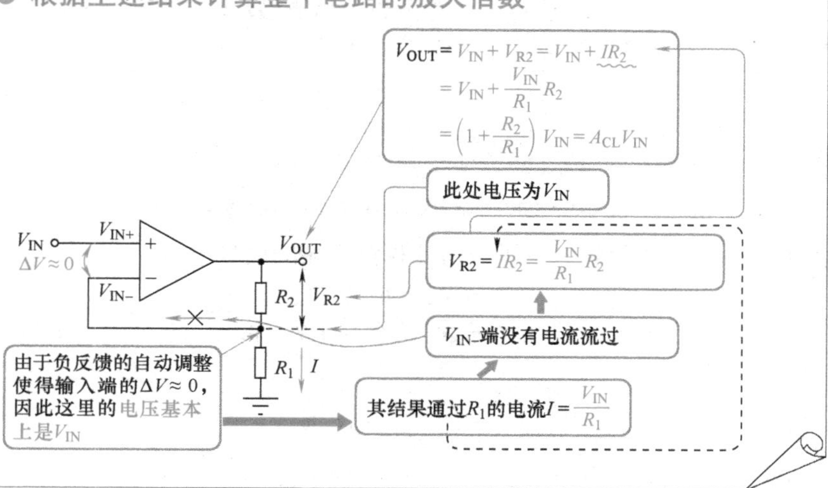

同相放大电路的电阻比值决定电路的放大倍数

该电路是“同相放大电路”，整个放大电路的放大倍数 A_{CL}（单个运算放大器开环放大倍数足够大时）为

$$A_{CL} = 1 + \frac{R_2}{R_1} = \frac{1}{\beta} \tag{25-1}$$

它不是单个运算放大器开环放大倍数 A（$A = 10^4 \sim 10^7$），而是由电阻 R_1（Ω）和 R_2（Ω）决定的放大电路的放大倍数 A_{CL}。电阻 R_1 和 R_2 构成了反馈系数为 β 的负反馈电路。

当电路加上输入信号电压 V_{IN}（V）时：

$$V_{OUT} = A_{CL} \times V_{IN} \tag{25-2}$$

由于输出端的电压为有限值，因此输入端差分电压大体上为 0

当负反馈为基本结构的运算放大器的输入端 V_{IN+} 所加的信号电压为 V_{IN} 时，输入端 V_{IN+}、V_{IN-} 的差分电压 ΔV（V）被放大并且呈现在输出端上。由于运算放大器的开环放大倍数非常大（$A = 10^4 \sim 10^7$），因此这个 ΔV 一定很小。

当单个运算放大器的开环输入为1mV时，其输出电压就会达到1000V以上。因此当输出电压 V_{OUT} 是有限的，大约为2～3V时，输入端 V_{IN+}、V_{IN-} 间的差分电压 ΔV 必定是非常小（大体上为0）的。

由于负反馈的自动调整，所以输入端的差分电压基本为0

在同相放大负反馈电路中，同相输入端信号电压 $V_{IN+}=V_{IN}$，反馈电路的 R_1 和 R_2 分压得到的电压作为反相输入端的信号电压 V_{IN-}。

$$V_{IN-} \approx V_{IN+} = V_{IN} \tag{25-3}$$

放大器输入端的差分电压 ΔV 大致为0V，输出电压 V_{OUT} 被电路的负反馈自动调整。

输入端输入电阻很高，没有电流流动

因为输入端 V_{IN+}、V_{IN-} 的输入电阻 R_{IN}（Ω）非常高，所以没有电流流动（除了微小的偏置电流 I_{BIAS}（A）以外）。

因此，在电阻 R_1 中流过的电流也不会流向别处，全部流过电阻 R_2。

根据上述结果计算整个电路的放大倍数

① 从式（25-3）可知，流过 R_1 中的电流 $I=V_{IN}/R_1$。

② 该电流 I 全部流入 R_2，而不进入反相输入端 V_{IN-}。

③ 由于电流 I 全部流过电阻 R_2，所以 R_2 两端电压为 $V_{R2}=IR_2$。

④ 由于分压电阻 R_1 两端的电压为 V_{IN}，所以输出电压 V_{OUT} 为

$$V_{OUT} = V_{IN} + \frac{V_{IN}}{R_1}R_2 = \left(1+\frac{R_2}{R_1}\right)V_{IN} = A_{CL} \times V_{IN} \tag{25-4}$$

由于输出电压 V_{OUT} 被负反馈电路自动调整，上述关系式成立。式中所得的 A_{CL} 与式（25-1）中的放大倍数相同。

既然输入端间的电压相同，不能短接在一起吗?

大家也许会问，“既然输入端子 V_{IN+}、V_{IN-} 间的电压相同（差分电压

ΔV为0)，两个输入端之间就没有电流流动吗？是不是可以短接在一起呢？”实际上，两个输入端间的差分电压ΔV只是非常的小（由于负反馈的抑制），两端并不能直接连接在一起。

例题 1

右图所示电路的输入端电压$V_{IN}=1V$，输出电压$V_{OUT}=2V$。此时运算放大器开环放大倍数$A=10^6$，请问输入端V_{IN+}和V_{IN-}间的差分电压ΔV为多少？失调电压和偏置电流可忽略不计。

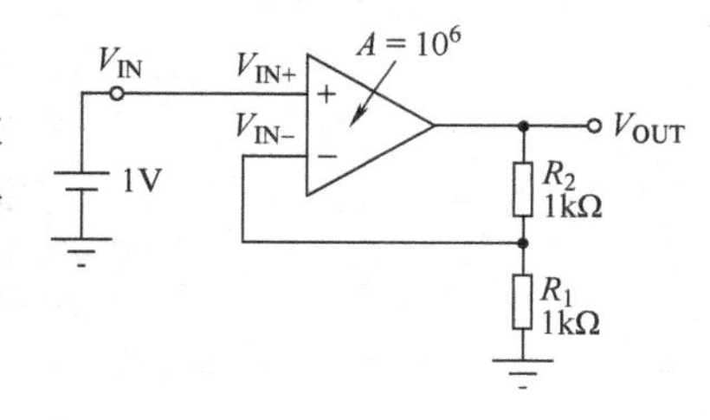

【例题 1 解】

因为差分电压ΔV以单个运算放大器开环放大倍数$A=10^6$呈现在输出端，所以有

$$\Delta V=\frac{V_{OUT}}{A}=\frac{2V}{10^6}=2\times10^{-6}V=2\mu V$$

例题 2

右图所示的电路中，输入端V_{IN+}和V_{IN-}间的失调电压$V_{OS}=10mV$。当输入信号$V_{IN}=0V$时，试计算输出电压V_{OUT}的大小。

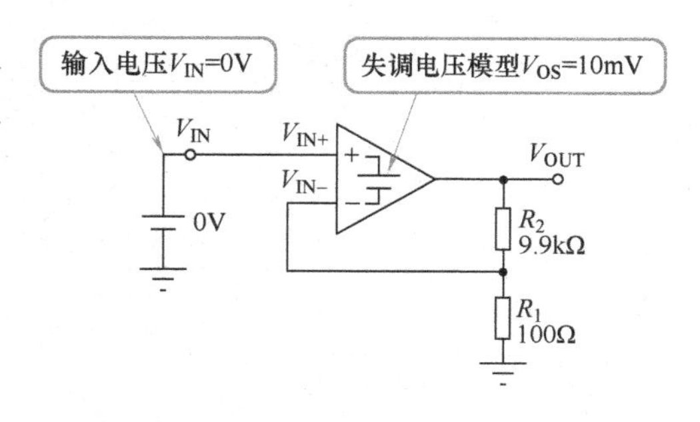

【例题 2 解】

因为$V_{IN}=0V$，所以只需要考虑将V_{OS}作为的电路的输入连接V_{IN-}。

$$A_{CL}=1+\frac{R_2}{R_1}=1+\frac{9.9k\Omega}{100\Omega}=100$$

所以

$$V_{OUT}=A_{CL}V_{OS}=100\times(-10mV)=-1V$$

运算放大器的基本电路②：反相放大电路

● 反相放大电路输出的是反相放大电压

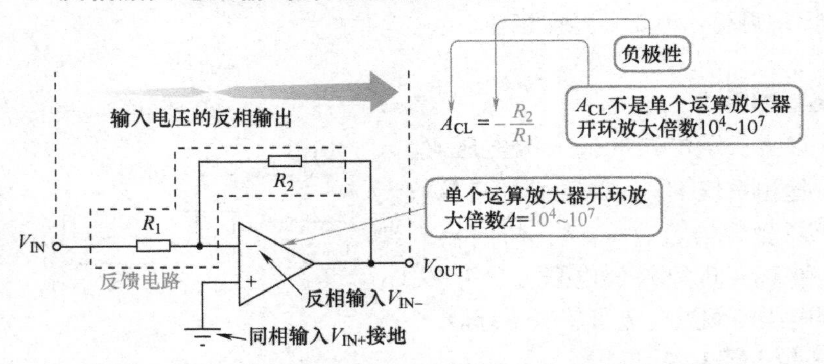

● 反相放大电路的工作原理和同相放大电路大体上相同

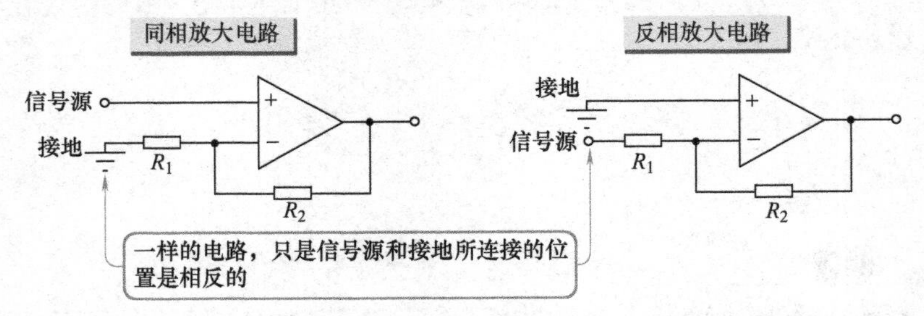

● 由于负反馈，所以输入端的差分电压得到自动调整而变得非常小

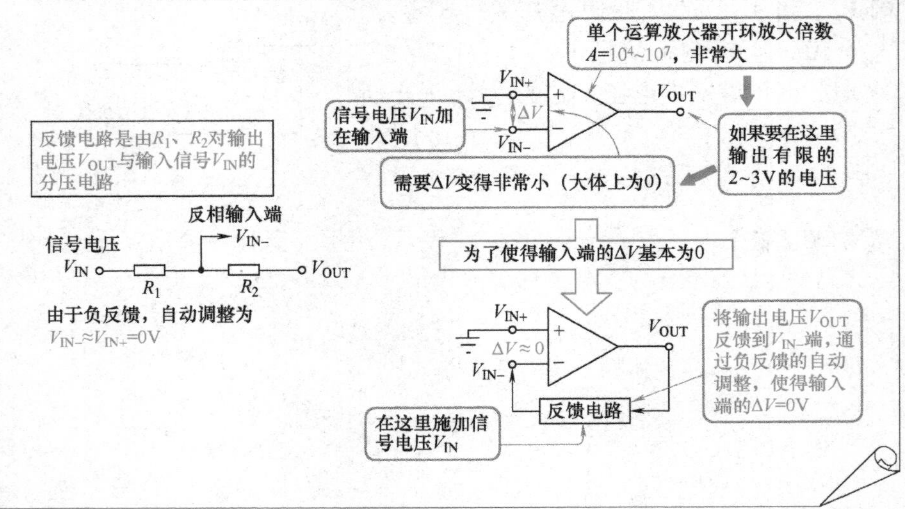

● 由于输入电阻很高，输入端没有电流流过

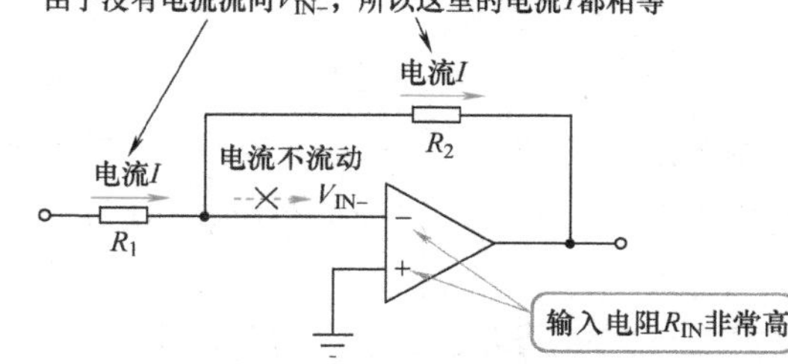

● 根据上述结果计算整个电路的放大倍数

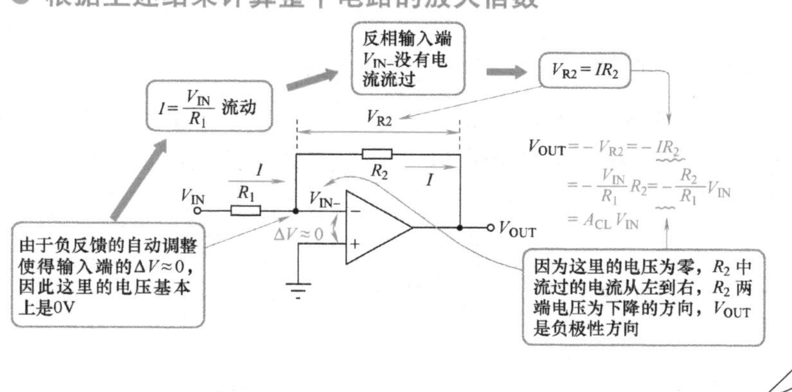

反相放大电路输出的是反相放大电压

该电路是“反相放大电路”。电阻R_1、R_2(Ω)构成了负反馈电路。整个放大电路的闭环放大倍数A_{CL}（单个运算放大器开环放大倍数A足够大时）为

$$A_{CL}=-\frac{R_2}{R_1} \tag{26-1}$$

“反相”的意思是，如果在输入端加上信号电压$V_{IN}=+1V$，输出电压V_{OUT}为输入电压的$|A_{CL}|$倍的负电压，即$V_{OUT}=-1\times|A_{CL}|$。

反相放大电路的工作原理和同相放大电路大体上相同

反相放大电路的工作原理和第25课中所述的同相放大电路基本相同。

除了输入端间信号源和接地的位置不同外，电路的其他部分其实是一样的。

由于输出端的电压为有限值，因此输入端间差分电压大体上为 0

在输入端施加的电压为 V_{IN}时，由于输出电压 V_{OUT}的是有限值，其范围只有 2~3V，因此输入端 V_{IN+}、V_{IN-}间的差分电压 ΔV（V）也必须是非常小的值（大体上为 0）。

这也与第 25 课中所述的同相放大电路的原理相同。

由于负反馈的自动调整，输入端间的差分电压大致为 0

由于输入端的差分电压 ΔV 大体上为 0，并且同相输入端是接地的，$V_{IN+}=0V$，因此与反馈电路电阻 R_1、R_2 的中间点相连的反相输入端 V_{IN-} 的电压为

$$V_{IN-} \approx V_{IN+} = 0V \tag{26-2}$$

输出电压 V_{OUT}被负反馈电路自动调整着。

输入端由于输入电阻很高，所以没有电流流过

与同相输入电路的情况相同，反相输入端 V_{IN-}没有电流流过。流过 R_1 的电流，没有别的流通路径，只能全部流向 R_2。

根据上述结果计算整个电路的放大倍数

① 因为 $V_{IN-} \approx 0V$，流过 R_1 的电流 $I = V_{IN}/R_1$；

② 因为电流 I 不流入反相输入端 V_{IN-}，全部流向 R_2；

③ 因为电流 I 在 R_2 中流过，R_2 左侧电压为 0V，R_2 右侧的电路输出电压为

$$V_{OUT} = -I \times R_2$$

④ 极性为负极性，这可以从 R_2 中通过的电流方向看出。

由于输出电压 V_{OUT}被负反馈电路自动调整，上述关系成立，放大电路的放大倍数 A_{CL}如式（26-1）所示。

例题 1

（1）试计算右图所示的电路的放大倍数 A_{CL}。

（2）当 V_{IN} 端输入峰-峰值为 100mV、频率为 1kHz 的正弦波信号时，试画出输出波形 V_{OUT}。

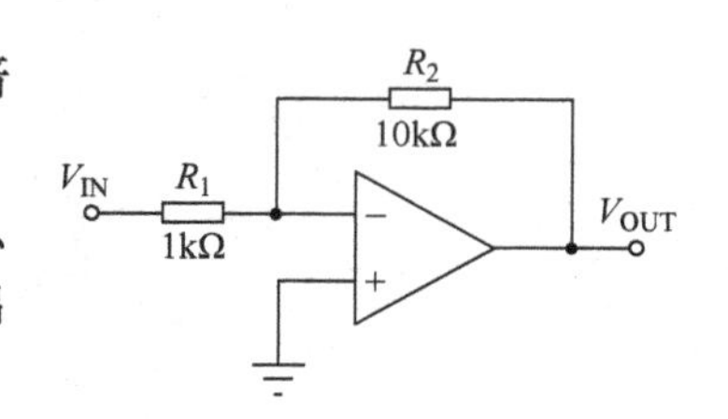

【例题 1 解】

（1）$A_{CL} = -\frac{R_2}{R_1} = -\frac{10k\Omega}{1k\Omega} = -10$

（2）

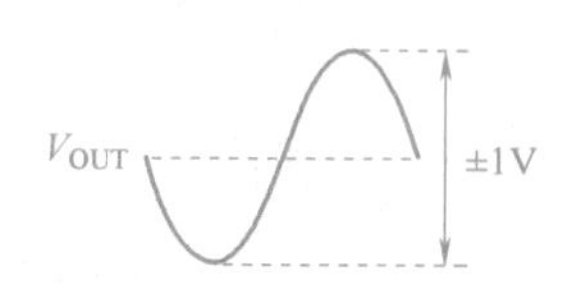

V_{IN}和V_{OUT}波形的相位相反

例题 2

（1）试计算反相放大电路的输入电阻 R_{IN}（Ω）。

（2）试考虑同相放大电路的输入电阻 R_{IN}（Ω）是怎样的情形。

【例题 2 解】

(1)

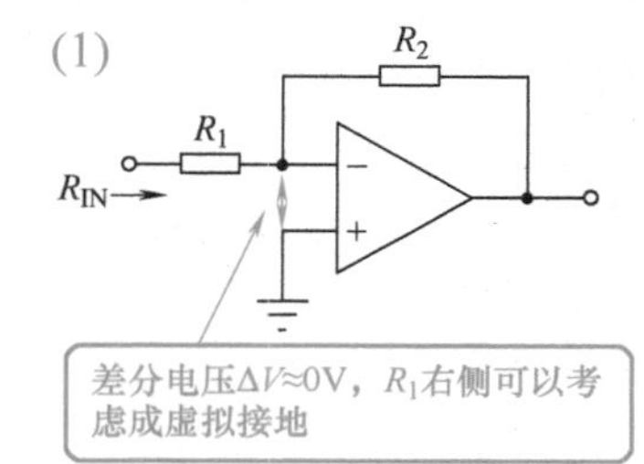

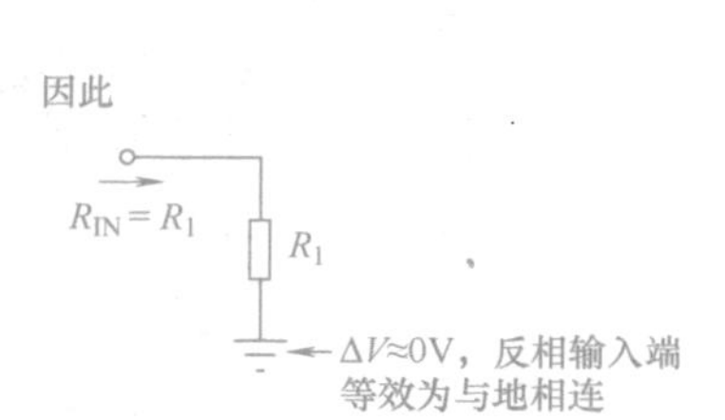

(2)

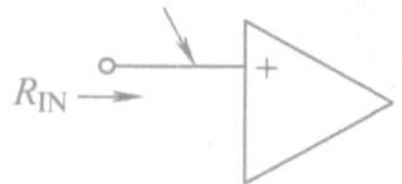

因此，$R_{IN} = \infty$

第27课
运算放大电路的增益与频率特性

● 开环放大倍数在较低的频率处就开始下降，每2倍频率衰减1/2

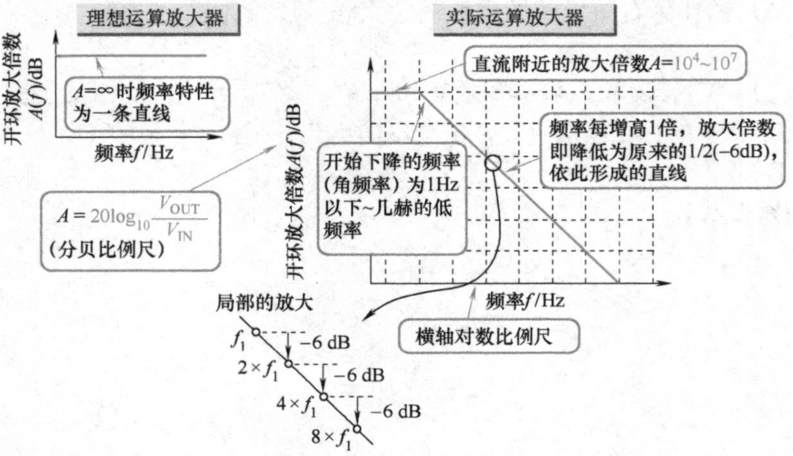

● 每2倍频率衰减−6dB的*RC*低通滤波器模型

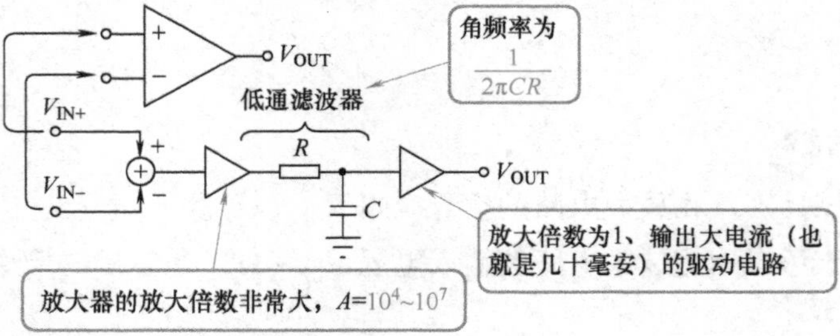

● 考察$A(f)$与A_{CL}的交点

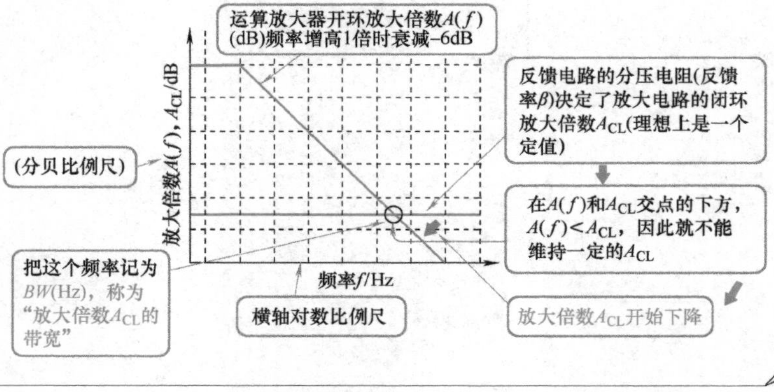

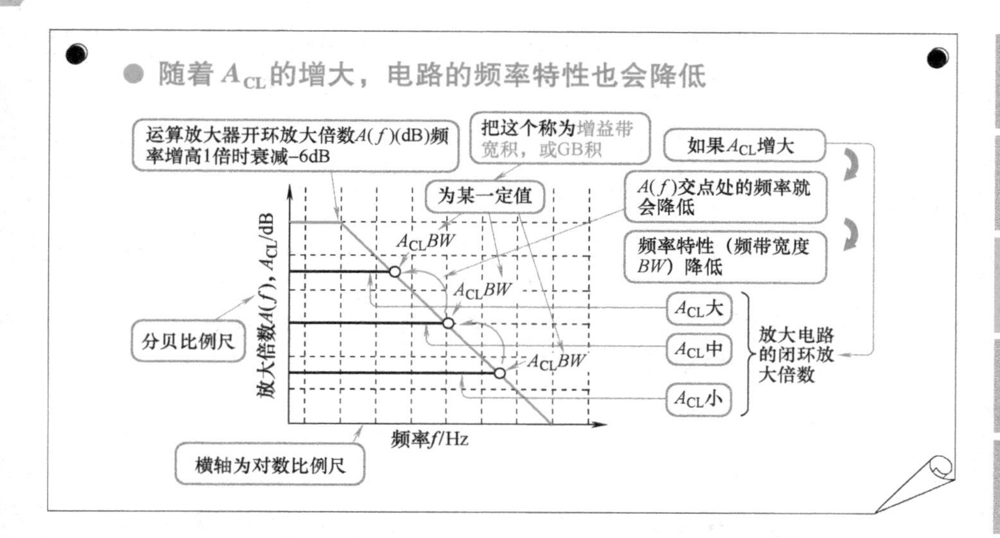

开环放大倍数在较低的频率处就开始下降，每 2 倍频率衰减 1/2

理想的运算放大器开环放大倍数 A 是不随信号频率变化的，且 $A=\infty$。可是实际的运算放大器为了电路的工作稳定，通常采用的是负反馈工作方式。放大器的开环放大倍数 A 从 1Hz 以下到几赫左右非常低的频率处，就开始按照放大倍数 A（f）的曲线开始降低（参见第 24 课）。这里的 f（Hz）为信号的频率。

从频率（也称角频率）的变化来看，频率每增高 2 倍，放大器的放大倍数 A（f）即降低为原来的 1/2。

OP 放大器电路经常以“dB（分贝）”为单位

第 1 课中所介绍的 dB（分贝），在运算放大器电路中得到了很好的应用，譬如电压放大倍数 A（dB）：

$$A=20\times\log_{10}\frac{V_{OUT}}{V_{IN}} \tag{27-1}$$

式中，V_{OUT}为电路输出的电压（V）；V_{IN}为电路的输入电压（V）。

“每 2 倍频率衰减 1/2”的 6dB 直线下降图表

如果以频率的对数比例尺为横坐标，以分贝为单位的运算放大器开环

放大倍数 A（f）作纵坐标，运算放大器的开环放大倍数 A（f）就会呈现出“以每2倍频率衰减6dB（斜率为 -6dB）的直线”性频率特性。

每2倍频率衰减 -6dB 的 *RC* 低通滤波器模型

每2倍频率衰减 -6dB 的运算放大器的内部电路，通常可以看作是由一个非常大的放大倍数 $A = 10^4 \sim 10^7$ 的放大器、一个由电阻 R（Ω）和电容 C（F）组成的决定着电路的角频率的低通滤波器和一个放大倍数为1、输出大电流的驱动电路组成的内部电路的模型。

考察 $A(f)$ 与 A_{CL} 的交点

放大电路的闭环放大倍数 A_{CL} 的大小不会超过运算放大器开环放大倍数 A（f）。由于负反馈电路控制着运算放大器的输出，电路输出信号的大小受闭环放大倍数 A_{CL} 控制的。

根据负反馈电路分压电阻的分压（反馈率 β），能够得到放大电路的闭环放大倍数 A_{CL}（dB），其大小为某一定值（$A_{CL} = 1/\beta$）。在 A_{CL} 与运算放大器的开环放大倍数 A 的频率特性曲线（每2倍频率衰减 -6dB）交点的下方，固定的放大倍数 A_{CL} 将不能继续维持，放大倍数 A_{CL} 开始下降。

该交点处的频率被称为“放大倍数 A_{CL} 的带宽，记为 BW（Hz）”。

随着 A_{CL} 的增大，电路的频率特性也会降低

由此可以看出，如果放大电路的闭环放大倍数 A_{CL} 增大，其与运算放大器开环放大倍数 A（f）的频率特性曲线的交点（带宽 BW）也会随之降低（频率特性下降）。

A_{CL} 和频率特性 BW 的乘积即为电路的增益带宽积（GB积）

电路的增益带宽积 GBP（Hz）为

$$GBP = A_{CL} \times BW \tag{27-2}$$

对于某种特定类型的运算放大器，其增益带宽积是一个定值。在这里

A_{CL}是放大电路的闭环放大倍数，BW 是电路的频带宽度。

因此也将此称为运算放大器的增益带宽积（Gain and Bandwidth Product，GBP，GB 积）。运算放大器的 GB 积通常在其特性数据表中列出，成为选择放大器闭环频率特性的重要技术指标。

增益带宽积和单位增益带宽的概念是相同的

当运算放大器的开环放大倍数 A（f）下降到 1（0dB）时的频率称为放大器的单位增益带宽，记为f_T（Hz）。通常，增益带宽积（GB 积）和单位增益带宽f_T 的频率是相近的。不过，对于高速运算放大器也有例外。

例题 1

右图是运算放大器开环放大倍数的频率特性 A（f）曲线，试计算放大电路闭环放大倍数 $A_{CL}=1000$ 倍、100 倍、10 倍时的带宽 BW。

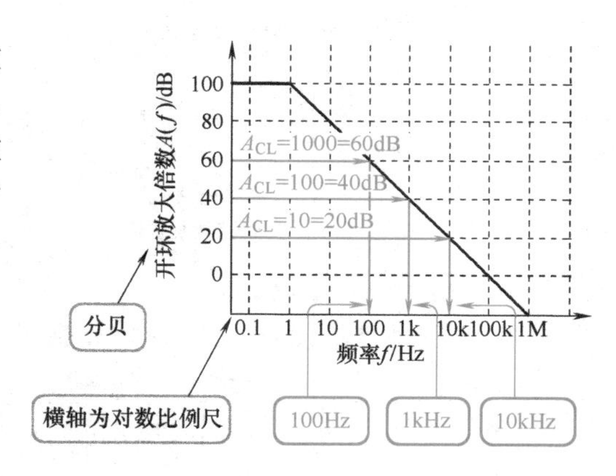

【例题 1 解】

○ $A_{CL}=1000$ 倍时，$20\times\log1000=60\text{dB}$.
曲线对应的频率为 100Hz。

○ $A_{CL}=100$ 倍时，$20\times\log100=40\text{dB}$.
曲线对应的频率为 1kHz。

○ $A_{CL}=10$ 倍时，$20\times\log10=20\text{dB}$.
曲线对应的频率为 10kHz。

第28课
能放大电流的电压跟随器电路

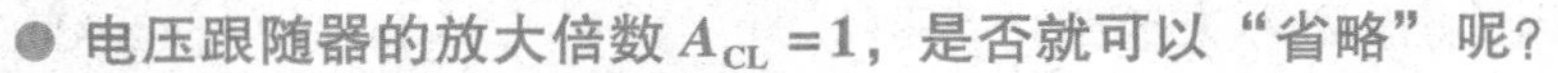

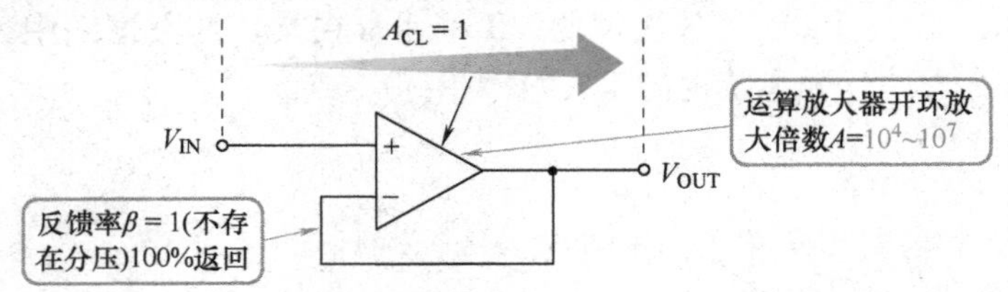

$V_{IN}=V_{OUT}$。放大倍数A_{CL}=1，是否可以不需要呢？ ➡ 其实是非常重要的电路

● 测量高输出电阻电压源（传感器等的输出）的电压很困难

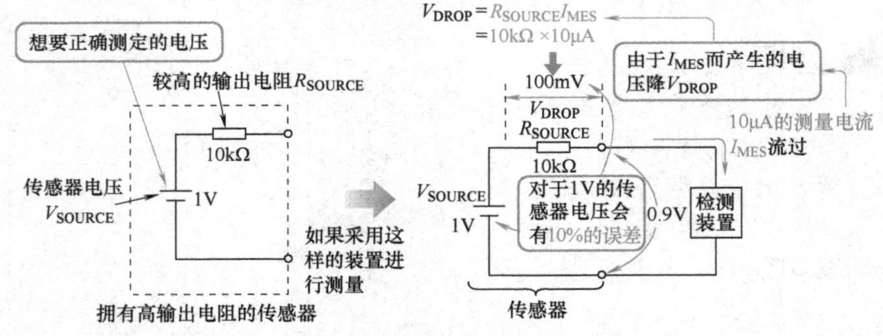

● 电压跟随器的输入电阻非常高，且输出电阻非常低

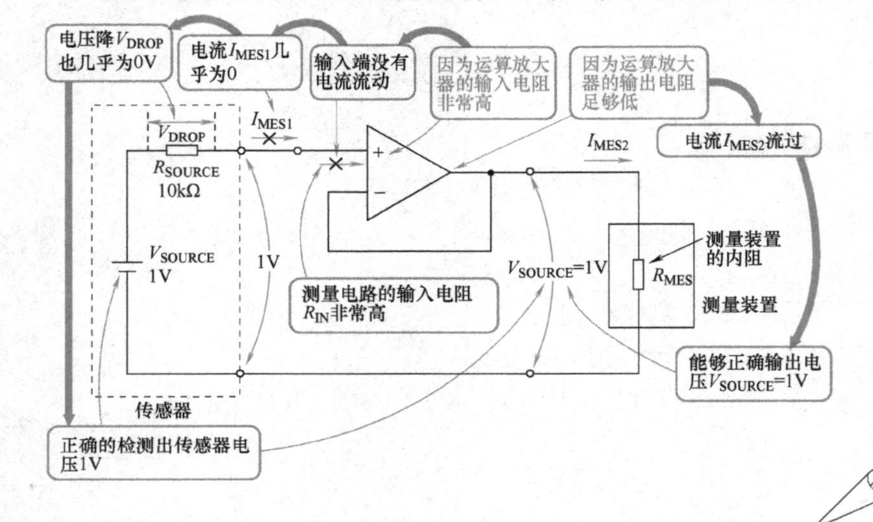

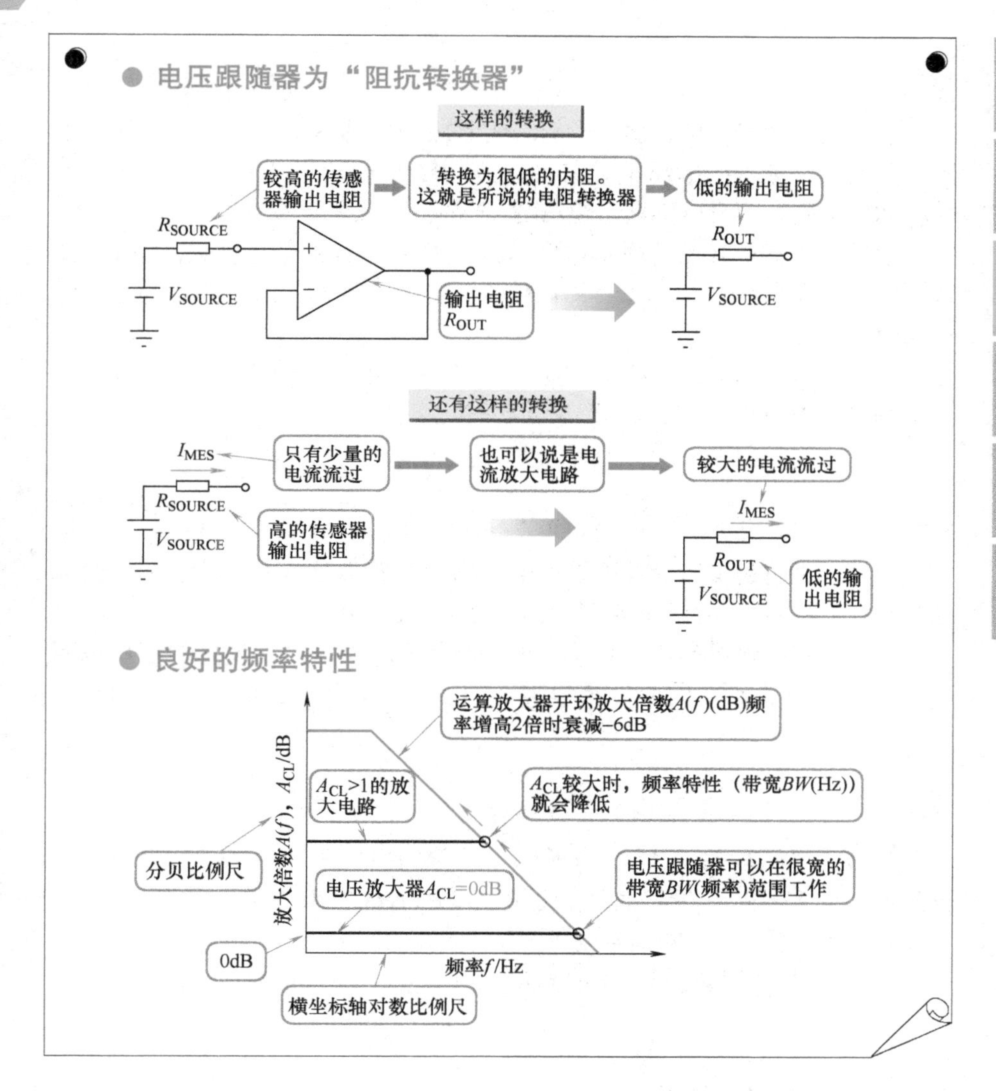

电压跟随器的放大倍数 $A_{CL}=1$，是否就可以"省略"呢？

我们把这样连接的电路称为"电压跟随器"，也可以说是电压再现电路。也可能有人认为放大电路的闭环放大倍数 $A_{CL}=1$，因此可以"将这个电路省略"。其实，这是一个非常重要的电路。

高输出电阻电压源（传感器等的输出）的电压测量很困难

在此以传感器为例，加以说明。大多数的传感器有着非常高的输出电阻。如果某传感器的输出电阻 $R_{SOURCE}=10\text{k}\Omega$，输出电压 $V_{SOURCE}=1\text{V}$，我们将如何正确地测量传感器所输出的1V的信号电压呢？

通常，在测量装置的内部电阻 R_{MES}（Ω）中有测量电流 I_{MES}（A）流过，譬如测量电流 $I_{MES}=10\mu\text{A}$，在传感器输出电阻 R_{SOURCE} 上产生的电压降 V_{DROP}（V）为

$$V_{DROP}=R_{SOURCE}\times I_{MES}=10\text{k}\Omega\times10\mu\text{A}=100\text{mV} \qquad (28\text{-}1)$$

相对于1V的信号电压，产生的误差为10%。

电压跟随器电路输入电阻非常高

运算放大器的输入端几乎没有电流流动（其实只有非常微小的电流流过），所以电压跟随器有非常高的输入电阻 R_{IN}（Ω）。

因此，传感器的输出电流 I_{MES} 也几乎为0，在传感器较高的输出电阻 $R_{SOURCE}=10\text{k}\Omega$ 上产生的电压降 $V_{DROP}=0\text{V}$。所以，检测到的 $V_{SOURCE}=1\text{V}$。

电压跟随器的输出电阻非常低

因为输出电阻 R_{OUT}（Ω）足够低，所检测出的 $V_{SOURCE}=1\text{V}$ 也被低输出电阻 R_{OUT} 的1V电压源代替。与此相连接的内部电阻为 R_{MES} 的测量装置，可以正确地测量出1V的信号电压。

不仅仅是传感器输出信号的测量，还有很多的情况也是如此。

电压跟随器为“阻抗转换器”

通过上述工作方式可以看出，电压跟随器就是一个实现电压源 V_{SOURCE} 的内阻 R_{SOURCE} 的“阻抗（电阻值）转换器”。

诸如传感器等输出电阻 R_{SOURCE} 很高（电压 V_{SOURCE} 很低）的电路不能输出较大的电流。由于电压跟随器的接入，就可以产生较大的电流输出。从这个角度来看，也可以说电压跟随器也是一个电流放大电路。

良好的频率特性

放大电路的闭环放大倍数 A_{CL} 与运算放大器开环放大倍数的频率特性曲线 $A(f)$（每 2 倍频率衰减 6dB）相交，交点处的频率为 A_{CL} 的频带宽度 BW(Hz)。

因为电压跟随器的 $A_{CL}=1$（0dB），所以其工作的频带宽度非常高。

电压跟随器可以说是一种反馈量最多的电路方式

电压跟随器的电路连接看上去很简单，可是因为其反馈率 $\beta=1$，返回量最多，所以也是异常振荡的危险性最高的电路方式。

对此的详细介绍已超出了文本的范围，但是在应用电压跟随器电路之前，我们应该确认（分析）电路不会产生异常振荡。

例题 1

右图是关于运算放大器开环放大倍数 A（f）的曲线，试分别计算同相放大电路（放大倍数 A_{CL} = 10 倍）和电压跟随器的频带宽度 BW。

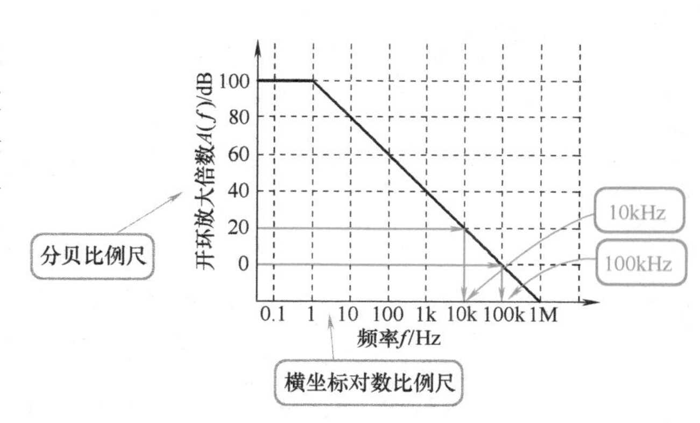

【例题 1 解】

$A_{CL}=10$ 倍，即 20dB 时：

从曲线可知，对应的频带宽度 BW 为 10kHz。

电压跟随器 $A_{CL}=1$ 倍，即 0dB 时：

从曲线可知，对应的频带宽度 BW 为 100kHz。

由此可以看出，电压跟随器的频率特性非常好。

第29课

处理光敏二极管等电流传感器的电流电压变换电路

● 光敏传感器的电压输出难以获得良好的频率特性

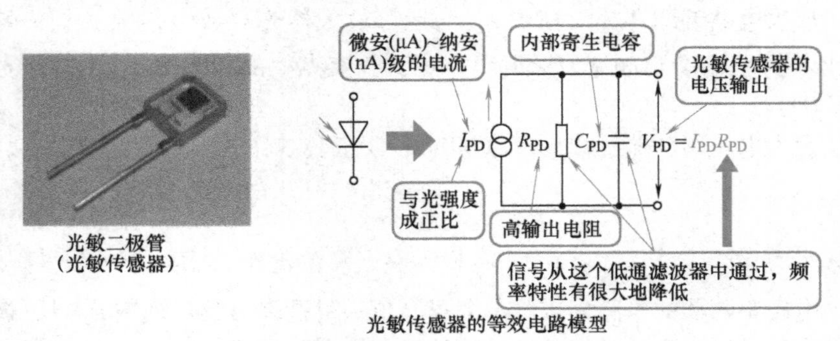

光敏传感器的等效电路模型

● 检测电流的电压变换电路使光敏传感器就像短路一样工作

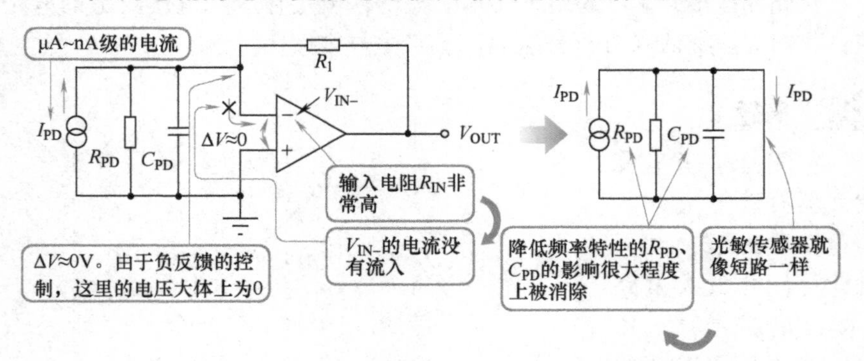

● 光敏传感器的电流全部流向反馈电阻，从而实现电流到电压的转换

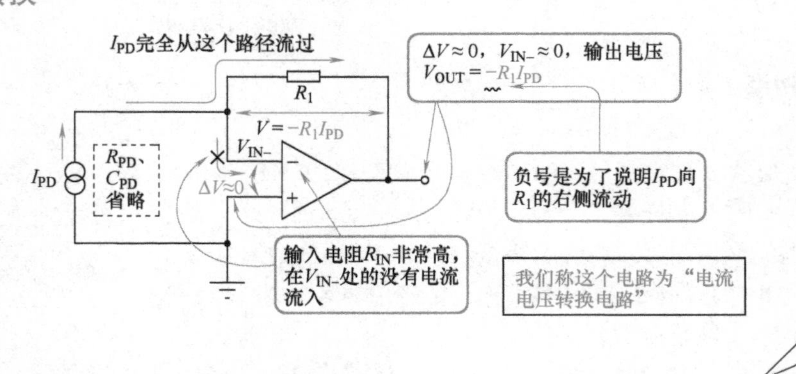

光敏传感器的电压输出难以获得良好的频率特性

检测光的强度（光电转换）的光敏二极管被称为“光敏传感器”。

光敏传感器有着非常高的输出电阻 R_{PD}（Ω）和内部寄生电容 C_{PD}（F），它们是并联连接的，如与光强度成正比的电流 I_{PD}（A）模型所示。电流 I_{PD}非常小，是微安（μA）（10^{-6}A）到纳安（nA）（10^{-9}A）级的。

光敏传感器的输出电压 V_{PD}（V）为

$$V_{PD} = I_{PD} \times R_{PD} \tag{29-1}$$

因为输出电阻 R_{PD}和内部电容 C_{PD}构成了低通滤波器，使得其频率特性有很大的降低。

检测电流的电压转换电路

这里不是通过电压 V_{PD}来检测电流 I_{PD}，而是使用运算放大器电路，将光强度电流 I_{PD}（A）转换为放大电路的输出电压 V_{OUT}。与通过光敏传感器电压 V_{PD}检测光强度电流不同，这种检测方法将具有良好的频率特性。

光敏传感器就像短路一样工作

光敏传感器直接连接到运算放大器的反相输入端 V_{IN-}，并且与电路的反馈电阻 R_1（Ω）相连。

由于运算放大器的输出 V_{OUT}的数值有限，只有几伏左右，其输入端的差分电压 ΔV（V）非常小（大体上为0V）。因此，光敏传感器本身就像短路一样工作。

这样的话，就能忽略光敏传感器的输出电阻 R_{PD}和内部电容 C_{PD}的影响。光敏传感器的光强度检测电路有着良好的频率特性。

光敏传感器的电流全部流向反馈电阻

在此分析电流 I_{PD}的流动情况。由于运算放大器的输入电阻 R_{IN}（Ω）

非常高，其反相输入端 V_{IN-} 没有电流流动。

所以电流 I_{PD}完全流向反馈电阻 R。

通过反馈电阻实现电流到电压的转换

由于反馈电阻 R_1 中流过的电流为 I_{PD}，因此，放大器的输出电压为

$$V_{OUT} = -R_1 \times I_{PD} \tag{29-2}$$

由于输入端间的差分电压 $\Delta V \approx 0V$，反相输入端 $V_{IN-}=0V$，电流 I_{PD}通过电阻 R_1，在其两端产生的端的电压降即为放大器的输出端 V_{OUT}。我们将这个电路称为“电流电压转换电路”。

式（29-2）中的符号为“－”号，表明光敏传感器的电流 I_{PD}是从电阻 R_1 左边流向其右边的，最终流向了运算放大器输出电压端 V_{OUT}。又因为 $V_{IN-}=0V$，所以在电阻 R_1 上产生的电压降即为运算放大器输出的负极性的 V_{OUT}。

需要注意反馈电阻和内部电容的不稳定性

由于光敏传感器就像短路一样工作，其内部电容 C_{PD}对电路的影响被削弱。

但是，由于内部电容 C_{PD}的影响，使得输出电压 V_{OUT}通过反馈电阻 R_1 反馈到反相输入端 V_{IN-}的电压具有相位滞后。

该相位延迟容易引起电路的异常振荡，使其工作变得不稳定，实际应用中应该加以注意。通常，可以在反馈电阻 R_1 两端并联防止振荡用的电容器 C_F（F）加以解决。

例题 1

试计算右图中电流电压变换电路的输出电压。

R_1 470kΩ

I_{PD}

1μA

【例题 1 解】

$V_{OUT} = -R_1 I_{PD}$

$V_{OUT} = -470\Omega \times 1\mu A = -0.47V$

例题 2

基极偏置电流 I_B（A）的存在，实际的运算放大器会产生失调电压 V_{OS}（V）。右图所示的光敏传感器的运算放大器电路：

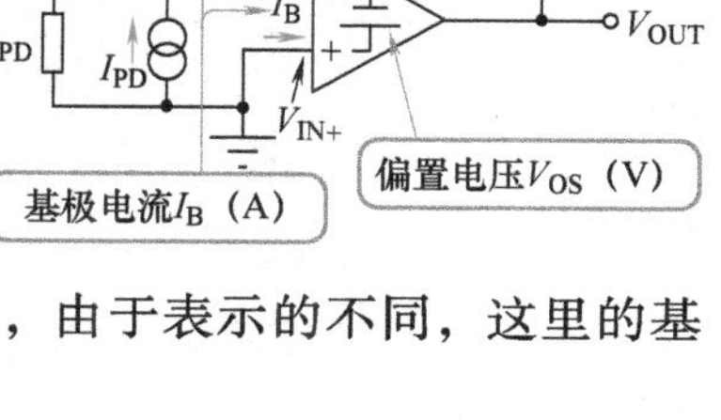

（1）偏置电流为 I_B

（2）偏置电压为 V_{OS}

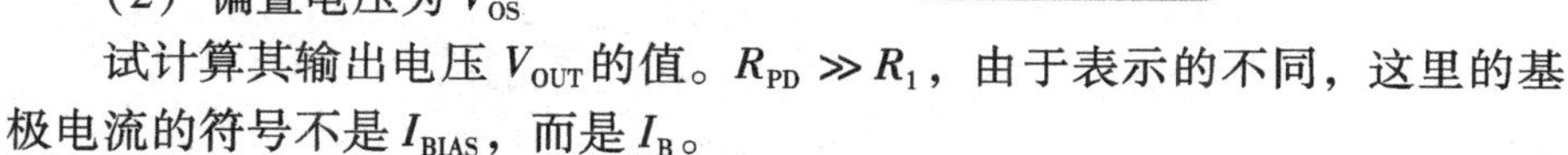

试计算其输出电压 V_{OUT} 的值。$R_{PD} \gg R_1$，由于表示的不同，这里的基极电流的符号不是 I_{BIAS}，而是 I_B。

【例题 2 解】

（1）关于偏置电流 I_B

① V_{IN+} 一侧的电流 I_B 因为其路径没有电阻，所以没有影响

② 试着考虑 V_{IN-} 一侧

$R_{PD} \gg R_1$，所以 V_{IN-} 的电流几乎全部流过 R_1，所以对 V_{OUT} 有影响。

$$V_{OUT} = -I_B R_1$$

③ V_{IN+} 没有影响，所以这就是全部量

（2）关于偏置电压 V_{OS}

$R_{PD} \gg R_1$，所以这里的情况和电压跟随器（$A_{CL} \approx 1$）相同。

并且，$V_{IN+} = 0V$（接地），并且考虑到 V_{OS} 与 V_{IN-} 连接，$A_{CL} \approx 1$，所以，$V_{OUT} \approx V_{OS}$

积分电路的例外及难点

● 理想积分电路的直流放大倍数为∞

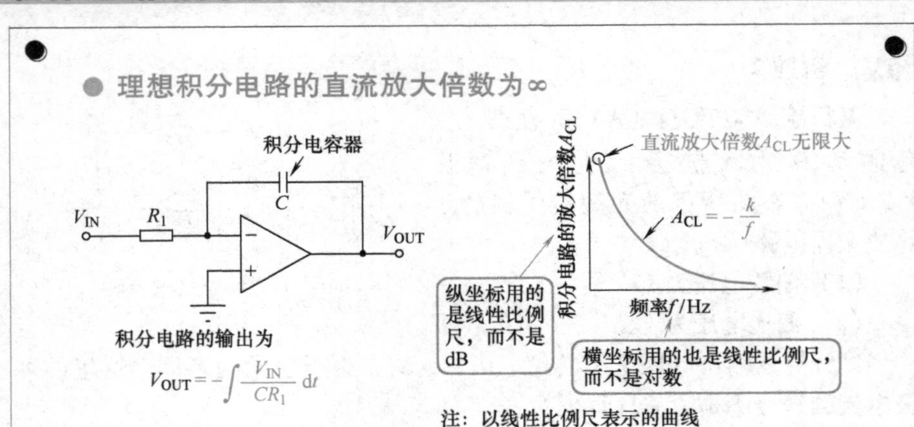

● 由于运算放大器的误差使得实际的积分电路出现问题（输出偏离）

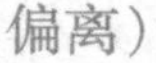

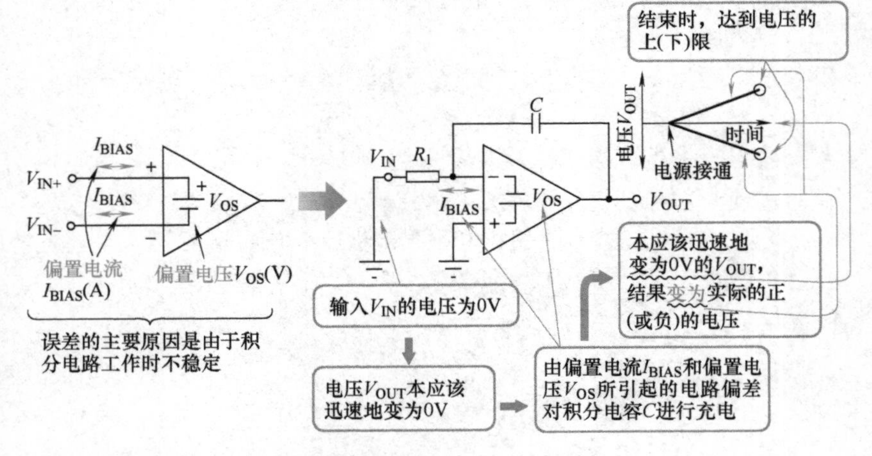

● 折中的对直流不积分的不完全积分电路

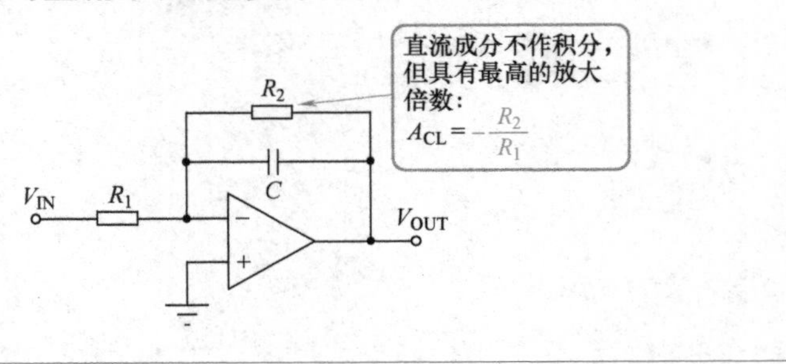

● 不完全积分电路的频率特性

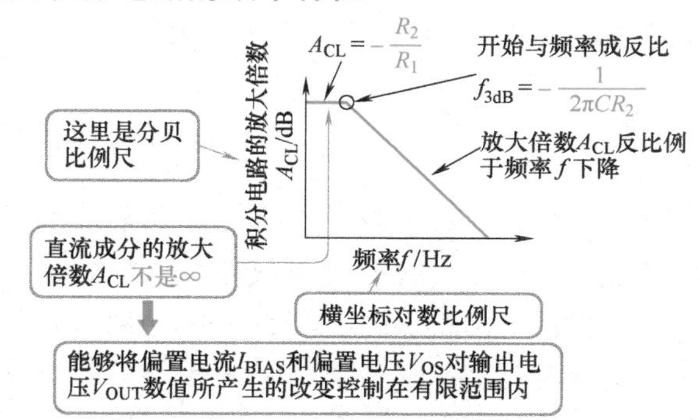

● 实现完全积分电路的应用

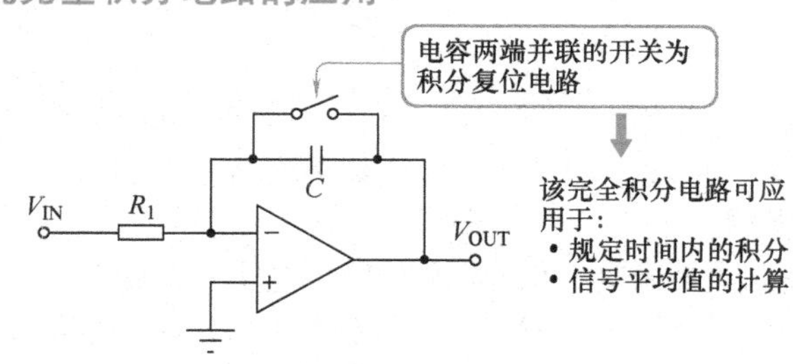

积分电路的基本功能

由运算放大器与积分电容 C（F）一起能够构成基本的积分电路。积分电路的输出为输入电压 V_{IN}（V）对时间的积分。

积分电路的积分功能是由电路的电阻 R_1 和电容 C 实现的。输入电压 V_{IN}（V）在电阻 R_1 中产生的电流为 I（A），电流 I 为电容充电，实现积分电路的积分功能。积分电路的输出电压 V_{OUT}（V）为

$$V_{OUT}=-\int\frac{V_{IN}}{CR_1}\mathrm{d}t \tag{30-1}$$

但是，实际的积分电路存在着需要注意的问题。

理想积分电路的直流放大倍数为∞

理想积分电路（完全积分电路的情况）放大倍数 A_{CL} 的频率特性为

$$A_{CL}(f) = -\frac{k}{f} \tag{30-2}$$

式中，k 为比例系数；f（Hz）为频率。直流信号（$f = 0$Hz）的放大倍数 A_{CL}为无穷大。

由于运算放大器的误差使得实际的积分电路出现问题

如第 24 课所介绍的那样，实际的运算放大器存在着偏置电流 I_{BIAS}（A）和偏置电压 V_{OS}（V）。这两个主要的误差因素使得积分电路的工作出现了问题。

I_{BIAS}和 V_{OS}均为直流信号成分，而完全积分电路的直流放大倍数 = ∞，这一误差将引起电路功能的失常，出现不正确的状态。

由于误差的原因使得电路的输出偏差达到电路电压的上（下）限

当电路的输入电压为 0V 时，我们来分析电路的“积分”输出，并在时间轴上进行观察。

在电路电源接通的时刻，积分电路的输出电压 V_{OUT} =0V。作为直流成分的偏置电流 I_{BIAS}和偏置电压 V_{OS}被积分，随着时间的增加，电路的输出电压 V_{OUT}将作持续增大（减小）的变化。到变化过程结束时，输出电压达到电路电压的上（下）限（有电路的电源电压所决定的界限），电路的输出发生了偏移。

折中的对直流不积分的不完全积分电路

该电路是为了克服极性不变化的直流成分在电路中的无限制的积分，只有直流成分在电路中没有积分功能。电路的直流放大倍数 A_{CL}最大，对于交流信号，A_{CL}将随频率的增加，成反比例地变化。这是一个折中的电路方案。

通过这样的措施，电路能够将偏置电流 I_{BIAS}和偏置电压 V_{OS}对输出电压 V_{OUT}数值所产生的改变控制在有限范围内。由于电路不能对直流电压进行积分，因此称该电路为“不完全积分电路”。

不完全积分电路的频率特性

不完全积分电路的直流放大倍数为 $A_{CL(DC)}$，其大小由电阻 R_1、R_2 决定。

$$A_{CL(DC)} = -\frac{R_2}{R_1} \tag{30-3}$$

电路的放大倍数 A_{CL} 随着频率的增大而减小。

$$f_{3dB} = \frac{1}{2\pi CR_2} \tag{30-4}$$

实现完全积分电路的应用

完全积分电路可用于对“模拟量进行规定时间内”的积分，以便于实现信号“平均值”的计算等功能。在这种应用情况下，需要一个积分复位电路来对电路的积分时间进行控制。积分量的大小也由“复位电路”来加以限定。

例题 1

不完全积分电路能够将偏置电流 I_{BIAS} 和偏置电压 V_{OS} 对输出电压 V_{OUT} 数值所产生的变化控制在有限范围内。如图所示的不完全积分电路失调电压 $V_{OS}=1mV$，计算该电压呈现在输出电压 V_{OUT} 上的失调电压值。

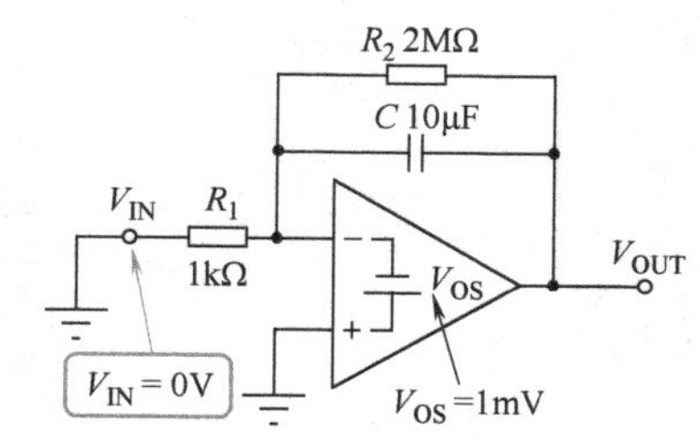

【例题 1 解】

由于电容 C 对直流信号没有影响，可以将其在电路中省略。因此，可以将电路当作 R_1、R_2 作为反馈电阻的同相放大电路来看待。因此，电路的直流放大倍数为

$$A_{CL(DC)} = 1 + \frac{R_2}{R_1} = 1 + \frac{2M\Omega}{1k\Omega} \approx 2000$$

$V_{OS}=1mV$ 时的输出电压为

$$V_{OUT} = A_{CL(DC)} V_{OS} = 2000 \times 1mV = 2V$$

由此可见，即使是采用了这样的不完全积分电路，也并不是说积分电路的性能就变得良好（没有问题）了。在不完全积分电路中，同样也需要注意偏置电压和偏置电流在输出上所呈现的失调电压的大小。

数字逻辑电路

用数字逻辑电路控制电梯的运行

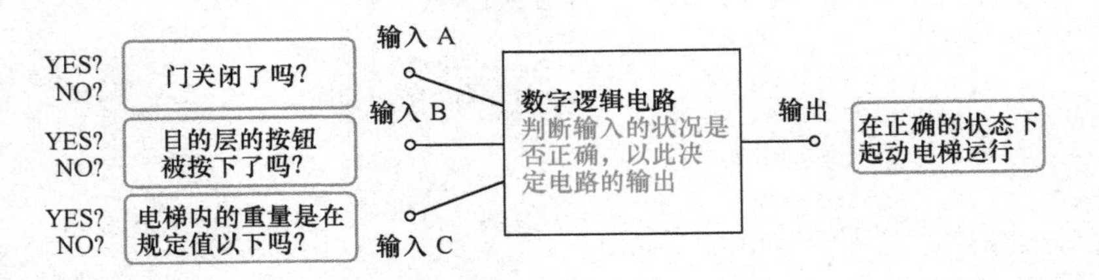

数字逻辑电路的两个逻辑状态

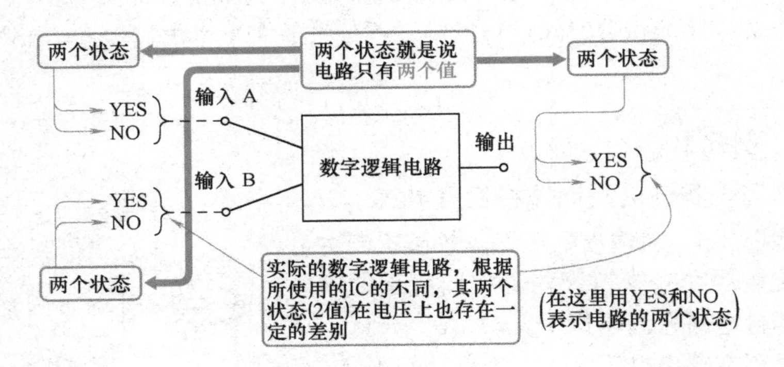

数字电路用电压的高低表达逻辑

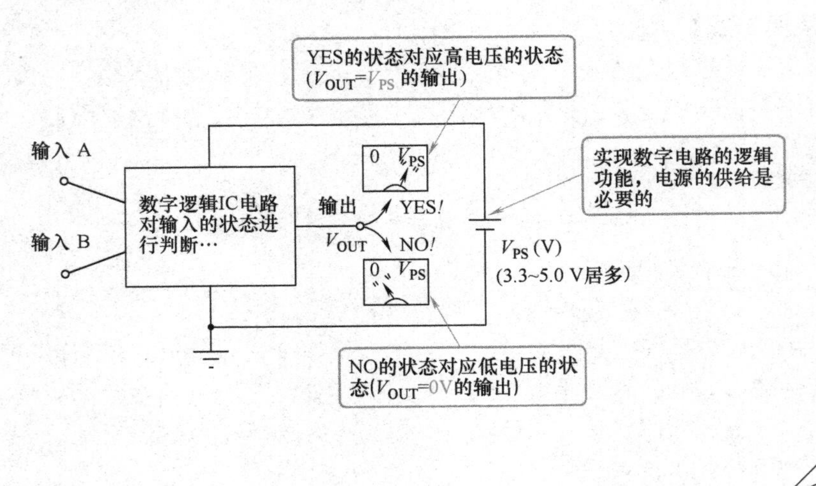

● 逻辑是用 H 或 L（1 或 0）来表示，而不是用电压来表示

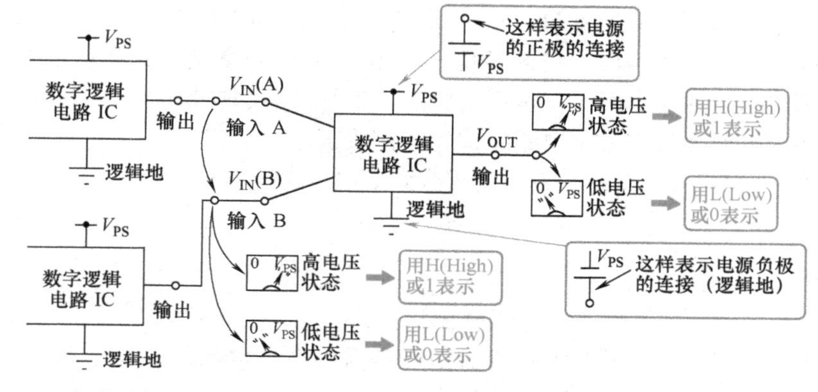

● 根据输入电压（范围）的不同判断其逻辑值

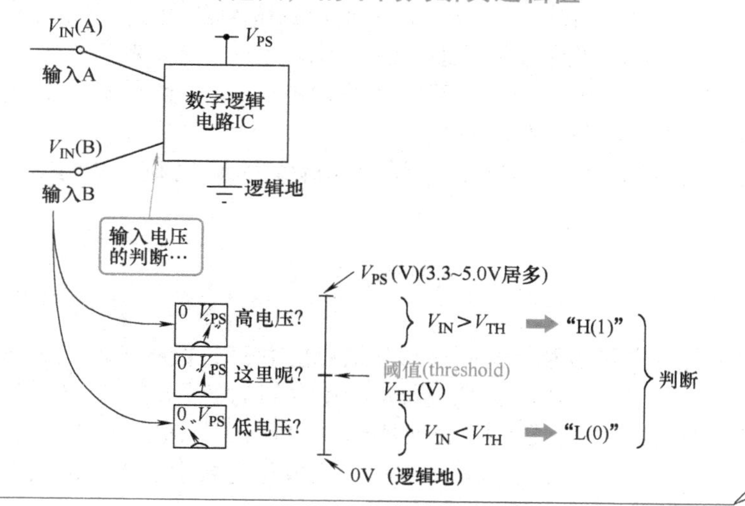

数字逻辑电路的功能就是做逻辑判断

一说到逻辑（Logic）这个词，就会想到复杂的推理、协商、判断等之类的概念，但是数字电路中所说的逻辑是指从多个状态输入的情况下，根据输入信号的状态，按照逻辑电路的预定规则给出电路输出信号的状态，就像逻辑判断一样。

数字逻辑电路的两个逻辑状态

数字电路（IC）的逻辑（Logic）功能是通过两个逻辑状态（2值）来实现的。这里所说的数字指的是像“数数”一样的意义，即离散的意思，与模拟电路相对应。两个基本逻辑状态（2值表示的逻辑状态）构成的输入、输出电路被称作数字电路，或者叫作数字逻辑电路。

实际的数字IC电路，其两个逻辑状态（2值）所对应的电压范围是不完全相同的。

数字电路用电压的高低表达逻辑

数字电路IC实现电路的逻辑功能是需要电源供给的，其电源一般用V_{PS}（V）表示，电压大多为3.3~5V。

数字电路IC都有输入和输出。电路判断输入信号的状态，并根据输入信号的状态决定输出信号的状态。输出V_{OUT}（V）要么是高电压状态（电源V_{PS}，要么是低电压状态（0V的逻辑地电位）。电路的高、低两种电压状态表达了电路的两个逻辑状态。

随后的第32课将详细介绍实际的逻辑电路IC用高、低电压对逻辑状态的表达。

逻辑是用H或L（1或0）来表示，而不是用电压来表示

数字逻辑电路的两个逻辑状态分别对应着高、低两个不同的电平。不过，在分析电路的逻辑功能时。通常不用“高电平”或“低电平”来表述电路的逻辑状态，而是以“H（High）”或“1”表示高电压状态，以“L（Low）”或“0”表示低电压状态，也就是说数字逻辑电路的逻辑状态是以“H/L”或“1/0”来表示的。

根据输入电压（范围）的不同判断其逻辑值

数字逻辑电路输入信号电压V_{IN}，一般在“高电平”和“低电平”之间。电路通常都设有一个门限电压V_{TH}（threshold）。在信号输入端，将V_{IN}与V_{TH}进行比较，作为输入“H（1）或L（0）”的依据。

因此，当$V_{IN} > V_{TH}$时，判定输入为高电平状态“H（1）”，当$V_{IN} < V_{TH}$

第1天课目
第2天课目
第3天课目
第4天课目
第5天课目
第6天课目

时，判定输入为低电平状态“L（0）”。

数字 IC 的种类

大约20年前，数字 IC 是74LS（低功率肖特基）的双极晶体管（场效应晶体管）结构。现在的74HC 系列 CMOS（CMOS 场效应晶体管）结构的数字 IC 被广泛使用，主要用于高速数字逻辑电路中。

高速动作差动传送等的应用

最近，在高速动作的数字 IC 中，为了确保 IC 间信号的正确传送（避免应为电压范围的误判），双极性的电压信号也被采用，以极性不同的电压传输电路的两个逻辑信号“差动传送方式”，以降低信号电压，减小电路的工作电流。

例题 1

数字逻辑电路实现的是逻辑判断功能，实际也是电子电路的一种类型。试比较模拟电子电路和数字电路的相同点和不同点。可以从多个不同的方面自由构思，加以比较。

【例题 1 解】

以下分别从5个方面列举它们的异同，不过也不局限在这5个方面，其他的方面也可以考虑。

【相同的地方】

- 需要连接供电电源
- 都是电子电路
- 都用电子单元实现
- 通过电压或电流实现电路的功能
- 有输入和输出

【不同的地方】

- 数字电路只有两个状态
- 数字电路的输入输出电压均接近逻辑地或电源电压
- 数字信号变化急剧
- 不太考虑电流的大小（不过在实际电路中也需要考虑）
- 有门限值或阈值（threshold）这个概念

第 32 课

实际数字集成电路与数字电路

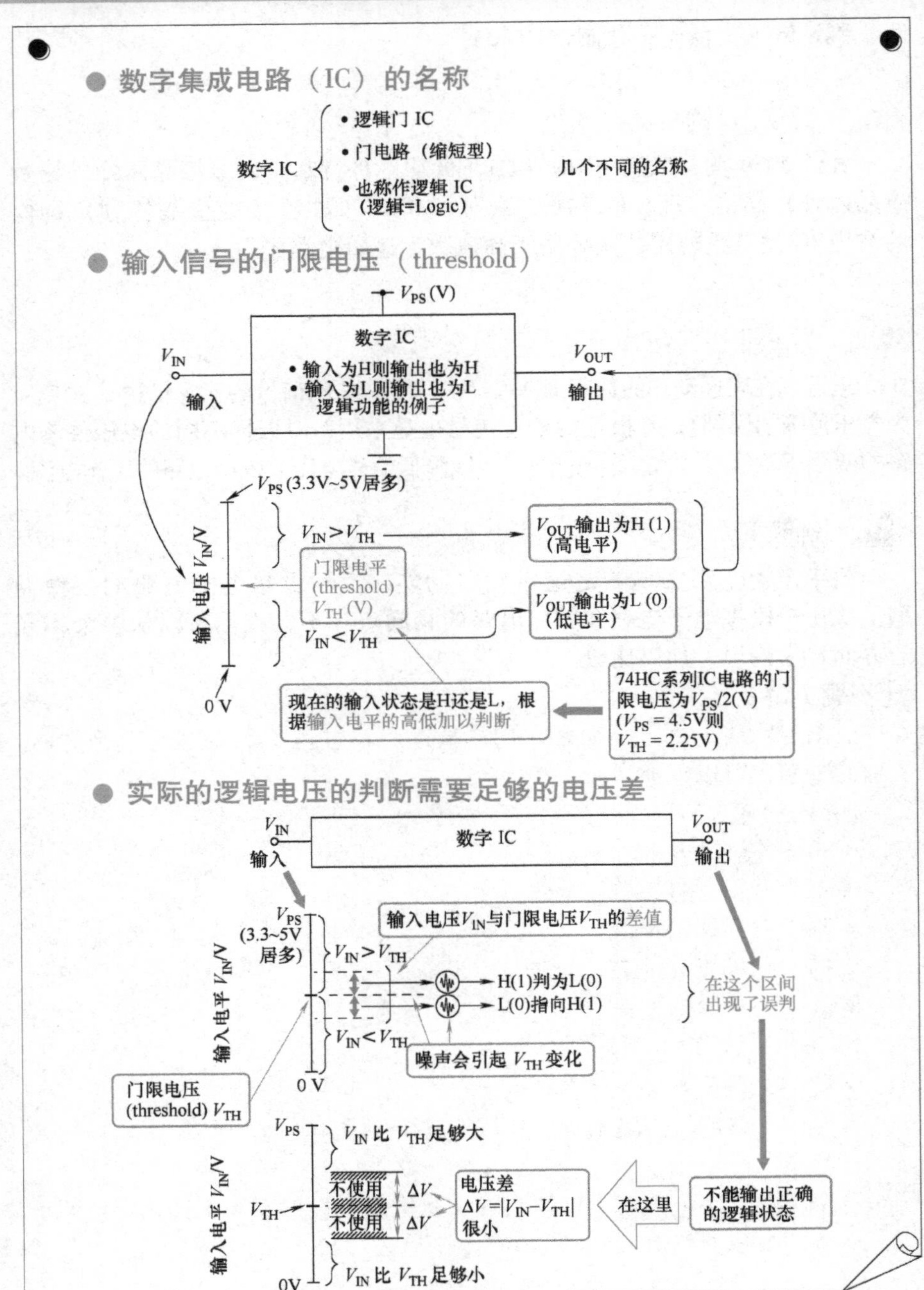

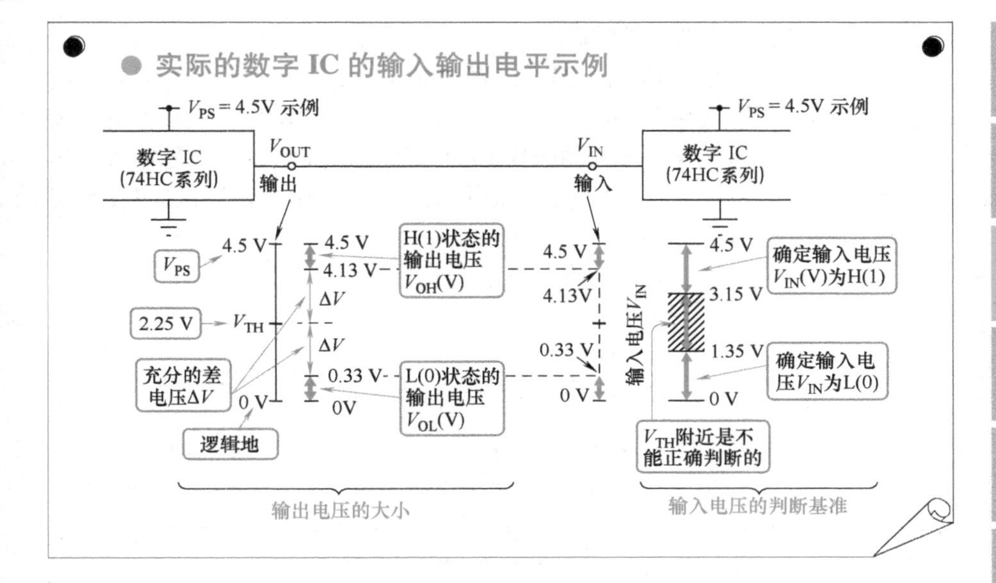

数字电路IC也被称为逻辑门电路IC

数字电路IC实现的是逻辑判断功能，为此被称作“逻辑门IC”或“逻辑IC”（逻辑 = Logic），通常也被简称为“门电路”。

判断输入信号的支点“门限电压”

数字电路IC需要根据当前的输入信号的电压V_{IN}（V）来判断其输入状态是H（1）还是L（0），这个判断基准输入信号的门限电压（阈值）V_{TH}（V）的。

在这里以一个最简单的数字电路为例来说明该逻辑状态的判断过程，其功能为当输入为H（1）时输出H（1），即输入为L（0）时输出L（0）。

如果输入信号的电压V_{IN}高于门限电压V_{TH}（$V_{IN} > V_{TH}$），则判定输入信号的状态为H（1），电路输出电压V_{OUT}（V）为与H（1）状态相对应的高电平；反之，如果输入为低电平时（$V_{IN} < V_{TH}$）则判定输入信号的状态为L（0），电路输出电压V_{OUT}为与L（0）状态相对应的低电平。

74HC系列数字电路IC的输入门限电压V_{TH}约为电路电源电压V_{PS}（V）的约1/2。当电源电压V_{PS} = 4.5V时，V_{TH} = 2.25V。

实际的逻辑电压的判断需要足够的电压差

在实际电路中，对H（1）/L（0）两个逻辑状态进行正确的判断，要求输入信号的电压达到足够的高/低。

当输入信号的电压 V_{IN} 与电路的门限电压 V_{TH} 相近的时候，由于噪声的影响，IC 内部门限电压 V_{TH} 也会产生一定的变化，对输入信号的逻辑判断也会出现差错（不能输出正确的逻辑）的可能性。因此，不管是输入电压 $V_{IN} > V_{TH}$ 或者是 $V_{IN} < V_{TH}$ 的情况下，均要求 V_{IN} 与门限电压 V_{TH} 之间具有足够的电压差 ΔV（V），也即

$$\Delta V = |V_{IN} - V_{TH}|$$

要足够大。

实际的数字 IC 的输入电平示例

判定 74HC 系列数字 IC 电路，输入 H（1）状态的输入电压范围为 $V_{IH} = 3.15 \sim 4.5\text{V}$。判定为 L（0）状态的输入电压 $V_{IL} = 0.0 \sim 1.35\text{V}$。（这里的 IC 是以 74HC00 为例的，输入电源电压 $V_{PS} = 4.5\text{V}$）。两种逻辑状态下的输入电压与门限电压 $V_{TH} = 2.25\text{V}$ 之间均有足够的电压差 ΔV。

实际的数字 IC 的输出电平示例

74HC 系列数字 IC 的 H（1）状态的输出电压 $V_{OH} = 4.13 \sim 4.5\text{V}$，L（0）状态的输出电压 $V_{OL} = 0.0 \sim 0.33\text{V}$（这里的 IC 是以 74HC00 为例的，输入电源电压 $V_{PS} = 4.5\text{V}$，输出电流为 4mA）。两种逻辑状态下的输出电压与门限电压 $V_{TH} = 2.25\text{V}$ 之间均有足够的电压差 ΔV，该输出电压 V_{OUT} 能够确保下一级电路的输入电压的 V_{IN} 的正确性，从而使得逻辑信号在电路间可以稳定地传送。

门限电压附近范围内电压不使用

门限电压 V_{TH} 附近范围内的电压 $V_{IN} = 1.35 \sim 3.15\text{V}$ 称为不定电压，该电压范围内的逻辑状态是不确定的。不能用于逻辑状态的表达和传送。

当输入信号的逻辑状态发生变化时，其输入电压 V_{IN} 应尽可能快地穿过该不稳定电压范围，从 V_{TH} 或 V_{IN} 电压转换到一个新的稳定的电压值。

也有在门槛电压附近稳定地对输入进行判定的电路

当输入电压 V_{IN} 的变化非常缓慢，该电压值在门限电压 V_{TH} 的附近穿过

时，电路的输出电压 V_{OUT} 是 H（1）状态还是 L（0）状态呢？这个时候电路的状态可能会出现混乱。

有一种“特殊的门电路”叫“施密特触发器”，具有两个门限电压 V_{TH}。当输入电压 V_{IN} 由 L（0）状态向 L（1）状态变化时，其门槛电压高于通常的门限电压 V_{TH}；当输入电压 V_{IN} 由 L（1）状态向 L（0）状态变化时，其门限电压低于通常的门限电压 V_{TH}。

通过这样一个可变的门限电压 V_{TH}，形成了一个更宽的门限电压带，即使输入信号电压 V_{IN} 变化缓慢或者掺杂噪声，也能够滤掉电路中不正确的 H（1）和 L（0）状态，保证输出电压 V_{OUT} 的正确性。

例题 1

如下图所示的施密特触发器电路中，当输入信号为锯齿波时，输出信号将怎样变化？

- 电源电压 5V
- 输入电压从 L（0）变化到 H（1）的门限电压为 3.3V
- 输入电压从 H（1）变化到 L（0）的门限电压为 1.7V
- 输入信号状态为 L（0）时输出电压为 0V
- 输入信号状态为 L（1）时输出电压为 5V

【例题 1 解】

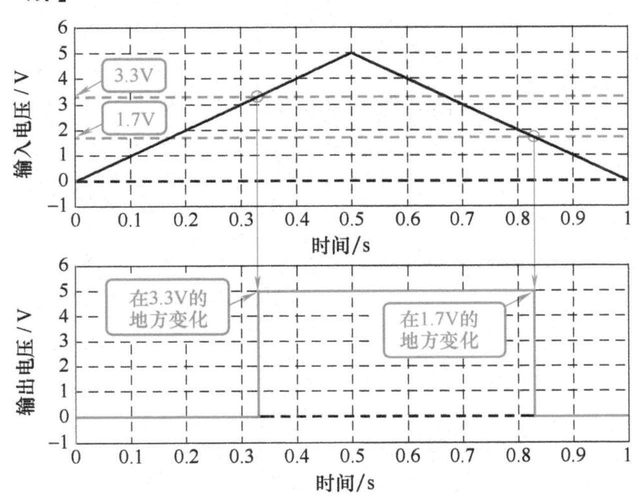

第33课

逻辑或（OR）、逻辑与（AND）、逻辑非（NOT）

● 所谓逻辑或（OR）即当有任意一个输入为真时输出即为真

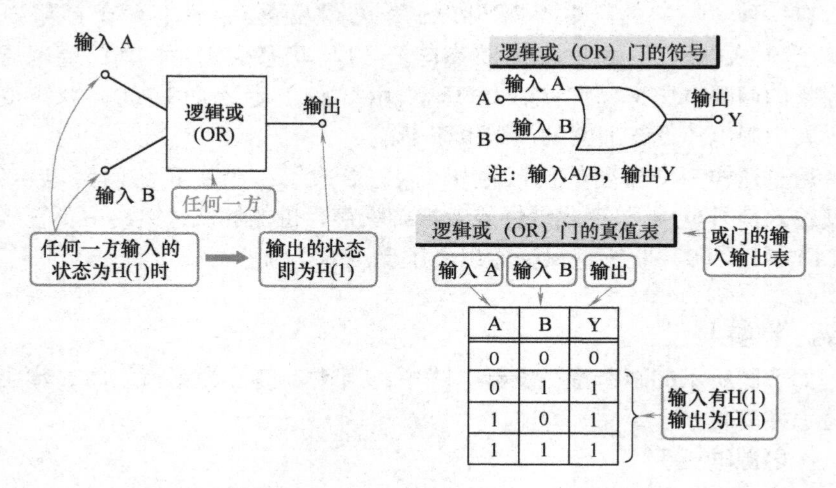

A	B	Y
0	0	0
0	1	1
1	0	1
1	1	1

● 所谓逻辑与（AND）即当所有输入都为真时输出即为真

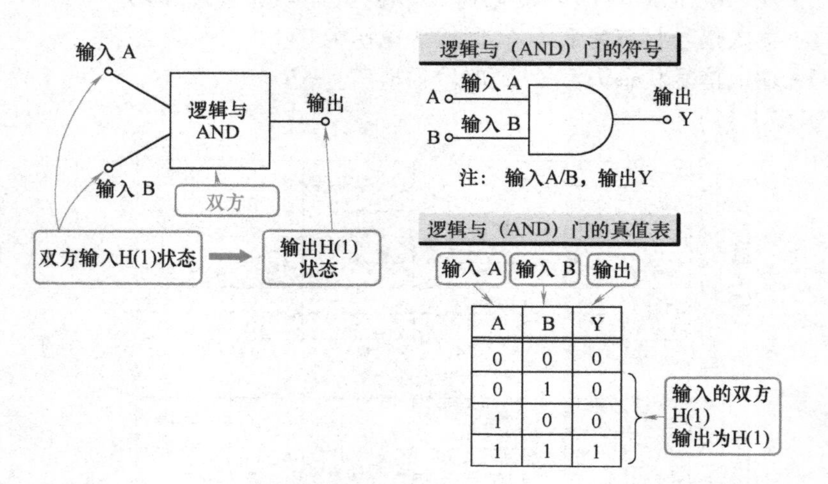

A	B	Y
0	0	0
0	1	0
1	0	0
1	1	1

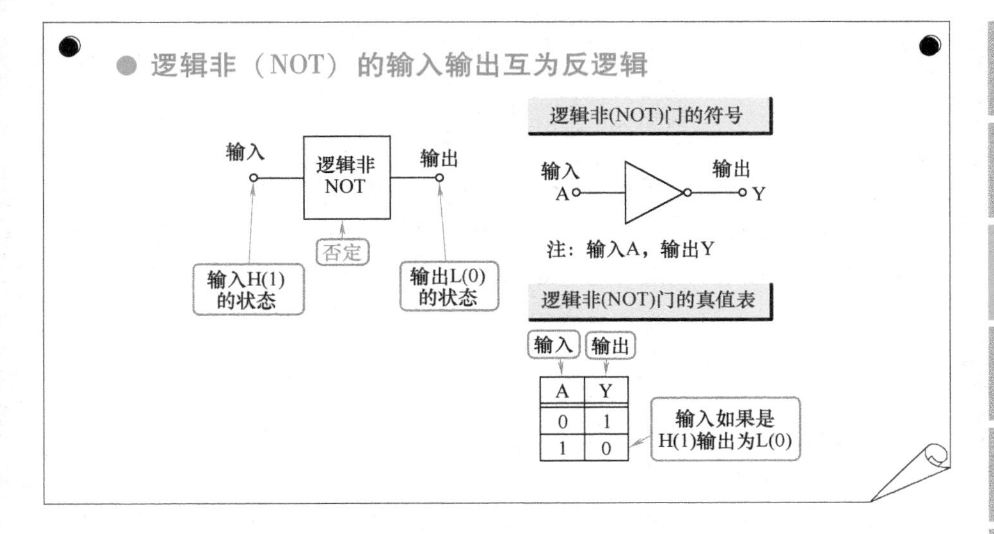

所谓逻辑或（OR）即当有任意一个输入为真时输出即为真

逻辑或（OR）就像它的单词一样，当有任意一个输入信号的状态是H（1）状态时，电路的输出状态就是H（1），即当有任意一个输入为真时输出即为真。

逻辑或（OR）采用或（OR）门的符号进行表示。

将或（OR）门的输入输出的所有可能的状态列成了或（OR）门的"真值表"。从表中可以看出，无论是哪个输入是H（1）状态，其输出即为H（1）状态。

所谓逻辑与（AND）即当所有输入都为真时输出即为真

逻辑与（AND）"AND（双方）"也像它的单词那样，如果是两个输入都是H（1）状态，电路的输出就是H（1）状态，亦即双方都为真时输出即为真。

逻辑与（AND）采用与（AND）门来表示。

与（AND）门的输入输出关系也可以采用"真值表"来表达。从表中可以看出，当两个输入都是H（1）状态时，其输出才为H（1）状态。

逻辑非（NOT）的输入输出互为反逻辑

逻辑非（NOT）就像它的单词那样，如果输入状态是H（1），输出状态就是L（0），输入输出互反。

逻辑非（NOT）采用非（NOT）门符号来表示。

逻辑非（NOT）门的输入输出关系也可以采用真值表来表达。从表中可以看出，其输入输出互为反逻辑。

逻辑和与逻辑积

逻辑或（OR）是当任意输入为真时，输出为真，就像1+0=1，0+0=0一样，所以也被称为逻辑和。

逻辑与（AND）是当所有输入都为真时，输出才为真，就像1×1=1，1×0=0一样，所以也被称为逻辑积。

例题1

4输入的OR门采用下图所示的符号表示，如果有任意一个输入是H（1）状态，则输出为H（1）状态。试采用两个或多个2输入的OR门来实现该4输入的OR门。

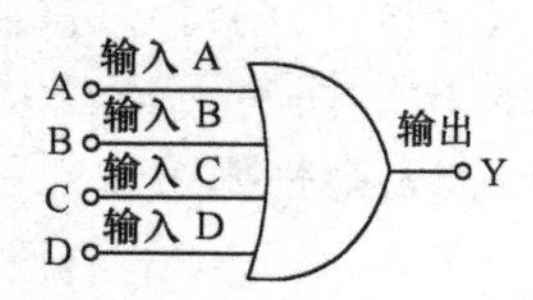

【例题1解】

使用两个2输入的OR门制作：

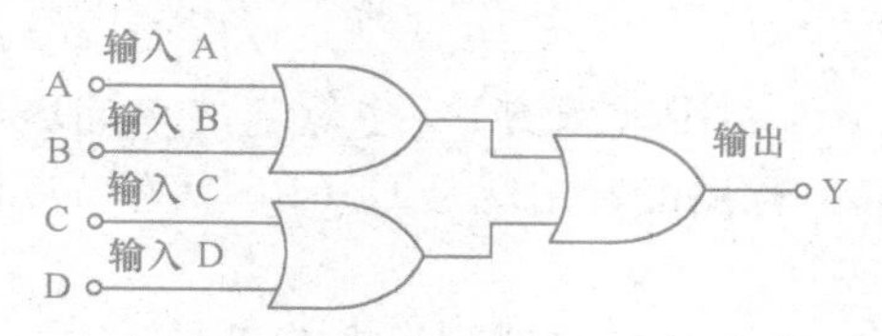

首先判断两个输入，并且将该结果与第三个输入再次进行判断，最后将判断结果与最后一个输入一起进行判断，也可以得到4输入的OR门的输出Y。

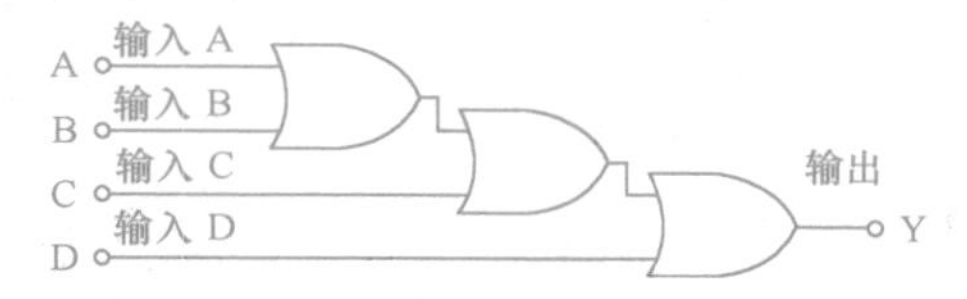

例题 2

4输入的AND门采用下图所示的符号表示，当所有输入是H（1）状态时，输出才为H（1）状态。试采用两个或多个2输入的AND门来实现该4输入的AND门。

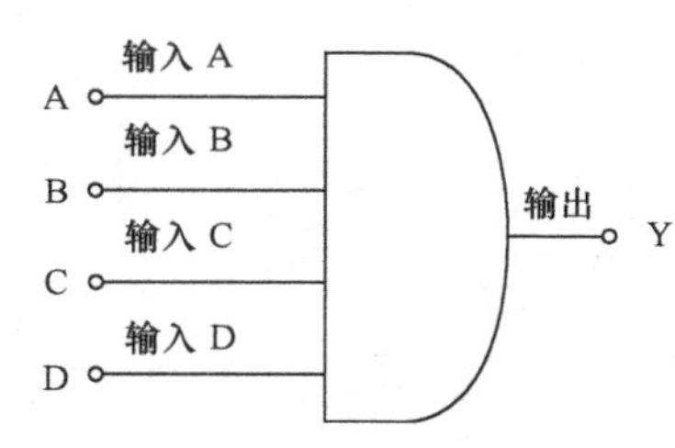

【例题2解】

使用两个2输入的AND门制作

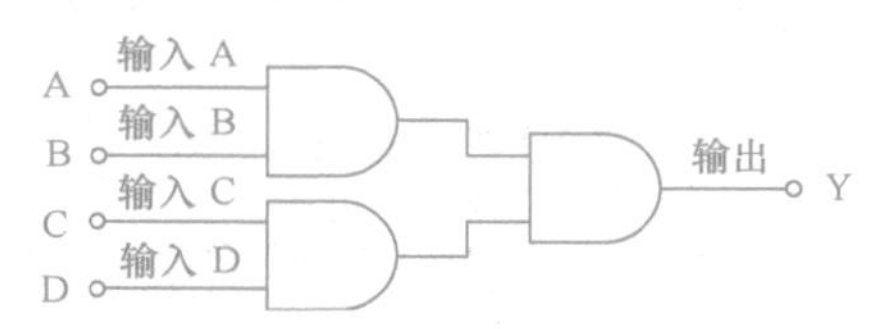

首先判断两个输入，并且将该结果与第三个输入再次进行判断，最后将判断结果与最后一个输入一起进行判断，也可以得到4输入的AND门的输出Y。

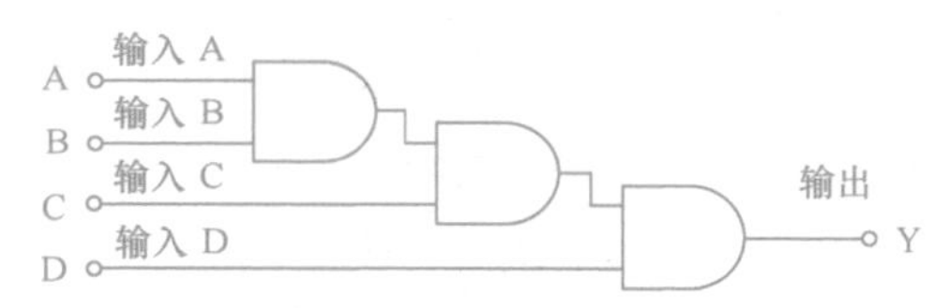

第34课

或（OR）门、与（AND）门、非（NOT）门的实例

● 在逻辑门的符号里只标出了它的逻辑功能，而没有示出电源和逻辑地

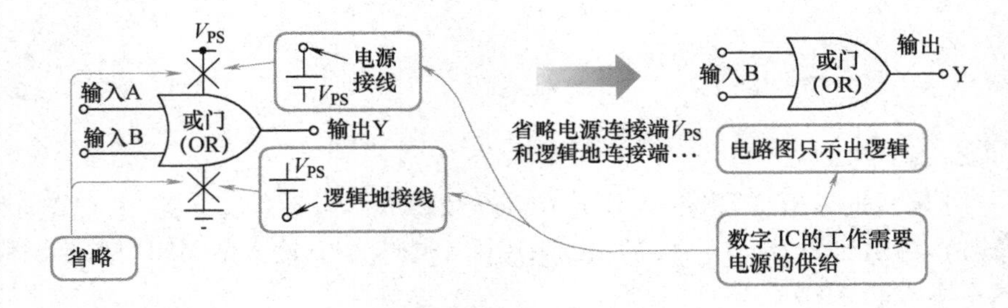

● 电路图不用关心电路的详细工作过程，只关心其逻辑状态

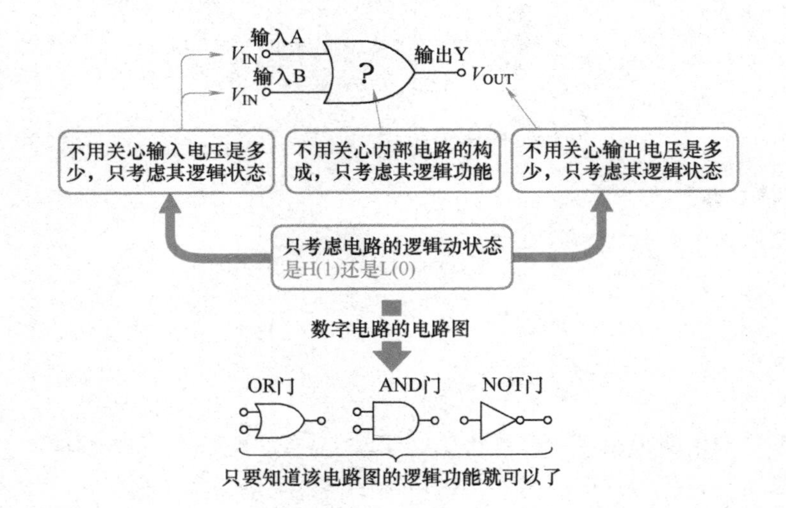

实际的 OR 门

逻辑或(OR)电路

也称为或门、OR门、OR、或等

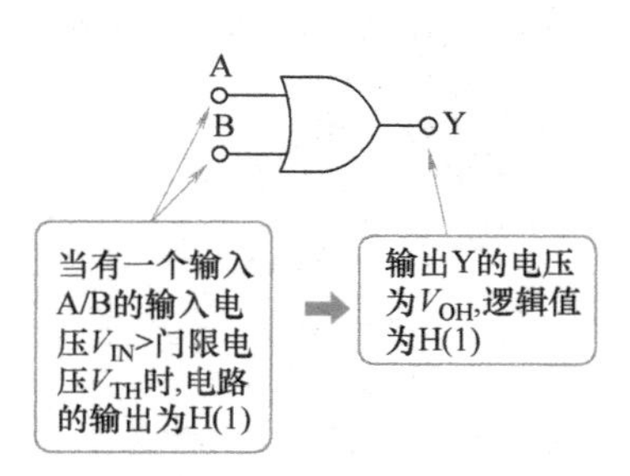

注：V_{TH},V_{OH},V_{OL}（以及后面所遇到的）的有关定义，请参见第32课

实际的OR门IC芯片（74HC32）

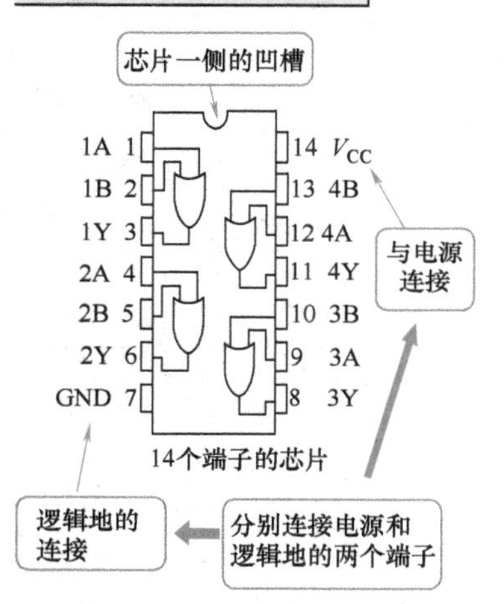

实际的 AND 门

逻辑与(AND)电路

也称为与门、AND门、AND、与等

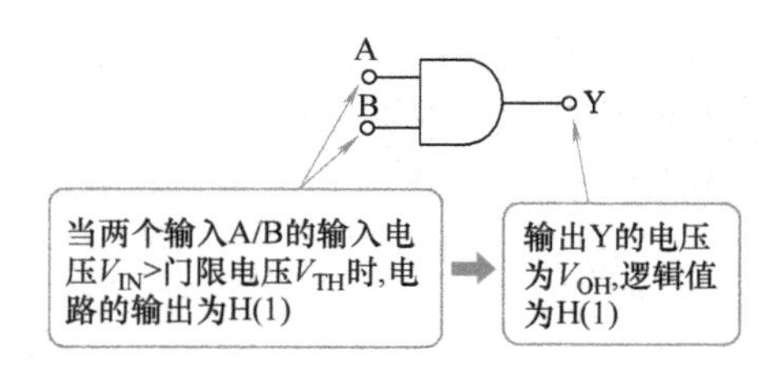

实际的AND门IC芯片（74HC08）

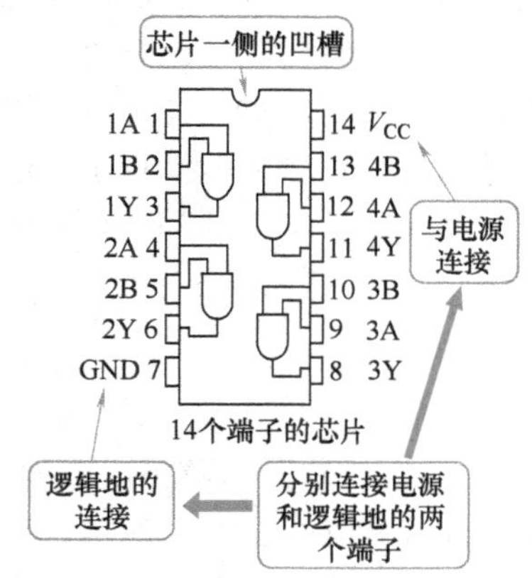

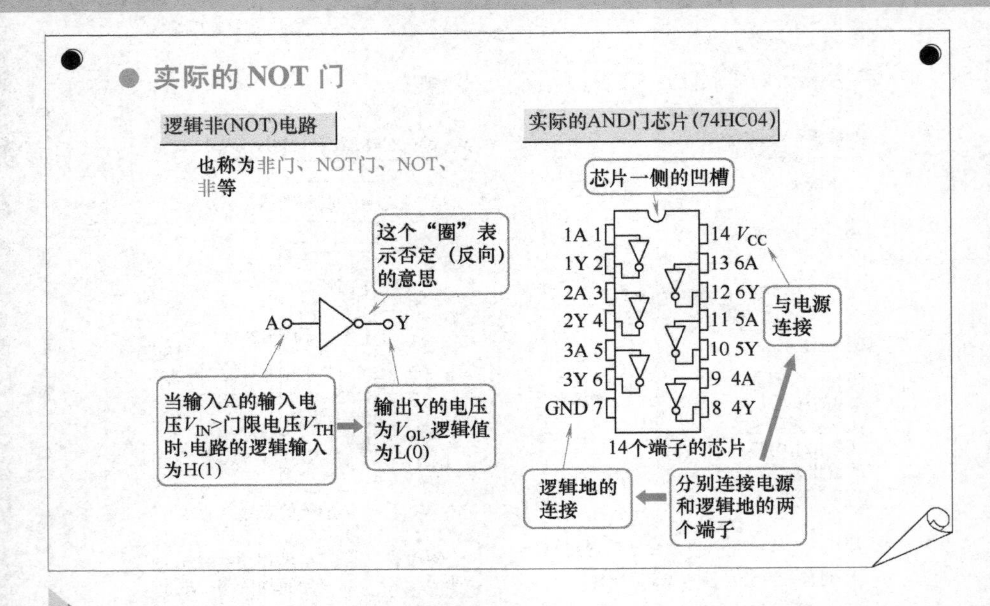

电路图只表示电路的“逻辑”关系而不考虑电路的内部结构和电平

输入输出电压，只要明白逻辑门的动作即可，内部构成等可以不标明。

在电路图中使用的逻辑门符号，其电源终连接端 V_{PS}（V）和接地端一般是不标出的（作为数字 IC，当然是需要工作电源供给的）。

另外，逻辑门符号也只给出了输入输出的逻辑关系，至于其输入、输出 V_{IN}（V）、V_{OUT}（V）的电压是多少，同样也没有标出。通常只需要知道这个逻辑门的逻辑功能就行了，电路的内部结构等也不用标明。

只要明白“OR、AND 或 NOT”本身所代表的逻辑功能，就能读懂电路图了。

OR 门的功能及实际的 OR 门

逻辑或（OR）电路也被称作“或门（OR 门）”、“或”等。在 OR 门的两个输入端 A、B 中，有一个的输入电压 V_{IN}大于门限电压 V_{TH}（V），使得输入端的逻辑为 H（1）时，其输出端 Y 的电压即为 V_{OH}（V），输出逻辑状态为 H（1）。

74HC 系列数字 IC 中，逻辑或（OR）电路的型号是 74HC32。一个芯片中有 4 个逻辑门，另外还有两个连接电源和接地的连接端，因此共有 14 个连接端。

AND 门的功能及实际的 AND 门

逻辑与（AND）电路也被称作“与门（AND 门）”、“与”等。在 AND 门的两个输入端 A、B 中，当两个输入端的输入电压 V_{IN} 均大于门限电压 V_{TH}（V），使得输入端的逻辑均为 H（1）时，其输出端 Y 的电压即为 V_{OH}（V），输出逻辑状态为 H（1）。

74HC 系列数字 IC 中，逻辑与（AND）电路的型号是 74HC08。一个芯片中有 4 个逻辑门，另外还有两个连接电源和接地的连接端，因此共有 14 个连接端。

NOT 门的功能及实际的 NOT 门

逻辑非（NOT）电路也被称作“非门（NOT 门）”、“非”等。当 NOT 门的输入端 A（单端输入）的输入电压 V_{IN} 大于门限电压 V_{TH}（V），使得输入端的逻辑均为 H（1）时，其输出端 Y 的电压即为 V_{OL}（V），输出逻辑状态为 L（0）。

74HC 系列数字 IC 中，逻辑非（NOT）电路的型号是 74HC04。一个芯片中有 6 个逻辑门，另外还有两个连接电源和接地的连接端，因此共有 14 个连接端。

例题 1

采用如图所示的 74HC08（AND 门）IC，制作一个 4 输入的 AND 门，并给出电源的连接。

【例题 1 解】

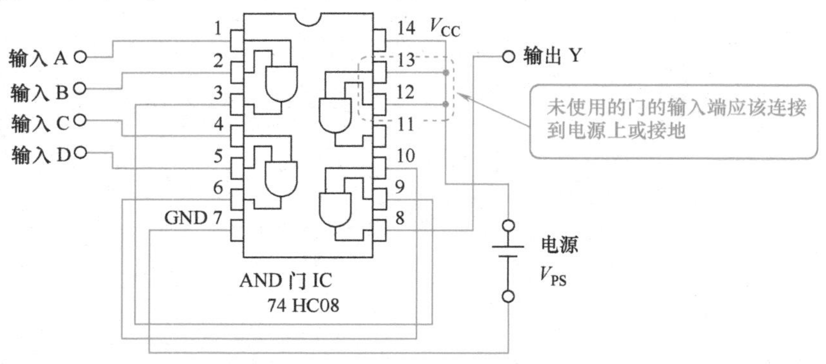

第35课
或非（NOR）门、与非（NAND）门、异或（XOR）门的实例

● 逻辑或非（NOR，Negative OR）

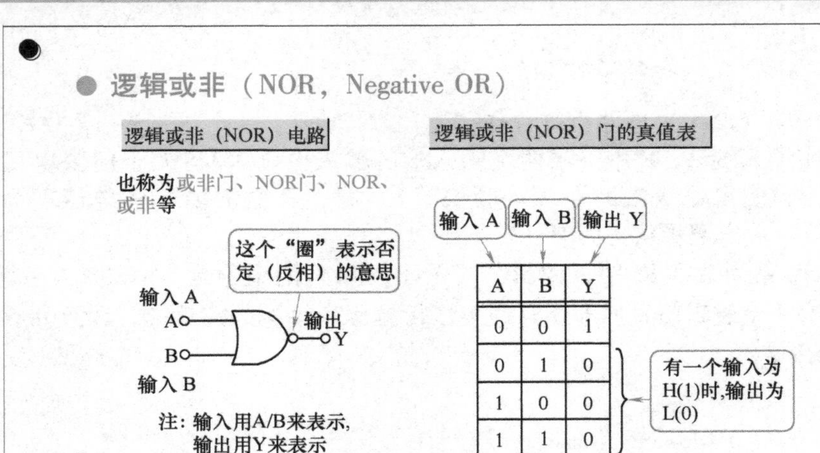

A	B	Y
0	0	1
0	1	0
1	0	0
1	1	0

● 实际的 NOR 门 IC（74HC02）

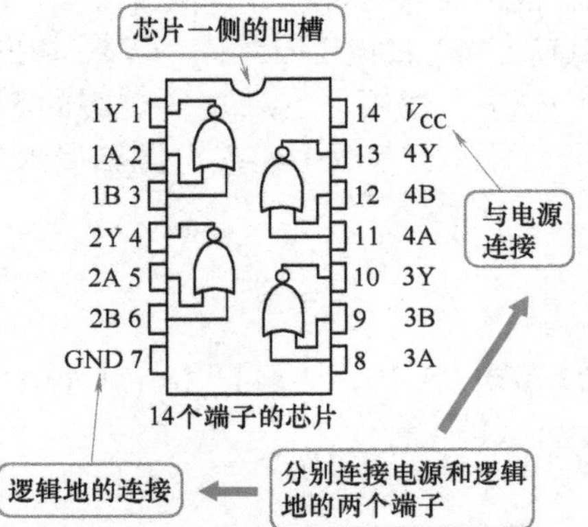

● 逻辑与非（NAND，Negative AND）

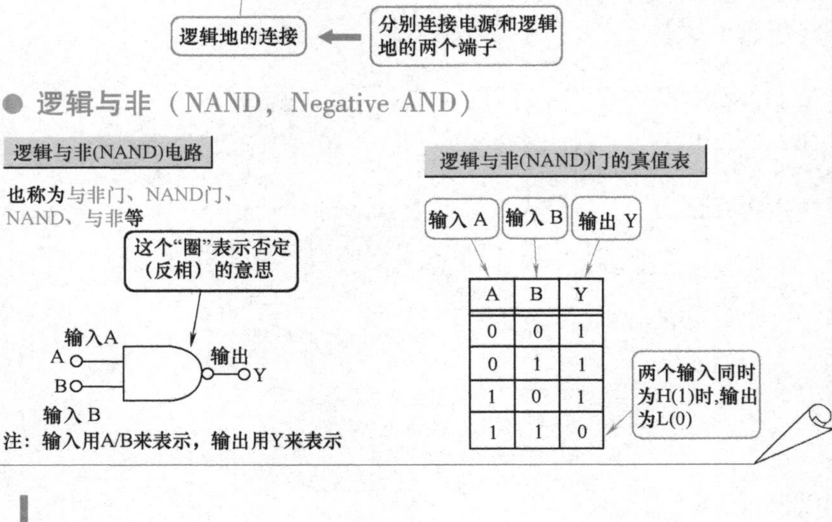

A	B	Y
0	0	1
0	1	1
1	0	1
1	1	0

● 实际的 NAND 门 IC（74HC00）

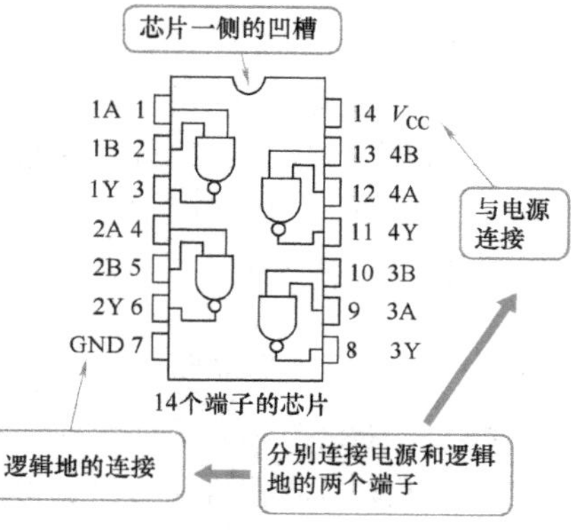

● 逻辑异或（XOR，Exclusive OR）㊀

也成为异或门、XOR门、XOR、异或等

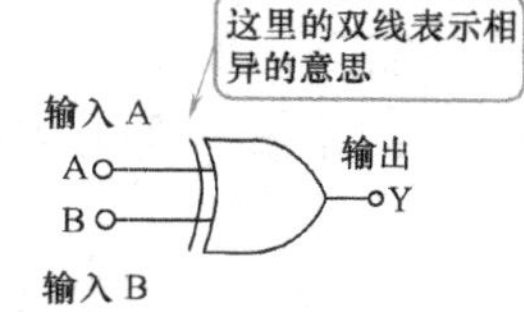

注：输入用A/B来表示，输出用Y来表示

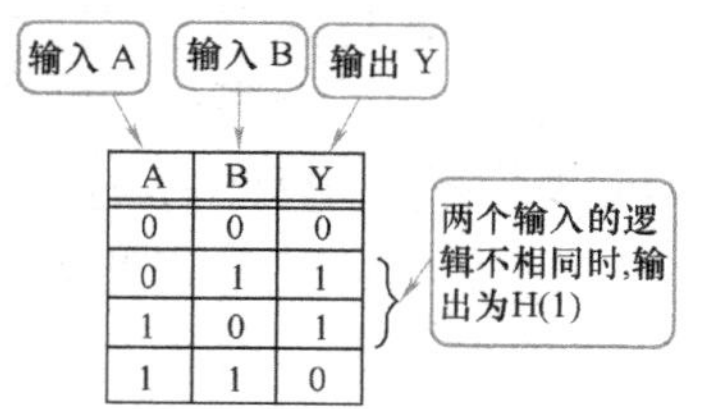

A	B	Y
0	0	0
0	1	1
1	0	1
1	1	0

● 实际的 XOR 门 IC（74HC86）

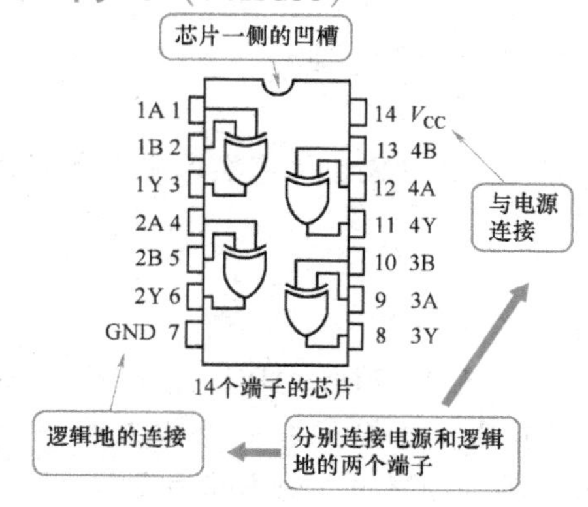

㊀ XOR 也可用 EXOR，原书为 EXOR。

所谓逻辑或非（NOR，Negative OR）就是“只要有一个输入为真，输出即为假”

逻辑或非（NOR）即为 Negative OR，这里的 N 是“非”的英语单词“Negative”首字母的大写。其实现的逻辑功能为，如果有一个输入为 H（1），则输出为反相的（否定）L（0），即“只要有一个输入为真，输出即为假”。

逻辑或非（NOR）的符号及真值表

逻辑或非（NOR）电路也被称作“或非门（NOR 门）”、“或非”等。

逻辑或非（NOR）门的功能也采用输入输出真值表来表示。

所谓逻辑与非（NAND，Negative AND）就是“两个输入都为真时，输出为假”

逻辑与非（NAND）即为 Negative AND，这里的 N 是“非”的英语单词“Negative”首字母的大写。其实现的逻辑功能为，如果两个输入均为 H（1），则输出为反相的（否定）L（0），即“两个输入都为真时，输出为假”。

逻辑与非门（NAND）的符号及真值表

逻辑与非（NAND）电路也被称“作与非门（NAND 门）”、“与非”等。

逻辑与非（NAND）门的功能也采用输入输出真值表来表示。

所谓逻辑异或（XOR，Exclusive OR）就是“只有一个输入为真时，输出即为真”

逻辑异或（XOR）即为 Exclusive OR，这里的“Exclusive”排他的意思。其实现的逻辑功能为，如果只有一个输入为 H（1），则输出即为 H（1），即“只有一个输入为真时，输出即为真”。

异或门是稍微变化了的基本逻辑门，在实际应用中具有多种不同的用法。

逻辑异或门（XOR）的符号及真值表

逻辑异或（XOR）电路也被称“作异或门（XOR 门）”、“异或”等。逻辑异或（XOR）门的功能也采用输入输出真值表来表示。

实际 IC 的 NOR、NAND、XOR 门

74HC 系列数字 IC 中，逻辑或非（NOR）电路的型号是 74HC02，逻辑与积（NAND）电路的型号是 74HC00，逻辑异或（XOR）电路的型号是 74HC86。这些 IC 中，每个芯片均含有 4 个逻辑门。另外还有两个连接电源和接地的连接端，因此共有 14 个连接端。

逻辑异或非（XNOR）

异或非（XNOR）是 XOR 的反相输出，当门的两个输入均为 L（0）或者均为 H（1）的时候，输出为 H（1）。

例题 1

采用 AND、OR 和 NOT 门电路实现一个逻辑异或（XOR）门。

【例题 1 解】

可以采用的 XOR 门的构成方法有多种，下图是其中的一种。

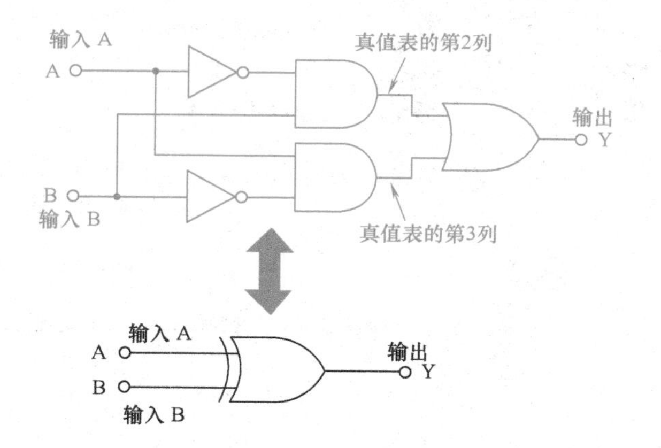

第36课

以H还是L为基准？——正逻辑/负逻辑及逻辑变换

● 采用奥赛罗棋子白色面代表“真”的正逻辑

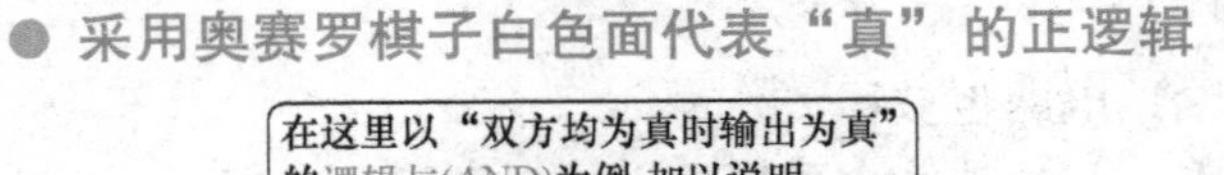

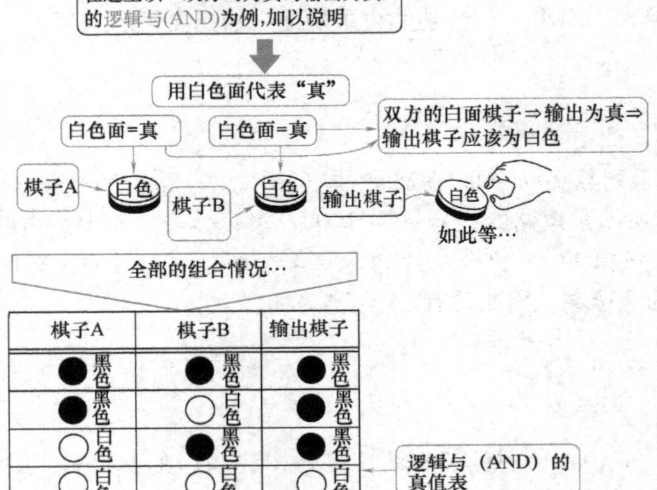

棋子A	棋子B	输出棋子
● 黑色	● 黑色	● 黑色
● 黑色	○ 白色	● 黑色
○ 白色	● 黑色	● 黑色
○ 白色	○ 白色	○ 白色

● 以黑色面代表“真”重新考虑上述与逻辑关系

重新考虑上述的关系，

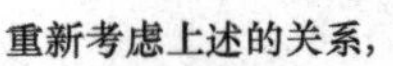

黑色面代表真！

顺序重新排列

棋子A	棋子B	输出棋子
○ 白色	○ 白色	○ 白色
○ 白色	● 黑色	● 黑色
● 黑色	○ 白色	● 黑色
● 黑色	● 黑色	● 黑色

棋子A/B有一个为黑色时输出为“真”
||
输出棋子为黑色

变成了逻辑或（OR）！

● 仅仅是代表真值的“黑白面”不同，其逻辑关系也发生了改变

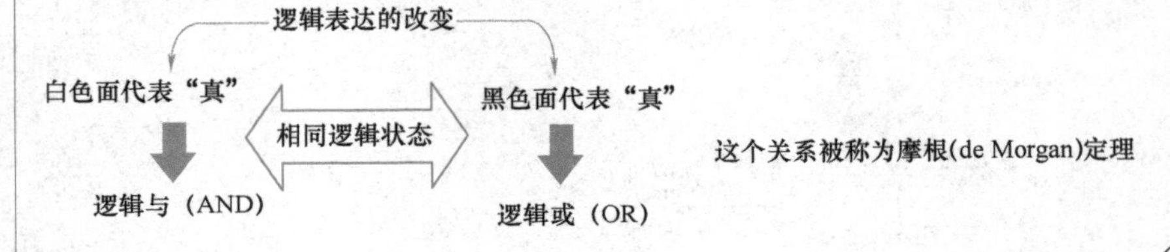

逻辑表达的改变及正逻辑/负逻辑的逻辑变换

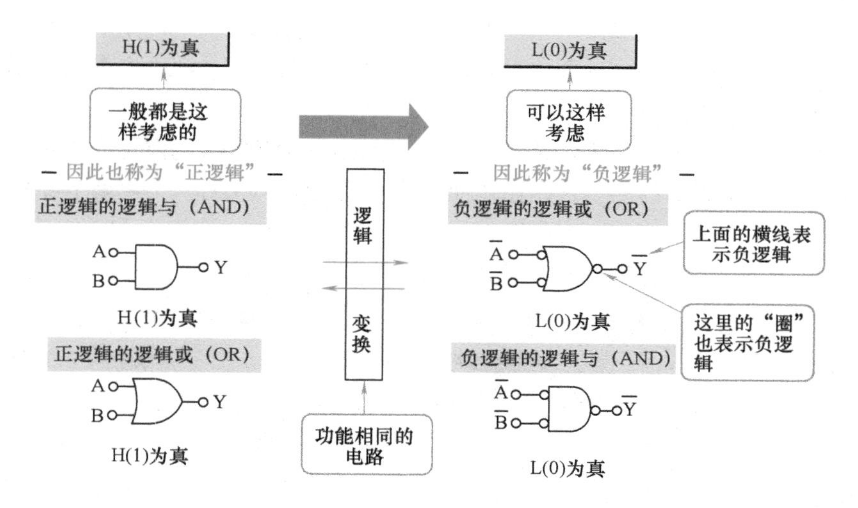

NAND、NOR、NOT逻辑变换

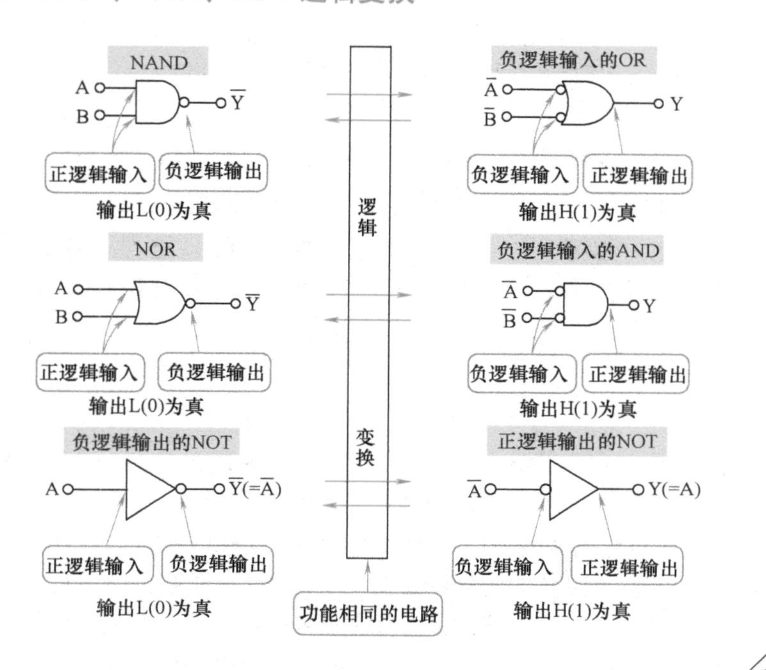

采用奥赛罗棋子白色面代表“真”的正逻辑

在此让我们来考虑2个（输入）+1个（输出）奥赛罗棋子的情形。在这里以逻辑与（AND）电路为例，来分析其“两个输入均为真时，输出即为真”的逻辑功能。

由于在这里采用白色面来代表“真”，因此当两个输入棋子均为白色面时，代表输出为真的棋子也是白色面。让我们先记住该关系（逻辑条件）。

以黑色面代表“真”重新考虑上述与逻辑关系

现在，我们以黑色的代表逻辑“真”，重新考虑上述逻辑关系（逻辑条件）。可以看出，上述逻辑关系变为只要两个输入棋子中的一个为黑色时，输出棋子即为代表逻辑“真”值的黑色面。

仅仅是代表真值的“黑白面”不同，其逻辑关系也发生了改变

由此可以看出，当代表真值的“黑白面”发生改变时，上述逻辑关系变成了逻辑或（OR）。也就是仅仅改变代表真值的“黑白面”时，原有的逻辑功能也会发生改变。我们称此为“摩根（de Morgan）定理”。

逻辑表达的改变及正逻辑/负逻辑的逻辑变换

在一般情况下，本来是采用H（1）来代表逻辑“真”值的。但是，这并不妨碍也可以采用L（0）来代表逻辑“真”。通常，将采用H（1）来代表逻辑“真”值的情况称为“正逻辑”，把将采用L（0）来代表逻辑“真”值的情况称为“负逻辑”。

正逻辑的AND与负逻辑的OR，正逻辑的OR与负逻辑的AND

当逻辑表达发生了改变时，也就是“按正逻辑还是负逻辑来考虑”，同一逻辑门的逻辑条件（逻辑功能）也发生了改变。

此时，正逻辑的逻辑与（AND）将变为负逻辑的逻辑或（OR），正逻辑的逻辑或（OR）将变为负逻辑的逻辑与（AND）。在逻辑门的符号中，采用○（圈儿）来表示负逻辑，输入/输出信号名称上的横线也表示的是负逻辑。

这个变换只是“逻辑变换”，但逻辑门的功能完全是等价的。

负逻辑输入的 NAND 与正逻辑输出的 OR，负逻辑输入的 NOR 与正逻辑输出的 AND

NAND 门（逻辑与非）实际就是输出变为负逻辑（加符号○）的 AND 门。通过逻辑变换，它也等效于负逻辑输入、正逻辑输出的 OR 门。NOR 门也是正逻辑输入、负逻辑输出的 AND 门。

NOT 的负逻辑表示

NOT 门（逻辑非）的输入、输出逻辑值是相反的。大多数情况下，其输入是采用正逻辑来表示的，输出是采用负逻辑来表示（附有符号○）。也可以通过逻辑变换，将其输入采用负逻辑来表示（附有符号○），输出采用正逻辑来表示（没有符号○）。

电路图中正、负逻辑间的恰当连接能使电路的可读性更好

在数字电路的电路图中，如果将连接正逻辑门输出的逻辑门采用正逻辑输入，连接负逻辑门输出的逻辑门采用负逻辑输入，则电路具有更好的可读性。

例题 1

如右图所示的由多个逻辑门连接成的电路。通过逻辑变换，分析电路的逻辑输出。

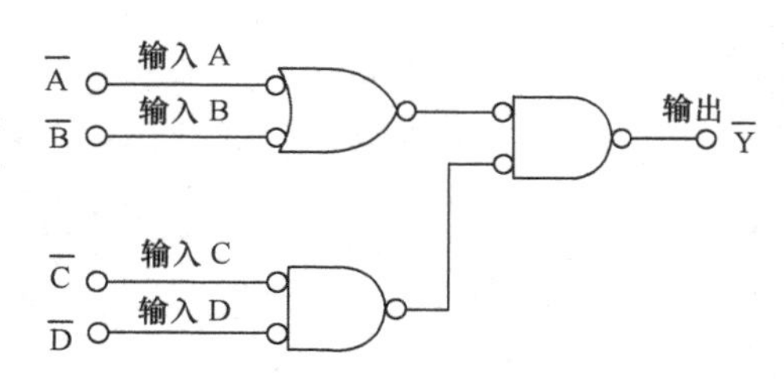

【例题 1 解】

通过逻辑变换，将电路的输入变换为 A、B、C、D 均为 H（1）表示的正逻辑，将输出也变换为 H（1）表示的正逻辑，则电路为

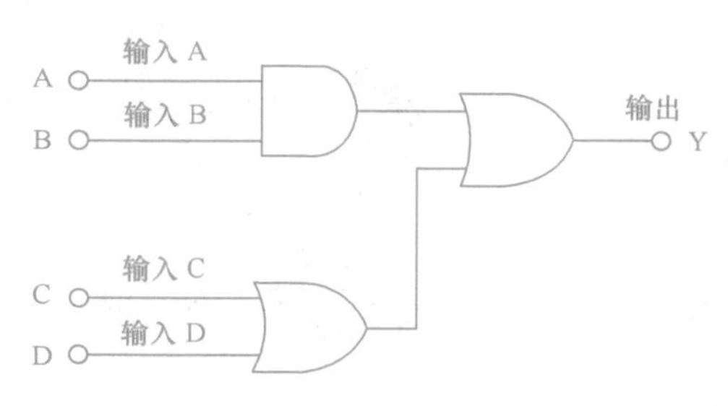

第*37*课

逻辑化简常用的“卡诺图”

● 考虑两个人将旗举起的例子

判定为真的条件

① 双方都举起旗

② A 放下旗, B举起旗

● “以一部分条件即能判断逻辑成立” 即构成了逻辑压缩

判定为真的条件…

① 两个人都举起旗

② A放下旗, B举起旗

A 的状态对判真条件没有影响,判真结果与A的状态无关。只需要看B的状态就能知道条件是否成立

看B的状态（只看一个人）,既可以进行判定

这个就是“逻辑压缩”的基本概念

表示逻辑关系的“逻辑代数”表达式

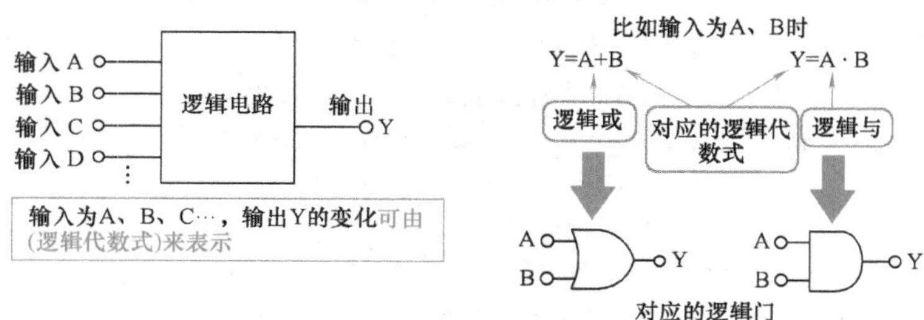

逻辑表达式的运算法则及逻辑压缩

分配律

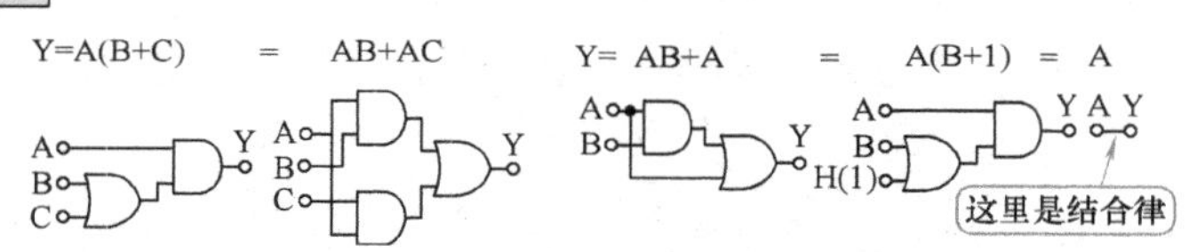

结合律

$Y = AB + AC = A(B + C)$

（分配律的逆过程）

对于简单的逻辑电路

❶ 应用这些法则

❷ 将逻辑代数式进行变形

❸ 应用结合律对各项（输入条件）进行逻辑压缩

$Y = A + \overline{A} = 1$

A Y H(1) Y

应用卡诺图进行逻辑压缩

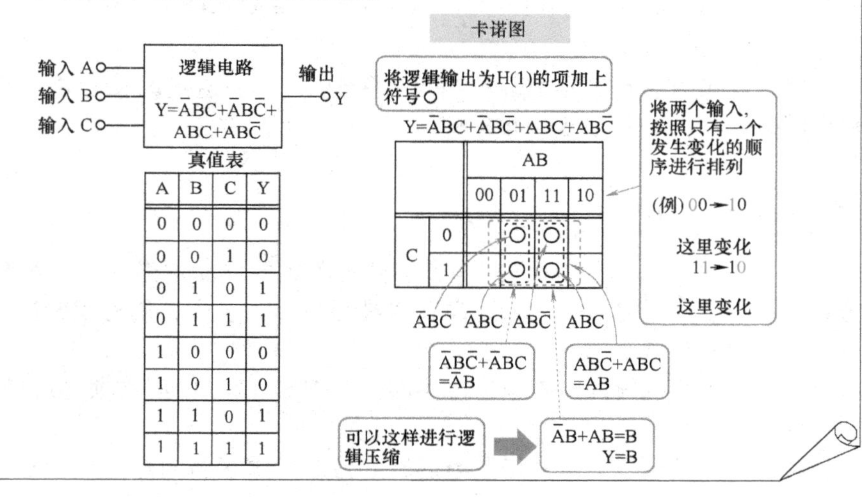

A	B	C	Y
0	0	0	0
0	0	1	0
0	1	0	1
0	1	1	1
1	0	0	0
1	0	1	0
1	1	0	1
1	1	1	1

考虑两个人将旗举起的例子

譬如两个人（A 与 B）来举旗，当两个旗中“有一个举起”时作为判“真”的条件。两个人举旗所对应的旗的上下一共有 4 个状态。

判“真”的条件为：①双方均举起 ②或者 A 降下，B 举起。

“以一部分条件即能判断逻辑成立”即构成了逻辑压缩

其实对于这个判“真”条件，不需要看 A 的旗（结果和 A 的状态无关），只需要看 B（亦即一人）的旗的状态就行了。

虽说是有 A、B 两个输入，但对于判“真”条件的成立上 A 没有起作用，因此“只需要一个输入 B 即可”。这就是逻辑压缩的基本概念。

应用逻辑代数式进行逻辑压缩

在逻辑代数中，逻辑关系是通过逻辑表达式来表示的。合理地使用逻辑代数运算的“分配律”和“结合律”，也能实现逻辑压缩。

输出 Y 是 H（1）的逻辑表达式中，A、B、C 为 3 个输入。对其应用分配律得

$$Y = A(B + C) = AB + AC$$

结合律是分配律的逆过程：

$$Y = AB + AC = A(B + C),\ Y = AB + A = A(B + 1) = A.$$

$$Y = A + \overline{A} = 1$$

通过对逻辑表达式的变形，并利用结合律对表达式的项目进行合并（减少输入条件），以实现逻辑压缩。

应用卡诺图进行逻辑压缩

卡诺图（Karnaugh MaP），是在逻辑代数式的化简中经常使用的压缩方法。该方法通过将多个输入元素纵横排列在一张表中，使得逻辑压缩变得更加简单和直观。

在由输入项构成的矩阵中，将使输出变成 H（1）的所有项均用符号○来标注。

通过所给的例子，将卡诺图与逻辑条件表达式进行对比分析。对于逻

辑表达式：

$$Y = \overline{A}B\overline{C} + \overline{A}BC + ABC + AB\overline{C}$$

在其所对应的卡诺图中，用符号○来标注的邻接的项目，均可以用结合律实现逻辑表达式的化简。

$$Y_1 = \overline{A}B\ (C + \overline{C}) = \overline{A}B,\ Y_2 = AB\ (C + \overline{C}) = AB$$

卡诺图中，也将这些邻接的项目作为一个小组放在一起，再进行输入 A 的压缩。

$$Y_1 = \overline{A}B,\ Y_2 = AB$$

$$Y = B$$

这就是所得到的最终的逻辑压缩的结果。

易于采用计算机自动化简的 Quine-McCluskey 算法

卡诺图没有提供确认逻辑压缩是否全部完成的方法。

Quine-McCluskey 逻辑压缩算法，在提供了逻辑压缩手段的同时，还提供了确认逻辑压缩是否完成的方法，并且该逻辑压缩算法还便于在计算机上实现，从而实现逻辑压缩的自动化（详细内容在此不做介绍）。

近年的硬件描述语言使得逻辑压缩功能透明化

在近年来的数字电路设计中，多采用第 49 课等介绍的硬件述语来设计实际的电子电路。这里所介绍的逻辑压缩是通过设计工具自身的逻辑合成功能来进行的，逻辑压缩过程是透明的，设计者实际感觉不到。

例题 1

$$Y = A + AB + B$$

采用逻辑压缩方法，将上述表达式化简为最简逻辑表达式。

【例题 1 解】

由结合律得

$$AB + A = A\ (B + 1) = A$$

用此式来替换待化简的逻辑表达式的第 1 项和第 2 项得

$$Y = A + AB + B = A\ (1 + B) + B = A + B$$

以上即为所求的最简逻辑表达式。

第38课
二进制数、十进制数及十六进制数的相互转换

● 1位（bit）二进制数的两个状态

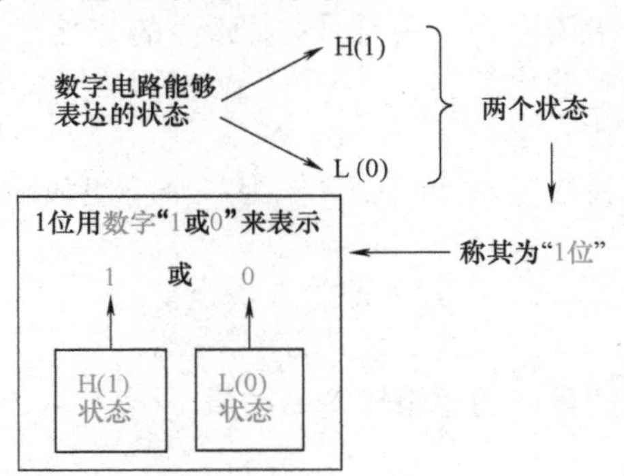

● 使用多位二进制数以表示更大的数

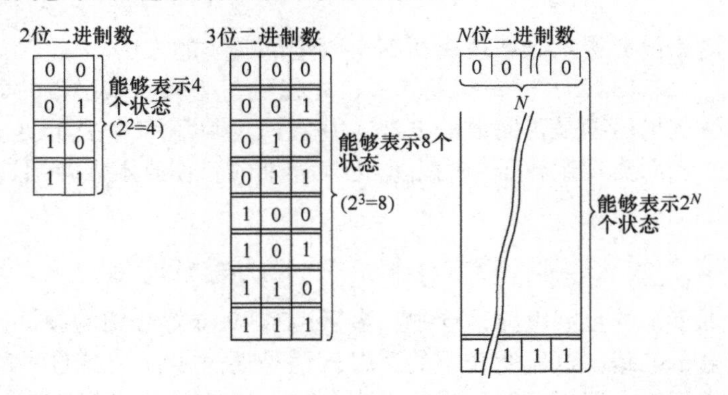

例如，8 位二进制数⇒2^8 = 256 个状态
16 位二进制数⇒2^{16} = 65536 个状态 ⇒ 当作数字来看的话 ⇒ 用多位二进制数可以表示更大的数值

⬇

16 位⇒2^{16}为 0 ~ 65535 能表示这么大的数值

● 4 位二进制数可以表示 0～15 的十六进制数

最高位
Most Significant Bit=MSB

最低位
Least SIgnificant Bit=LSB

4 位数值表

位顺序的定义

4位数	3位数	2位数	1位数	十进制数	十六进制数
0	0	0	0	0	0
0	0	0	1	1	1
0	0	1	0	2	2
0	0	1	1	3	3
0	1	0	0	4	4
0	1	0	1	5	5
0	1	1	0	6	6
0	1	1	1	7	7
1	0	0	0	8	8
1	0	0	1	9	9
1	0	1	0	10 ⇒	A
1	0	1	1	11 ⇒	B
1	1	0	0	12 ⇒	C
1	1	0	1	13 ⇒	D
1	1	1	0	14 ⇒	E
1	1	1	1	15 ⇒	F

0~F构成了1位完整的十六进制数

4位二进制数表示1位十六进制数

注：位(bit)通常用于二进制位的表示

十进制数0~15的表示

十进制数10~15需要2个数字(2位)来表示，因此在十六进制数中换成相应的A~F

● 多位二进制数与十六进制数的相互转换

多位二进制数，以 16 位为例

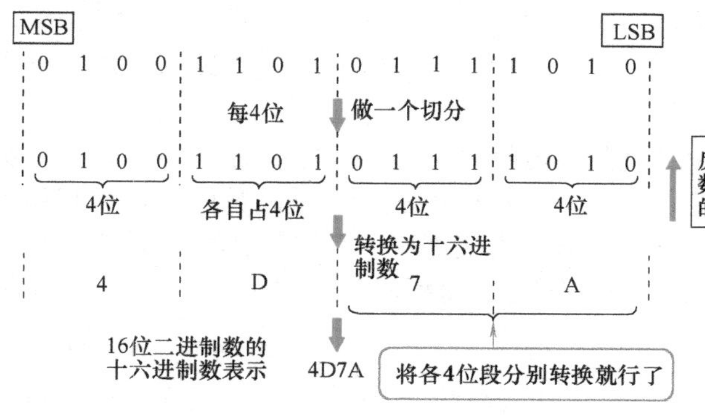

反方向的十六进制数转换为二进制数的方法也与此相同

1位二进制数的两个状态

在数字电路中，所能呈现出的状态只有H和L（1和0）这两个状态。

通常也称“1和0”这两个状态为“1bit（1位）”。反过来1位所能表示的数字也只能是“1或0”。这也是二进制数的基本单位。

使用多位二进制数以表示更大的数

从以上的描述可以看出，两个二进制位能够表示4个状态，3个二进制位能够表示8个状态。N个二进制位能够表示2^N个状态。

例如，以8个二进制位（bit）能够表示256个状态，16个二进制位能够表示65536个状态。

因此，如果考虑以多个二进制位来表示大量的状态的话，其所表示的状态其实就是数值，并且采用多个二进制位能够表示较大的数值。例如，以16个二进制位能够表示0~65535这个范围内的数值。这里，数值是从0开始计数的数值。

多个二进制位需要采用逻辑门阵列电路来表示

在数字电路中，如果要表示N个二进制位（bit），就需要将N个逻辑门电路并列（连接），组成一个逻辑门阵列来表示。

4位二进制数可以表示0~15的十六进制数

在此，让我们来考虑多个二进制位情况下，各个位的“顺序”。通常从最高位（Most Significant Bit；MSB）开始，一直到最低一位（Least Significant Bit；LSB）依次定义各位的顺序。

顺序排列的4个二进制位能够表示0~15之间的数值。十进制数10~15需要两个数字（2位）来表示，因此在十六进制数中替换成相应的A~F来表示。0~F构成的数位我们称之为十六进制数，0~F即为1位完整的十六进制数。通常采用4位二进制数表示一位16进制数。

8位可组成两位十六进制数，16位可组成4位十六进制数

因为顺序排列的4位表示1位十六进制数，因此2倍的8位可表示两

位十六进制数，16 位表示比特能表示 4 位的十六进制数。

多位二进制数与十六进制数的相互转换

因为十六进制数可由 4 位二进制数来表示，所以十六进制数相当于二进制数值的一个段落。基于这一点，大量的二进制数的数位与大量的十六进制数的数位之间可以互相变换。二进制数值和十六进制数值就可以按照 1 位和 4 位的关系简单地进行相互转换，即在二进制位段落和十六进制数位之间进行转换。

采用 4 位二进制数来表示十进制的 0 ~ 9 的 BCD 码

采用 4 位二进制状态的一部分即能表示十进制数 0 ~ 9 的数值。其中的十六进制数的 A ~ F 没有使用。我们把这种表示方法称为 Binary Coded Decimal（BCD 码）。

BCD 码的使用主要是为了便于十进制数的处理，以利于人对机器数据的阅读和理解，特别是在实际系统的数据表示方面（human machine interface，人机接口），因为其较好的亲和性，经常被采用。

例题 1

（1）试计算以 6 位二进制位所能表示的状态个数及数值的范围。

（2）试计算以 24 位二进制位所能表示的状态个数及数值的范围。

（3）试计算以 32 位二进制位所能表示的状态个数及数值的范围。

【例题 1 解】

（1）6 位所能表示的状态数为 $2^6 = 64$ 个，可以表示的数值为 0 ~ 63。

（2）24 位所能表示的状态数为 $2^{24} = 16777216$ 个，可以表示的数值为 0 ~ 16777215。

$$(2^{24} = 2^8 \times 2^8 \times 2^8 = 256 \times 256 \times 256)$$

（3）32bit 所能表示的状态数为 $2^{32} = 4294967296$ 个，可以表示的数值为 0 ~ 4294967294。

$$(2^{32} = 2^{24} \times 2^8 = 2^{24} \times 256)$$

注：32 位即为 Windows PC 所能管理的内存的大小，是 4G 字节。

第 39 课

二进制数及其加减乘除运算

● 多位二进制数的加减乘除运算

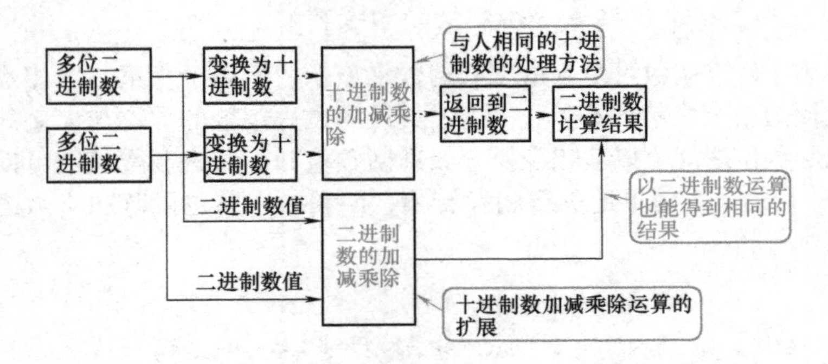

● 作为简单的例子，用真值表表达 1 位二进制数值的加法

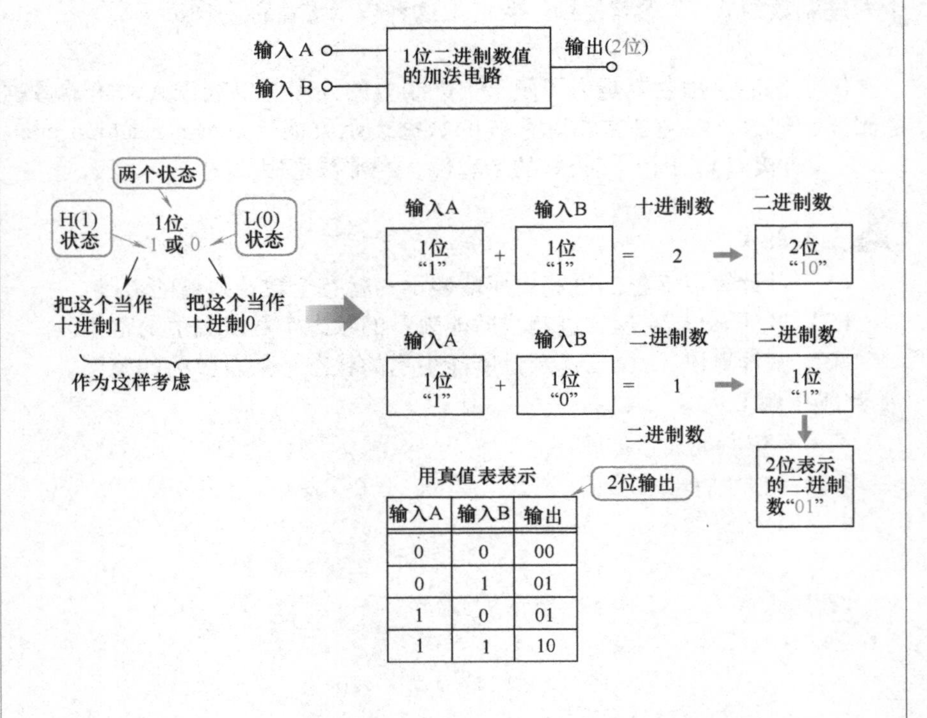

输入A	输入B	输出
0	0	00
0	1	01
1	0	01
1	1	10

通过进位实现多位二进制数的加法运算

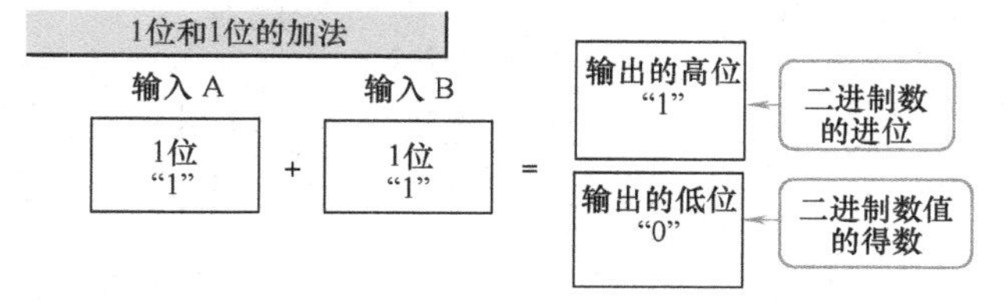

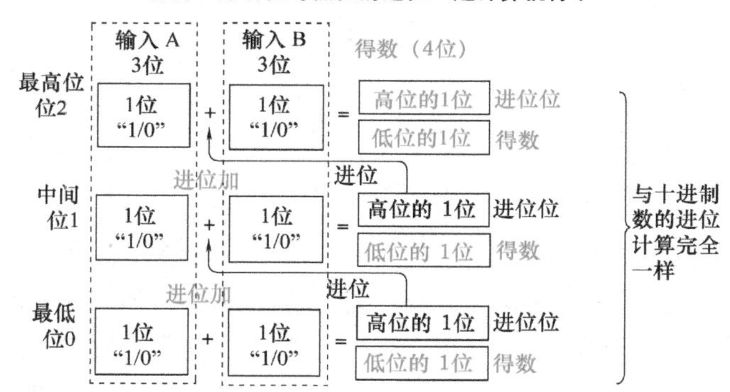

二进制数减法运算是加法运算的扩展

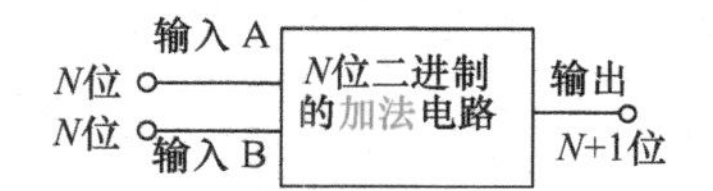

减法电路也基本是和加法电路一样

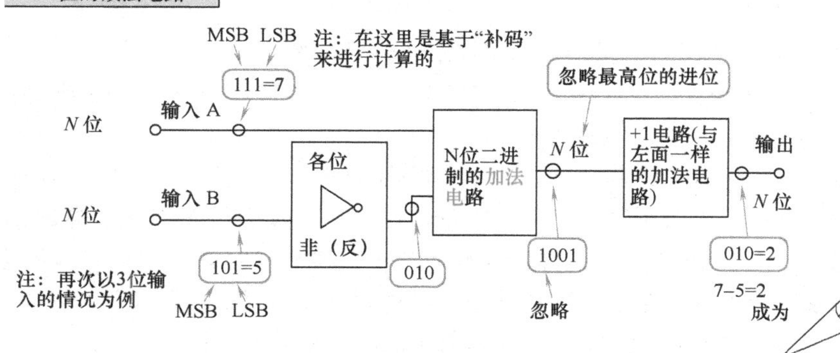

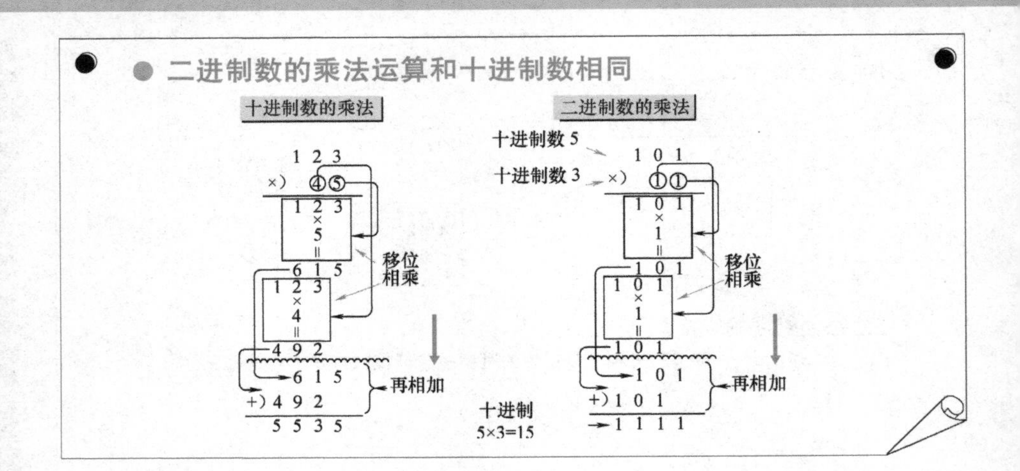

多位二进制数的加减乘除运算

多位二进制数也能够像十进制数那样进行加减乘除运算。

对于两个多位二进制数的运算，可以先将它们转换为十进制数，然后按十进制数的加减乘除运算进行计算，再将所得到的十进制的运算结果转换为二进制数。也可以对两个多位二进制数直接进行二进制数的加减乘除运算，也能得到相同的结果。

十进制数加减乘除的运算方法，也可以扩展到二进制数的计算，用于实现二进制数的加减乘除运算。

作为简单的例子，用真值表表达 1 位二进制数值的加法

第 44 课将对二进制加法电路进行详细介绍。

1 位能表示“1 与 0”两个状态。这里的“1”与“0”和十进制数的 1 和 0 所代表的意义是相同的。

两个 1 位二进制数相加，当两个加数都是 1 位的“1”时，加法运算的结果即为十进制数 2。但在二进制中就需要以 2 位来表示，亦即二进制的“10”。当两个加数分别是 1 位的“1”和 1 位的“0”时，加法运算的结果即为十进制数 1。在二进制中，可以用 1 位表示为“1”，也可以用 2 位表示为“01”。全部可能得运算结果可以采用真值表来表示。

通过进位实现多位二进制数的加法运算

1 位二进制数的加法运算“1”+“1”=“10”，得数的高位为 1，即为运算的进位。低位为 0，即为运算的得数。

对于多位二进制数的加法运算，如果各位的运算中也包含来自低位的进位位，则加法运算即能实现。这与十进制数的进位运算是完全一样的。

二进制数减法运算是加法运算的扩展

这个计算是以随后的第 40 课将要介绍的“二进制补码编码”表示为基础的。

减法的计算方法也同加法一样简单。只是要将作为减数的二进制数进行按位取反（非），再与作为被减数的二进制数做加法运算，再将所得的结果（忽略最高位的进位位）做加 1 运算，最终得到的得数即为减法运算的结果。

由此可以看到，如果有实现二进制数加法的数字电路，则二进制数的减法运算也能实现。

二进制数的乘法运算和十进制数相同

十进制数的乘法运算是通过乘数的每一位与被乘数相乘，然后再将所得结果进行移位相加而实现的。二进制数的乘法运算也是采用这种先乘然后再移位相加而实现的，只是这里均是以二进制数的位来进行的。

对于二进制数来说，如果有二进制数加法的数字电路，其乘法运算也能通过此电路实现。

二进制数的除法运算也和十进制数相同

二进制数的除法运算电路的实现可能要稍微复杂一些，不过其运算思路与十进制数的除法运算是一样的。只是要注意这里要进行运算的数值是二进制数。

另外，一般十进制数的除法运算，常常会计算到小数点以下。但是对于二进制数，除法运算所得的小数点以下的结果（因为没有小数以下的二进制位）只能省略掉。因此，二进制数除法运算结果会产生所谓的“进位遗漏”，由此所产生的计算误差也需要加以注意。

在反复进行除法运算时，就可能出现进位遗漏，因此计算误差也会不断地扩大。

第40课

采用二进制数的各种数值表示方法

● 首先需要确定采用的是哪种数值表示方法

● 二进制数的原码表示

以4位二进制数为例加以简单说明

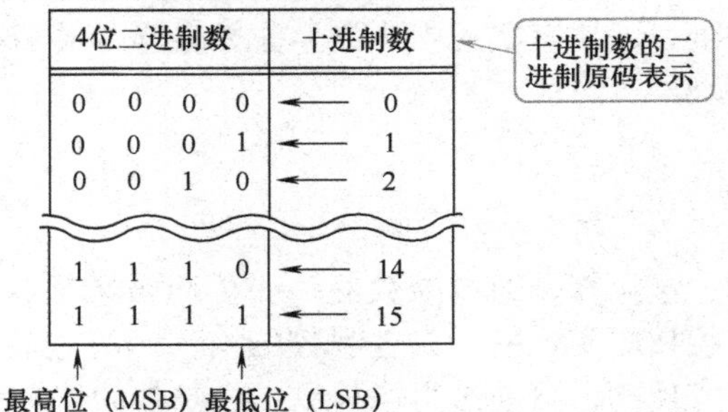

4位二进制数				十进制数
0	0	0	0	← 0
0	0	0	1	← 1
0	0	1	0	← 2
1	1	1	0	← 14
1	1	1	1	← 15

● 十进制数的BCD（Binary Coded Decimal）码表示

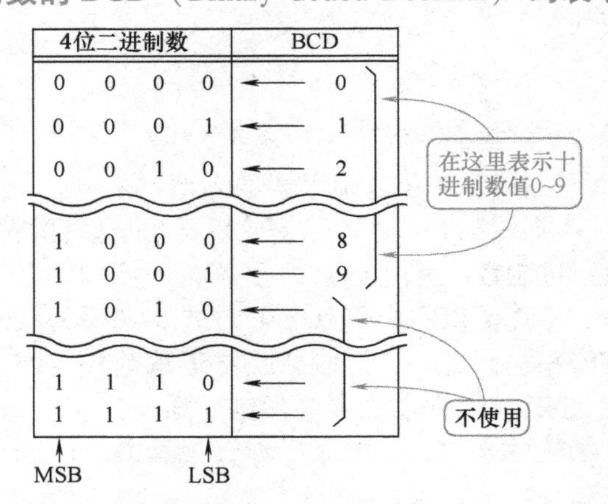

4位二进制数				BCD
0	0	0	0	← 0
0	0	0	1	← 1
0	0	1	0	← 2
1	0	0	0	← 8
1	0	0	1	← 9
1	0	1	0	←
1	1	1	0	←
1	1	1	1	←

现实世界需要负数的表示

这里 → 究竟采用的是这些表现方法中的哪一种？

4位二进制数（MSB…LSB）	原码表示的数值（不能表示负数）	偏移码表示的数值（0位置的改变）	二进制数的补码数值（通常采用的表示方法）	二进制数的反码数值（最高位为1时表示是负数，其他各位需要按位取反）	有符号位的原码表示的数值（最高位(MSB)为符号位，其他和原码一样）
0 0 0 0	0	−8	0	0	0
0 0 0 1	1	−7	1	1	1
0 0 1 0	2	−6	2	2	2
0 0 1 1	3	−5	3	3	3
0 1 0 0	4	−4	4	4	4
0 1 0 1	5	−3	5	5	5
0 1 1 0	6	−2	6	6	6
0 1 1 1	7	−1	7	7	7
1 0 0 0	8	0	−8	−7	−0
1 0 0 1	9	1	−7	−6	−1
1 0 1 0	10	2	−6	−5	−2
1 0 1 1	11	3	−5	−4	−3
1 1 0 0	12	4	−4	−3	−4
1 1 0 1	13	5	−3	−2	−5
1 1 1 0	14	6	−2	−1	−6
1 1 1 1	15	7	−1	−0	−7

为了表示负数 ➡

偏移码：−8～−1 负方向；0 位

补码：0～7 与原码表示相同，0 位；−8 负方向最大值；负方向增大；负方向；−1 0位的下一个数值

反码：0～7 与原码表示相同，0 位；−7 负方向最大值；负方向；−0 额外的负的0

原码（有符号位）：0～7 与原码表示相同，0 位；−0 额外的负的0；负方向；−7 负方向最大值

格雷码

十进制数	4位格雷码表示的二进制数	十进制数	4位格雷码表示的二进制数
0	0 0 0 0	8	1 1 0 0
1	0 0 0 1	9	1 1 0 1
2	0 0 1 1	10	1 1 1 1
3	0 0 1 0	11	1 1 1 0
4	0 1 1 0	12	1 0 1 0
5	0 1 1 1	13	1 0 1 1
6	0 1 0 1	14	1 0 0 1
7	0 1 0 0	15	1 0 0 0

注:表中左面是MSB，右面是LSB

相邻(大小变化为±1)的数的编码之间只有1位发生改变

首先需要确定采用的是哪种数值表示方法

对于二进制数值的表示，存在多种不同的表示方法。对于同一个数值，采用不同的表示方法，所得到的二进制数也是不同的。因此，在数值的提供方和数值的使用方（也可以说是发送方和接收方）之间，必须预先约定采用哪种表示方法来进行数的表示。

二进制数的原码表示

这里以简单的 4 位二进制数为例加以说明。第 38 课给出了多位二进制数所能表示的“数值”的范围。二进制数的原码表示就是这样考虑的，简单地以 0000 来表示数值 0，以 0001 来表示数值 1。1111 即为其所能表示的最大数值，即为十进制的 15。

十进制数的 BCD 码表示

第 38 课也介绍了，使用 4 位二进制数的一部分状态可以表示十进制数 0 ~ 9，其中的十六进制数的 A ~ F 在此忽略不用。这种数值表示方法即为 BCD（Binary Coded Decimal）码。

现实世界需要负数的表示

现实世界有大小为负的“负数”，但是此前所介绍的二进制原码以及 BCD 码是不能进行负数的表示的。

当今，我们也需要采用数字电路来描述现实世界中表示大小的数值，因此同样也需要进行负数的表示。通常有以下几种表示“负数”的方法。

在此，给出了 4 种表示负数的编码方法，并将其和二进制原码一起以表格的形式列出，以达到一目了然的效果。

二进制数的偏移码表示

这里以简单的 4 位（bit）二进制数偏移码为例，0000 ~ 0111 分别表示负方向的 8 数，正方向由 1000 ~ 1111 来表示，其中 1000 表示 0，1111 表示 7。同理，负方向的 0111 表示 -1，0000 表示 -8。

二进制数的补码

二进制的补码编码，就是对于两个符号相反、大小相同（绝对价值相同）的多位（bit）二进制数字（Word），其补码是互补的。如果将这两个数相加的话，所得结果字（Word）的最高位（MSB）上将有进位产生，而其余的位将均为 0。这就是补码表示方法。

这里同样以简单的 4 位二进制数为例，0000 ~ 0111 表示正方向的 8 个数值，与二进制的原码表示相同，其中 0000 表示数值 0，0111 表示数值 7。负方向的 1111 表示数值 -1，1000 表示数值 -8。

由于采用了二进制数的补码编码表示，对于那些符号相反的负数的运算，也可以直接采用前面第 39 课所介绍的运算方法进行计算，使得二进制数的运算变得非常方便，因此在实际的二进制数的运算中多采用补码进行编码。

二进制数的反码

二进制数的反码表示时，将对二进制的负数的各位进行按位取反。

这里同样以简单的 4 位二进制数为例，0000 ~ 0111 表示正方向的 8 个数值，与二进制的原码表示相同。负方向二进制数的各位均按位取反，因此出现了额外的“负零（-0）”。反码表示的二进制数中，1111 即为 -0，1000 即为 -7。

有符号位的原码表示

有符号位的原码表示就是采用最高位（MSB）来表示二进制数的符号。这里同样以简单的 4 位二进制数为例，0000 ~ 0111 表示正方向的 8 个数值，与二进制的原码表示相同。负方向的 1000 即为 -0，1111 为 -7。

相邻的数之间只有 1bit 变化的格雷码

格雷码就是所说的“相邻（大小变化为 ±1）的数的编码字（Word）之间只有 1 位发生改变”一种特殊的编码体制。例如，对于二进制原码表示的 0111 与 1000，其编码的 4 均发生了改变，但采用格雷码表示时，情况就完全不同，编码之间同样也只有一位发生改变。

对于数字电路 IC 来说，当其数字位发生改变（切换）时，电路会有开关噪声产生。这种在相邻（大小变化为 ±1）的数的编码字（Word）之间只有 1 位发生改变的格雷码表示，与二进制原码表示相比，具有减少电路开关噪声的特点。

第41课
字（Word）与位（bit）的相互转换及“编码器与解码器”

● 编码器是按照规定条件进行“编码”的功能

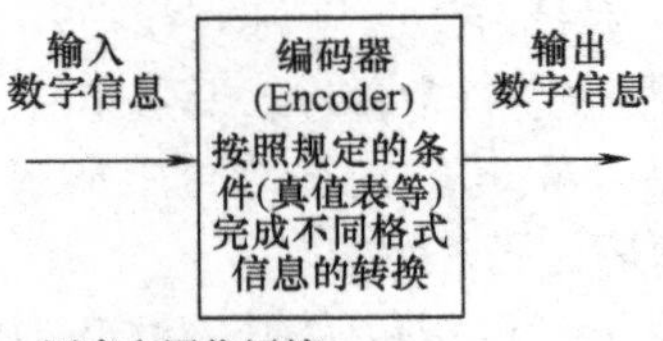

- 语音和图像压缩
- 文信息的转换
- 信息加密等

} 编码器的高级功能

● 编码器将位（bit）状态转换为字（Word）输出

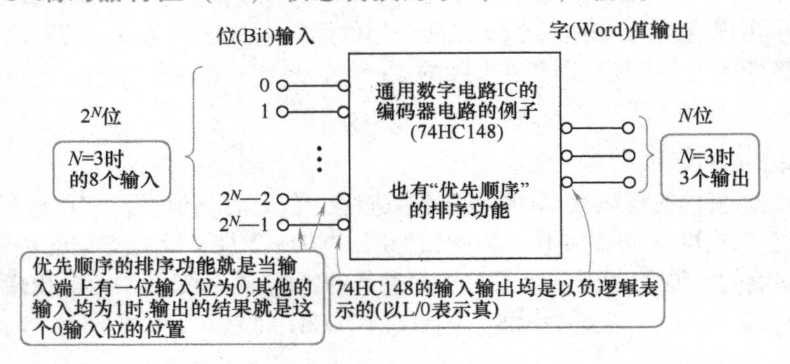

● 解码器将字（Word）转换为单个的位（bit）输出

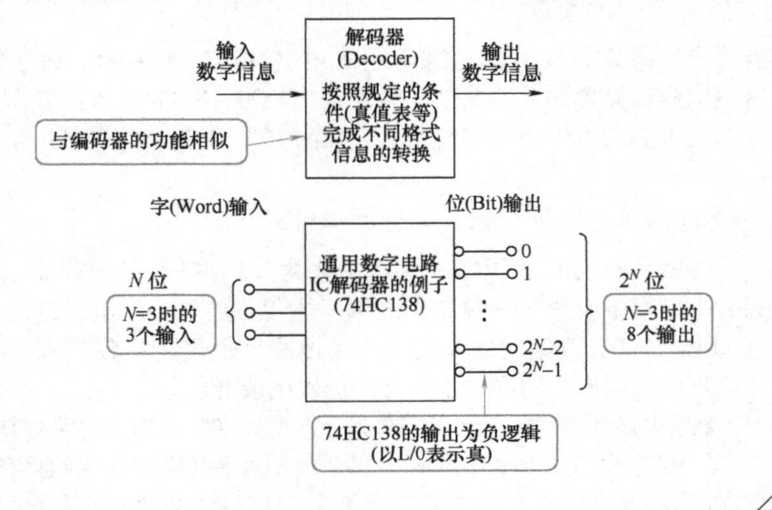

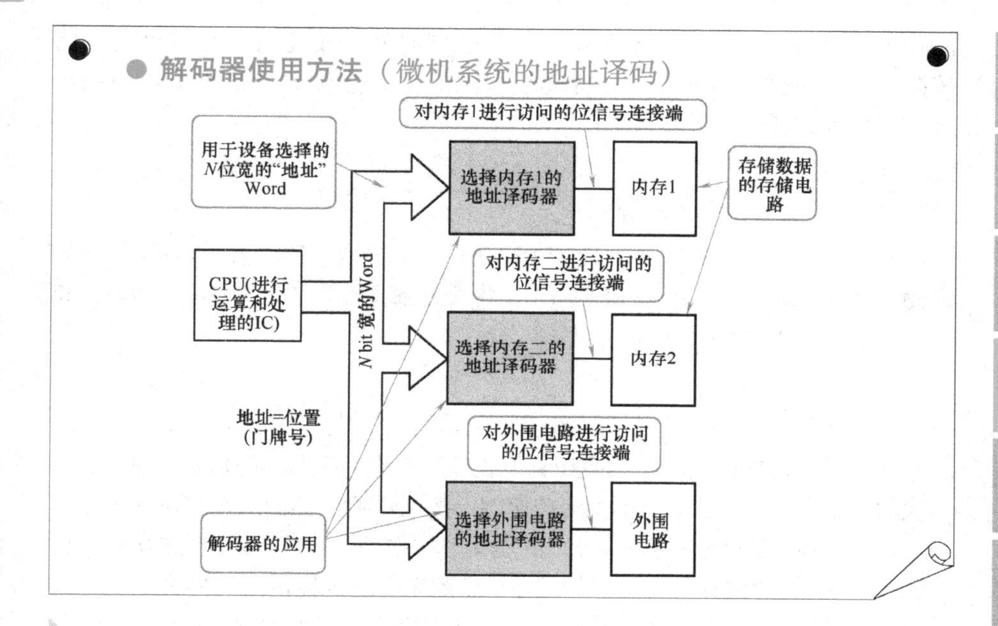

编码器是按照规定条件进行“编码”的功能

编码器（Encoder）是按照规定的条件（真值表等）对数字电路不同格式的信息进行转换的电路。编码器（Encoder）的英文单词中的“En”为“符号…化”，“Code”即为码（符号）的意思。合起来，编码器（Encoder）的意思即为“使…符号化”，或编码的意思。明白了这个意思，也就明白了它的作用。

近来，语音和图像压缩、文信息的转换以及信息加密等是编码器的一些高级功能。

编码器将位（bit）状态转换为字（Word）输出的例子

通用数字电路 IC 的编码电路，能够将 2^Nbit 输入的分离的状态，转换为 N 位的“字（Word）”为单位的字（值）。这一功能也称为优先级编码器（如 74HC148 等）。

“优先顺序”的排序功能就是当输入端上有一位输入位为 0，其他的输入均为 1 时，输出的结果就是这个 0 输入位的位置。

优先级编码器的使用方法

通过优先级编码器，能够检测出输入信号的位变化，并在编码器电路的输出上进行呈现。当有多个输入信号位同时发生变化时，编码器电路将按照预先规定优先级顺序，将优先级最高的输入信号的位变化呈现在编码器电路的输出上。

实际的优先级编码器 IC

74HC 系列数字电路中，有能将 10 位（bit）的输入信号转换为 BCD 码输出的 74HC147（10～4 系列 BCD 优先级编码器）。另外还有 74HC148（8～3 系列八进制的优先级编码器）等。

解码器将字（Word）转换为单个的位（bit）输出

解码器也是按照规定的条件（真值表等）对数字电路不同格式的信息进行转换的电路。解码器的功能即为将按照规定的条件检出的信息在多位输出的电路上进行呈现。解码器（Decoder）的英文单词中的“De”为（反或恢复）的意思，“Code”即为码（符号）的意思。合起来，解码器的意思即为“去…符号化”，或解码的意思。明白了这个意思，也就明白了它的作用。

通用数字电路 IC 的解码器电路，通常是将 N 位的字（word）转换为 2^N 个分离的位信号进行输出。也有只输出 2^N 个分离的位信号中的部分电路。

解码器的使用方法“地址译码”

微机系统等，其 CPU（进行运算和处理的 IC），通常是从被称为“地址总线”的地址线上发出 N 位宽的字（Word）地址值，并通过地址译码选择出将要访问的内存（存储数据的电路）和外围电路等设备。这个将要访问的电路（IC）的指示就是通过地址（如同位置的门牌号）的译码来实现的。

当地址总线给出了某一特定的内存或外围电路的地址时，在内存或外围电路侧则需要有相应的电路来实现这一特定地址值（N 位的 Word 值）的检出（亦即为译码）。这种特定地址的检出功能通常使用解码电路来实现，这种解码电路也被称为“地址译码”电路。

实际的解码器芯片

74HC 系列数字电路 IC 的译码器电路有 74HC154（4～16 系列解码器）、74HC138（3～8 系列解码器）和 74HC139（二元 2～4 系列解码器）等。

例题 1

右图的真值表给出了一个3位输入、2位输出的编码电路的逻辑功能，试给出电路的实现方案。这个电路没有优先级功能。

真值表

输入			输出	
A	B	C	Y2	Y1
0	0	0	0	0
1	0	0	0	1
0	1	0	1	0
0	0	1	1	1
2位以上1			0	0

【例题 1 解】

如图所示逻辑图为所给出的电路原理图。但是，如果采用逻辑化简，可能会使得电路更加简化。

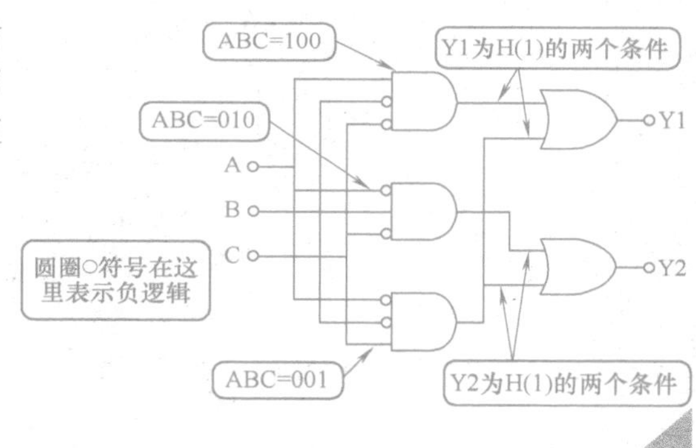

例题 2

4位的"0001" 输入时，输出X为H（1）。输入为"1011" 时，输出Y是H（1）。试制作一个2位输出的电路实现该功能。

【例题 2 解】

在此，以ABCD = "0001"与ABCD = "1011"来进行考虑。如果采用逻辑条件为1为正逻辑、0为负逻辑的电路来对各个逻辑输入位进行判断，则可采用4输入的逻辑与（AND）电路来分别实现X、Y的输出。电路如图所示。

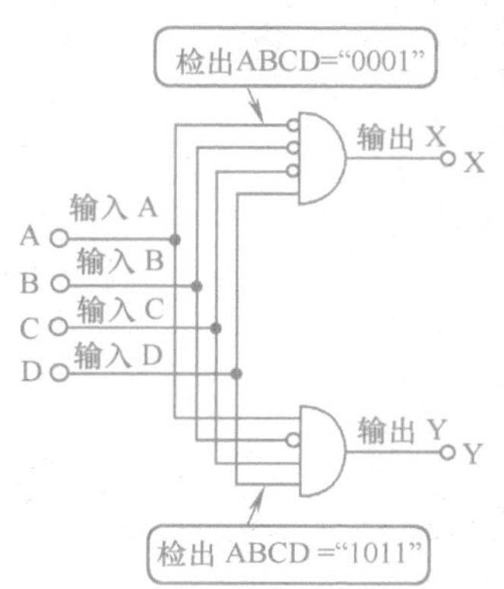

该电路是解码器电路的一部分，电路有两个输出。如果要全部检测出4个分离输入的位状态（0000到1111），就需要16个这种并行输入的电路，从而实现一个4输入16输出的解码器电路。

实现多路信号传输的“多路信号选择器与多路信号分配器”

● 多路信号选择器在多个输入中选择一个，作为输出

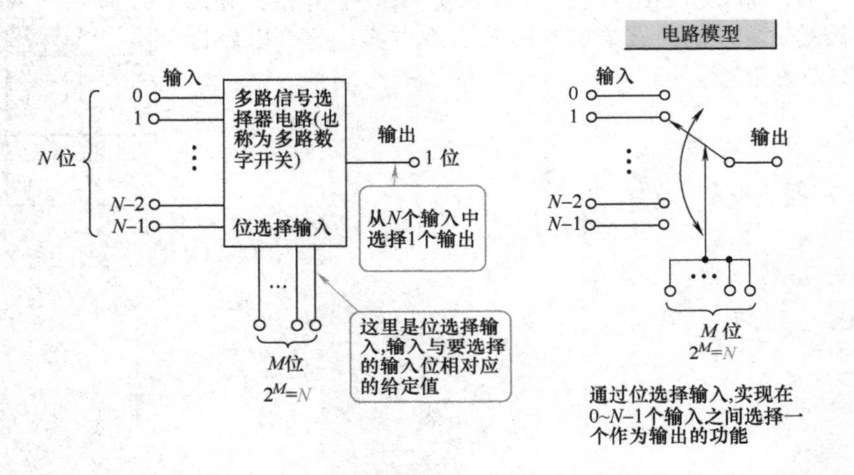

● 从两个输入中选择一个作为输出的简单多路信号选择器电路

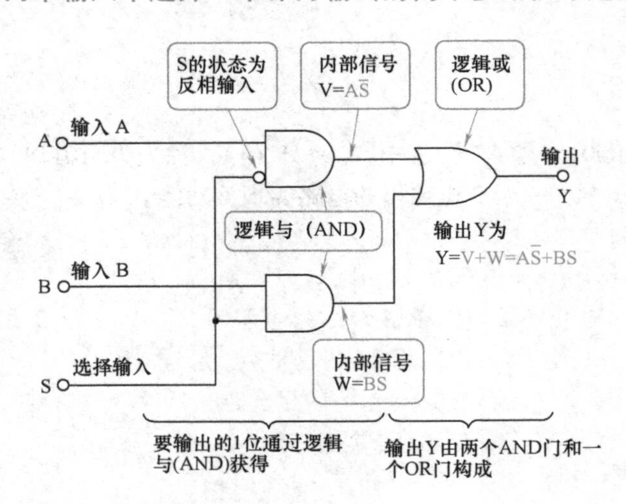

注：多路信号选择器也被称为数据选择器。在后续第47课中将要介绍“同步电路”中也具有重要的信号分离作用

● 多路信号分配器在多个输出中选择一个，作为输入信号的输出

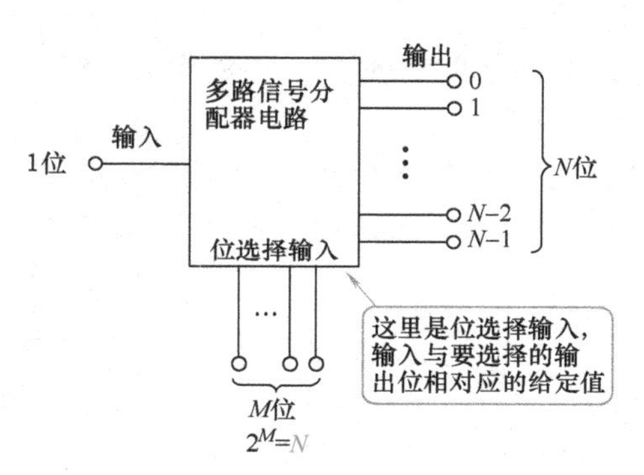

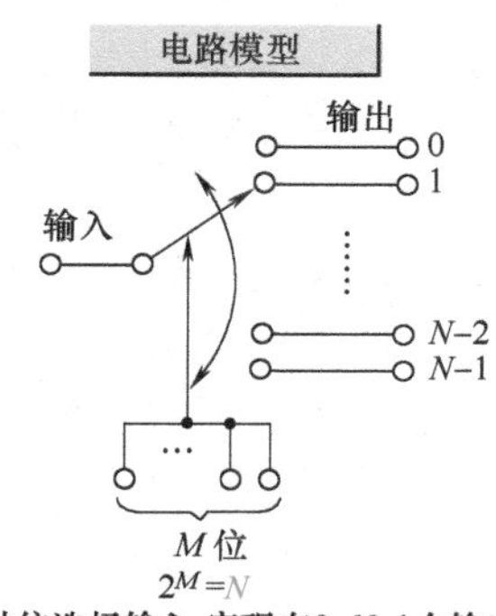

● 简单的两个输出的多路信号分配器电路

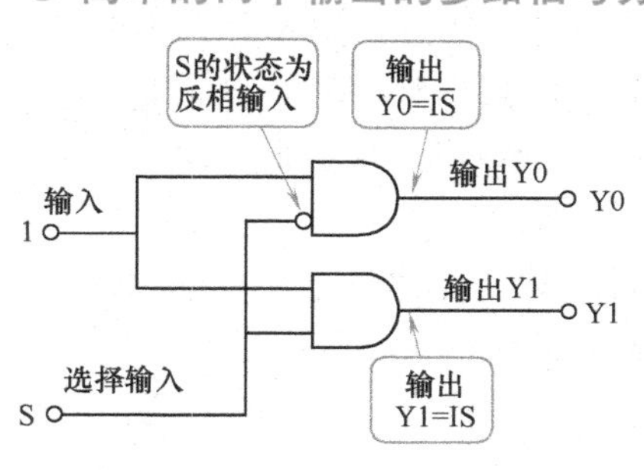

多路信号选择器在多个输入中选择一个，作为输出

多路选择器即英文中的 Multiplex（多通道），是从多个输入的位中选择 1 位，并在输出端将其输出的逻辑电路。从其数据选择的功能来说，也可将其称为数据“选择器”。

使用位选择输入端来进行输入位的选择

在多个（N）个输入位中选择哪 1 位（bit）来作为电路的输出呢？这个数据选择功能是通过电路的 M 位的“位选择输入”来进行设定的。通过位选择输入，实现在 0 ~ $N-1$ 个输入之间选择一个作为电路输出的功能。

从两个输入中选择一个作为输出的简单多路信号选择器电路

简单的多路信号选择器电路具有（A、B）两个数据输入端，一个数据输出端（Y）及一个选择输入端（S）。

在选择输入端 S 为低电平 L（0）有效的情况下，其内部信号 V 为

$$V = A\overline{S}$$

亦即输入数据信号 A 与反相的选择信号 S 的逻辑与（AND）。因此，当选择信号 S 的状态为低电平的 L（0）时，通过内部信号 V 就能在输出端得到输入数据 A 的逻辑状态。

输出 Y 由两个 AND 门和一个 OR 门构成

当选择输入端 S 为高电平 H（1）的情况下，内部信号 W 为

$$W = BS$$

亦即输入数据信号 B 与选择信号 S 的逻辑与（AND）。因此，当选择信号 S 的状态为高电平的 H（1）时，通过内部信号 W 就能在输出端得到输入数据 B 的逻辑状态。选择器输出 Y 的逻辑表达式为

$$Y = V + W = A\overline{S} + BS$$

因此，多路选择器的输出 Y 为两个内部信号 V、W 的逻辑或（OR）。三个输入以上的数据选择器电路的思路也和该电路一样。

多路信号分配器在多个输出中选择一个，作为输入信号的输出

多路信号分配器的功能与多路选择器相反。多路信号分配器电路实现的功能是，通过“位选择输入 S”在多个输出端中指定一个输出端，并将输入位（bit）的逻辑状态在该终端上输出。

简单的两个输出的多路信号分配器电路

两个输出的多路信号分配器电路具有一个输入端 I、一个选择输入端 S 和两个输出端 Y0、Y1。当选择输入端 S = L（0）时，输出 Y0 为

$$Y0 = I\overline{S}$$

因此，输入信号 I 在 Y0 上输出。当选择输入端 S = H（1）时，输出 Y1 为

$$Y1 = IS$$

因此，输入信号 I 在 Y1 上输出。

实际的多路信号选择器 IC 与多路信号分配器 IC

实际的多路信号选择器 IC 电路有，74HC251（8 输入 TRI-STATE 多路信号选择器）、74HC253（两个 4 输入 TRI-STATE 多路信号选择器）、74HC257（四个 2 输入 TRI-STATE 多路信号选择器）等。

实际的多路信号分配器 IC 电路有，74HC154（4 ~ 16Line Decoder/信号分配器）、74HC155（两个 2 ~ 4 线性解码器/信号分配器）等。

例题 1

试设计一个有 4 个输入一个输出的多路信号选择器电路。选择输入是 2 位。

【例题 1 解】

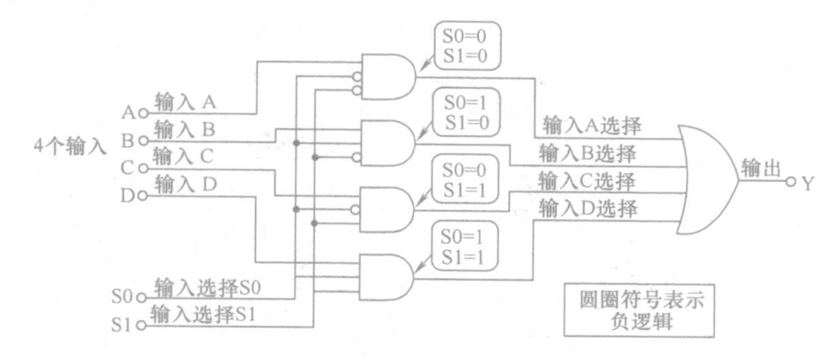

例题 2

试设计一个有 1 个输入 4 个输出的多路信号分配器电路。选择输入是 2 位。

【例题 2 解】

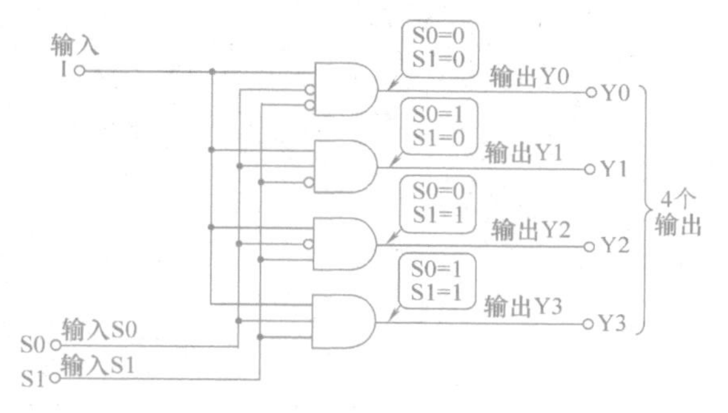

判定二进制数大小的“同比较器与大小比较器”

● 简单的1位同比较器的例子

同比较器有输出H（1）的正逻辑和L（0）的负逻辑两种情况

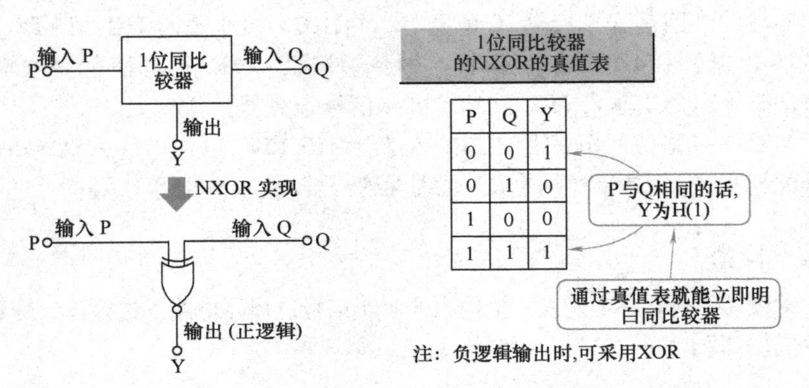

P	Q	Y
0	0	1
0	1	0
1	0	0
1	1	1

注：负逻辑输出时,可采用XOR

● 多位输入的判断，可通过各位比较的结果实现AND

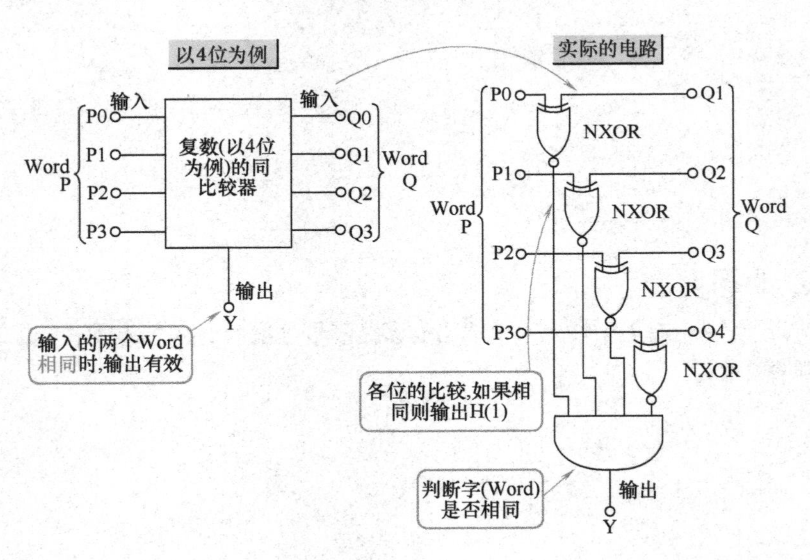

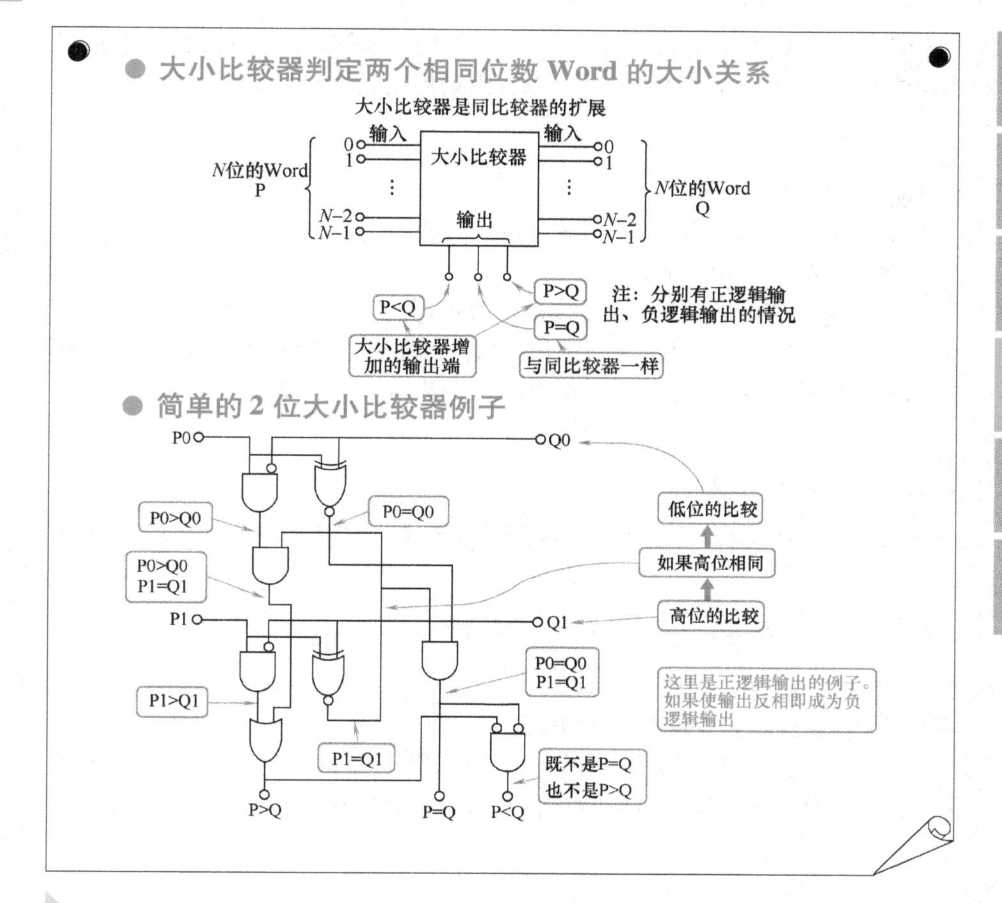

同比较器输出两个 Word 的相同状态

同比较器是比较两个位（bit）数相同的 Word（多位）是否相等的电路。

两个 Word 相同时，同比较器的输出“相同”信号有效。相等电路的逻辑条件判断也是通过数字电路来实现的，根据所使用的数字 IC 的不同，电路输出的相同信号可以是正逻辑输出的 H（1），也可以是负逻辑输出的 L（0）。

简单的 1 位同比较器的例子

最简单的同比较器是 1 位的相同判断。通常可以采用一个 NXOR 门

（正逻辑输出相同状态）或者一个 XOR 门（**负逻辑输出相同状态**）**来实现 1 位的相同判断。通过真值表即可以立即理解电路的功能。**

多位输入相同的判断，可通过各位比较的结果实现 AND

对于多位（bit）输入的 Word 相同的判断，也可以通过简单的 1 位同比较器思路的扩展加以实现。

当采用的 NXOR 门对多位输入的各位进行比较时，如果相应的位是相同的，则为比较输出即为 H（1）。因此，要想判断多位输入所组成的 Word 是否相同，只需要将各个位比较的 NXOR 门输出 AND 在一起（相同）就行了。

实际的同比较器 IC

实际的同比较器 IC 有 74HC 系列数字电路 IC 的 74HC688（8 位同比较器）。

大小比较器判定两个相同位数 Word 的大小关系

大小比较器是同比较器的扩展，是一种不仅能够判断是否相同，还能够判断哪边输入的 Word 更大的电路。

当大小比较器有两个位数相同的 Word P、，Q 输入时，电路有 P = Q、P > Q、P < Q 3 个输出，分别给出输入 Word 的大小关系。电路的输出有正逻辑输出，也有负逻辑输出。

简单的 2 位比较电路例子

对于两个 2 位的 Word，要判断两者的大小关系，可以从 Word 的高位（MSB）开始，依次比较各位的大小关系。

如果高位的位比较结果为不相等，就可以根据各输入位的值直接输出电路的比较结果 P > Q、P < Q。如果高位（bit）的位比较结果相同，只需要按照相同的方法，接着进行下一位的比较就可以了。

实际的大小比较器 IC

实际的大小比较器 IC 有 74HC 系列数字电路 IC 的 74HC85（4 位同比较器）。

同比较器在可变地址译码器中的应用

像第 41 课所介绍的那样，微机系统一般是将内存和外围电路等设备分别分配不同的地址“位置（门牌号）”范围，以便与 CPU 的访问。为了判断 CPU 所给出的某个特定的地址（*N* 位（bit）的 Word）究竟是属于哪个设备的地址范围，就需要采用译码器来加以判定。

如果要使译码器给出的地址不是一个固定的，而是一个可以随意设定的可变地址的话，即可以采用同比较器来作为译码器，以判断 CPU 所给出的地址是否与所设定的地址相同，从而判断 CPU 所要访问的设备是内存还是外围电路。

例题 1

有两个 Word，需要判断其中的哪一个与给定的 Word 相同。试给出两个输出的 Word 与给定的 Word 相同状态的电路。

【例题 1 解】

在这里只给出了其中 1 位的判断电路。其中 P 为给定的 Word，Q、R 为需要比较的两个 Word。

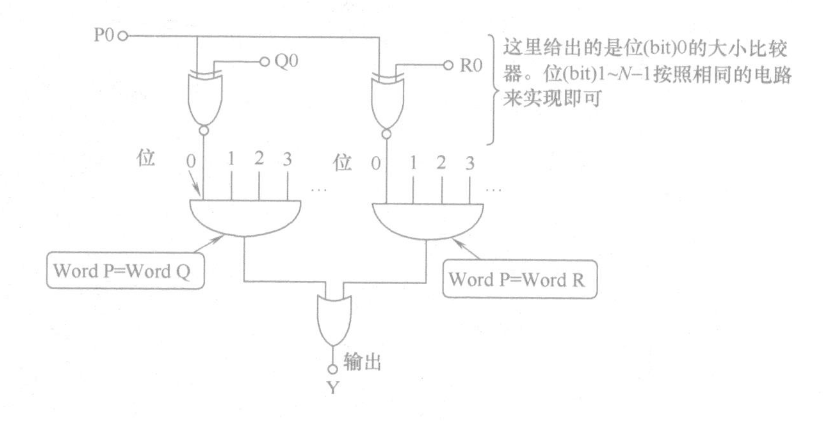

第44课

实现二进制数运算的“半加器与全加器”

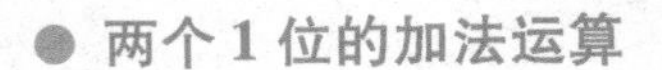

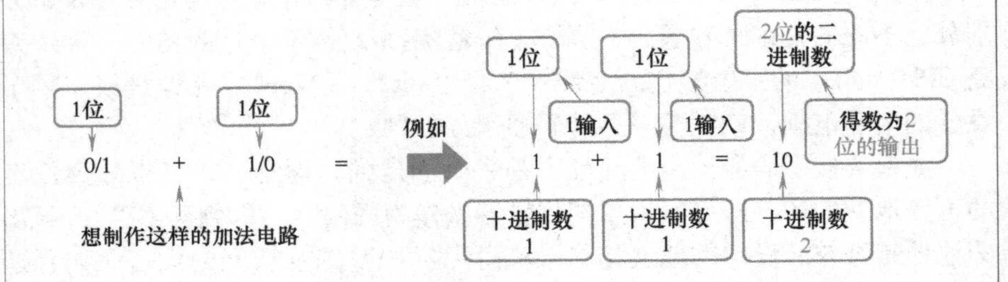

● 低位是输入的 XOR，高位为输入的 AND

试着用真值表来表达上述加法运算

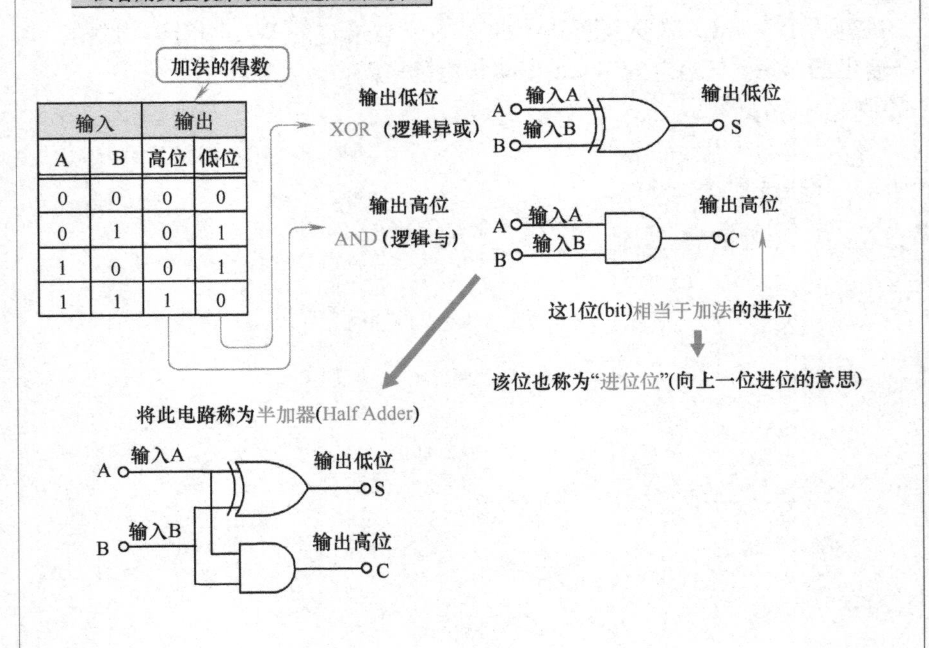

输入		输出	
A	B	高位	低位
0	0	0	0
0	1	0	1
1	0	0	1
1	1	1	0

● 半加器没有与来自低位的进位相对应的输入

实际的计算不是 1 位的加法，而是二个 Word（多位）的加法

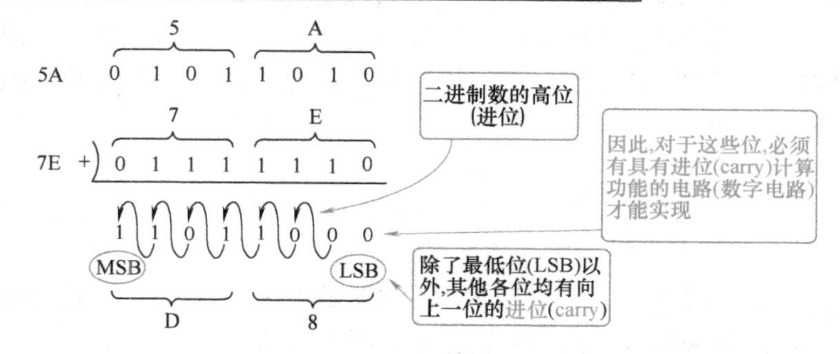

半加器

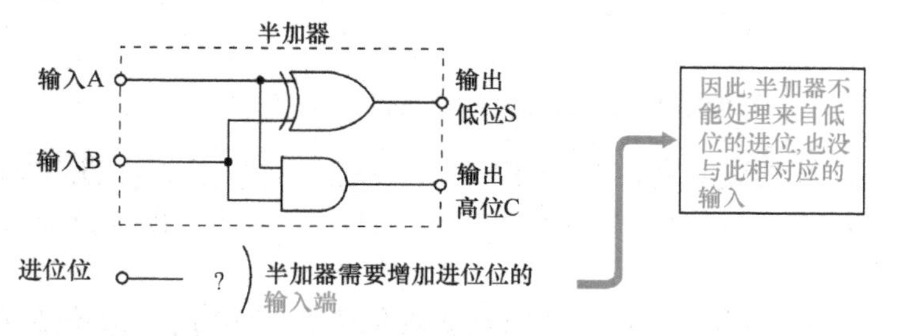

● 由两个半加器构成的全加器

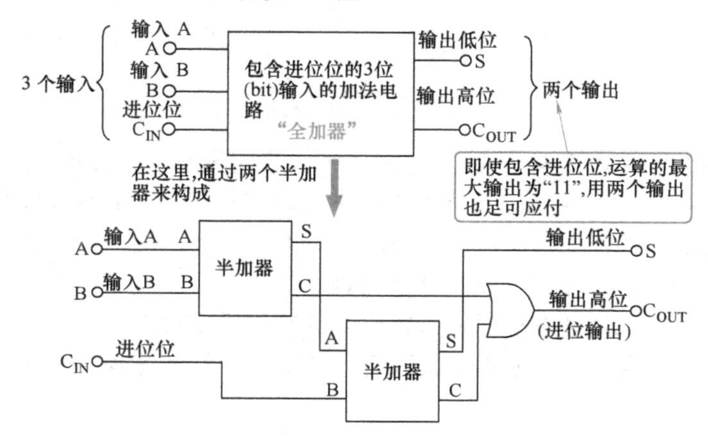

两个 1 位的加法运算电路

通过数字电路能够实现两个 1 位的加法运算。两个 1 位加法运算电路中有两个 1 位输入端，“1” + “1” 运算的得数是 2 位的二进制数值，即为二进制表示的“10”。因此，加法运算的得数是由 2 位组成的，也就是电路的两个输出。

低位可采用输入的 XOR 来实现

真值表能够清楚地表明这两个 1 位加法运算的逻辑状态。但需要采用 2 位的二进制数来表示，其中的低位可采用输入的 XOR（逻辑异或）门来实现（从真值表可以看出）。

高位也称为进位，可采用输入的 AND 门来实现

加法运算得数的高位相当于“向上一位的进位”，在此我们称之为进位位。进位位可采用输入的 AND（逻辑与）门来实现（从真值表可以看出）。

在这里，实现高位的 AND 门与实现低位的 XOR 门一起构成了一个半加器电路。

半加器没有与来自低位的进位相对应的输入

实际的加法运算电路通常不只是两个 1 位的相加，而是两个 Word（多位二进制数值）的相加。在这种情况下，除了最低位（LSB）以外，其他各位均可能有向上一位的进位。因此，对于这些进位位，必须有具有进位计算功能的电路（数字电路）才能实现。

半加器不能处理来自低位的进位，也没与此相对应的输入。由于这样的半加器电路存在着功能不足的缺陷，实际的数字 IC 电路中也不存在半加器电路的 IC。

由两个半加器构成的全加器

两个独立的 1 位输入加上一个进位位输入，就构成了共计 3 个位输入的加法电路，我们称之为全加器（Full Adder）。一个全加器电路可由两个半加器电路来构成。

即使包含进位位，全加器运算的最大输出为二进制数值“11”，用两个 2 位输出也足以应对。

实际的加法器 IC

74HC 系列数字电路 IC 中，有 74HC283（4 位二进制全加器与快速进位），74HC83（其功能与 74HC283 相同，但是已经停止生产了）。

例题 1

试采用逻辑门实现两个 2 位的加法电路。

【例题 1 解】

如图所示，两个 2 位的加法电路可由 1 个半加器和 1 个全加器电路来实现。

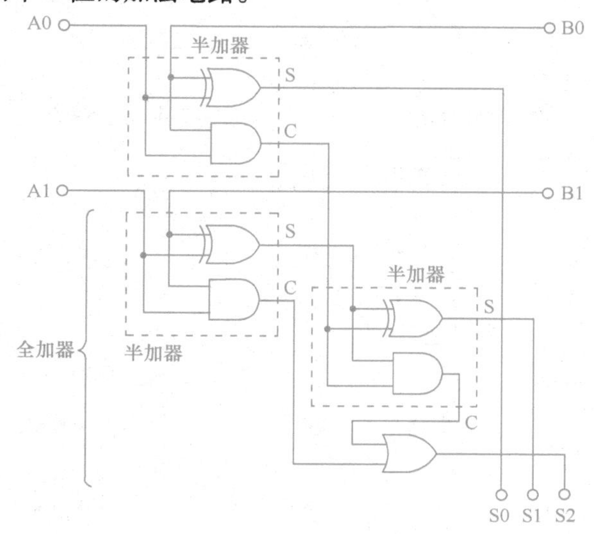

触发器的原理及RS、T、JK触发器

●“保持数据”的触发器（Flip Flop）的概念

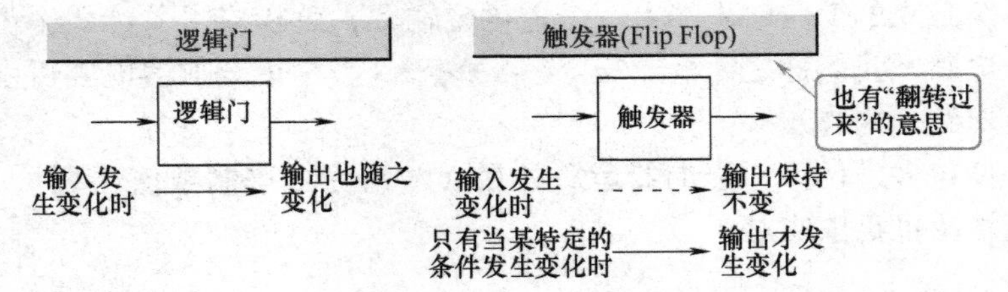

●RS（Reset-Set，复位-置位）触发器的基本功能

重要提示：此后将以F/F代表触发器（Flip Flop）

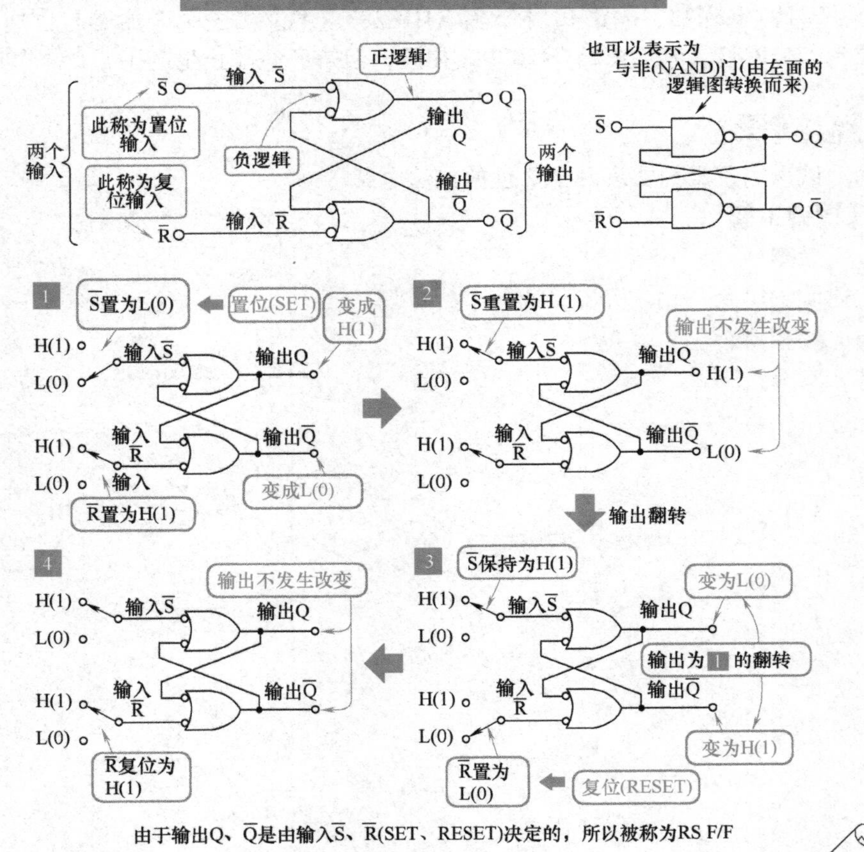

由于输出Q、Q̄是由输入S̄、R̄(SET、RESET)决定的，所以被称为RS F/F

TF/F 的基本功能

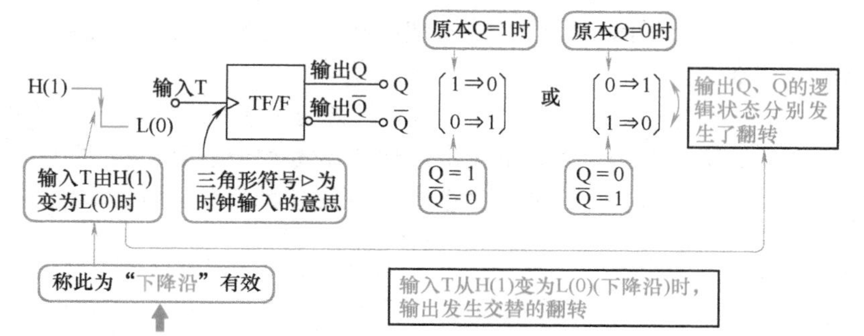

输入T从L(0)变化为H(1)(上升沿)时，输出Q、Q̄发生变化的电路也能实现

JK F/F 的基本功能

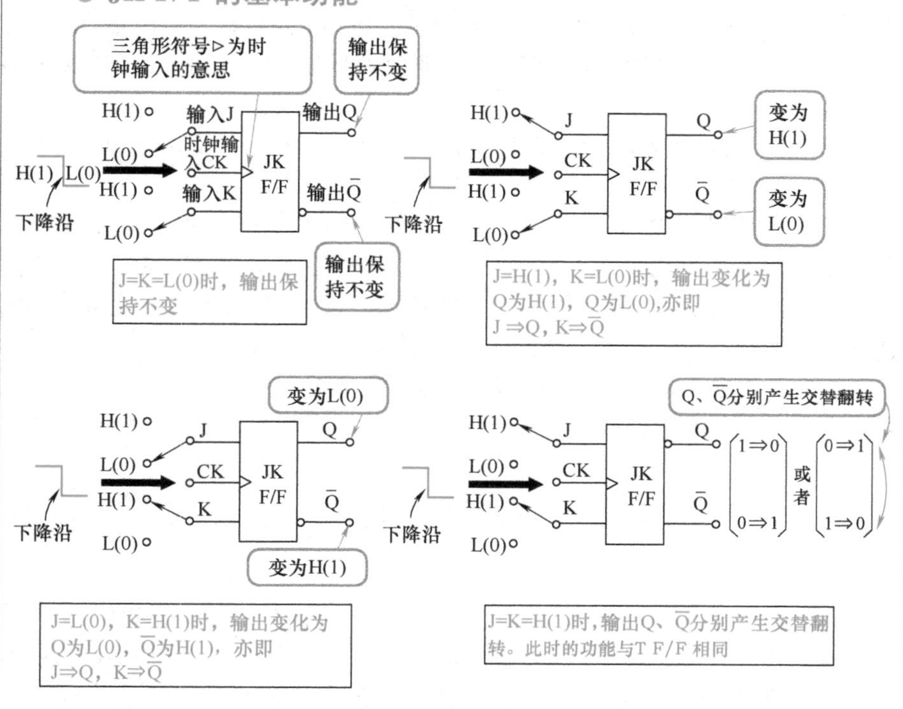

“保持数据”的触发器的概念

此前所介绍的逻辑门，当其输入端的状态发生变化时，其输出端的状态也将随之改变。

触发器（Flip Flop，本为“翻转过来”的意思）是一种与逻辑门的功能有所不同的逻辑电路。当触发器电路输入端的逻辑状态发生变化时，其输出能够像“数据保持”一样不发生改变，因此具有存储电路的性质。

在随后的章节中，将以“F/F”来代表触发器（Flip Flop）。

RS F/F 的基本功能

RS（Reset-Set，复位-置位）F/F，是有两个输入两个输出的逻辑电路。在前面所示的图示例电路中，触发器的输入采用的是负逻辑，输出是正逻辑的，由或（OR）门实现。当其输入$\overline{R}$是高电平 H（1）、输入$\overline{S}$是低电平 L（0）时，触发器的正向输出 Q 即变为高电平 H（1），反向输出$\overline{Q}$即变为低电平 L（0）。

当输入$\overline{S}$被重置为高电平的 H（1）时，触发器的输出 Q 与$\overline{Q}$的状态保持不变。

当输入$\overline{S}$仍是高电平 H（1）、输入$\overline{R}$是低电平 L（0）时，触发器的正向输出 Q 即变为低电平 L（0），反向输出$\overline{Q}$即变为高电平 H（1）。

同样地，当输入$\overline{R}$被重置为高电平 H（1）时，触发器的输出 Q 与$\overline{Q}$的状态保持不变。

总之，该触发器电路是通过两个输入端中的一个成为低电平 L（0），对输出 Q、$\overline{Q}$的状态进行置位和复位操作的。所以将该触发器称作“RS（Reset-Set）“F/F”。

T F/F 的基本功能

T（Toggle“切换”的意思）F/F 的功能比较简单。当触发器的输入端 T 从高电平 H（1）变为低电平 L（0）（下降沿）时，输出 Q 与$\overline{Q}$的逻辑状态各自发生翻转（1⇒0，0⇒1）。当只考虑电路的正向输出端 Q 时，电路的输出状态是交替翻转的，所以也称该电路为切换（Toggle）F/F。

当输入端 T 从低电平 L（0）变化到高电平 H（1）（上升沿）时，输出 Q 与$\overline{Q}$的逻辑状态发生翻转的电路也能实现。

JK F/F 的基本功能

JK F/F 是一种功能最强的触发器电路。对于输入端 J、K 的每一种不同的状态（一共有 4 种状态组合），时钟信号输入端 CK 发生下降沿的跳变时，触发器的输出端 Q、$\overline{Q}$均表现出不同的变化情况（通常，时钟信号输入端 CK 发生下降沿的跳变时，触发器的输出端 Q、$\overline{Q}$发生交替翻转情况较多，如随后示出的 74HC73 等）。

JK F/F 多用于计算机的外围电路中，可以实现一些较为复杂的电路功能。

JK F/F 名字的由来有很多种说法，不过认为 JK 是取自触发器电路的设计者 Jack Kilby 的名字首字母比较正确。

实际的 F/F IC

74HC 系列集成电路 IC 中，JK F/F 的电路有 74HC73（具有复位的双 JK 触发器；负边沿触发）。RS F/F 电路可由两个与非（NAND）门电路 IC（74HC00）来实现。74HC 系列没有 T F/F 电路。

JK F/F 也可以变成 T F/F

当 JK F/F 的输入端 J、K 的输入状态均为高电平 H（1）时，JK F/F 所实现的逻辑功能与 T F/F 一样。

例题 1

当 RS F/F 的两个输入端$\overline{S}$、$\overline{R}$均为低电平 L（0）时，试分析电路的输出状态。

【例题 1 解】

RS F/F 电路是不允许有这种输入状态的。当 RS F/F 的两个输入端$\overline{S}$、$\overline{R}$均为低电平 L（0）时，触发器输出 Q 或$\overline{Q}$的状态究竟是低电平 L（0）还是高电平 H（1）呢？此时电路的输出状态是随机的（变得不确定）。

因此，在实际电路的应用中，均避免将 RS F/F 的两个输入端$\overline{S}$、$\overline{R}$设计成同时为低电平 L（0）的情况。

第46课

实际应用最多的D触发器

● D（数据）触发器的基本功能

重要提示：以F/F代表Flip Flop（触发器）

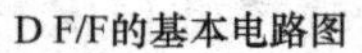

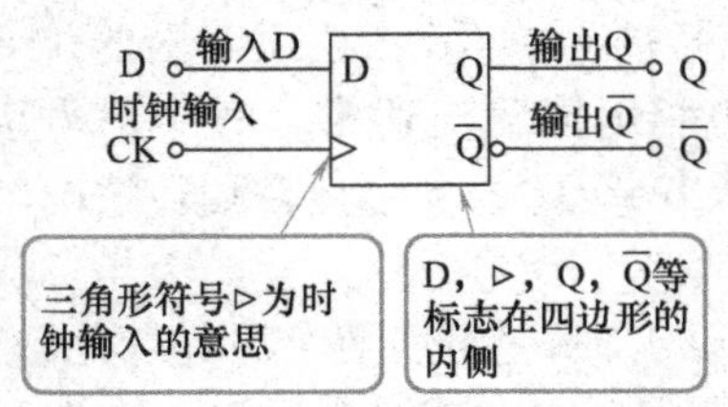

- 现代大规模数字电路设计采用的触发器主要是D F/F
- 此前介绍的RS F/F、T F/F、JK F /F较少采用
- 在此主要介绍其基本功能，对于基本功能的理解也不必知道其内部结构
- 只要记住“在输入时钟信号的上升沿，将输入端D的状态输出到输出端Q”就足够了

● D F/F由两个串联的RS F/F构成

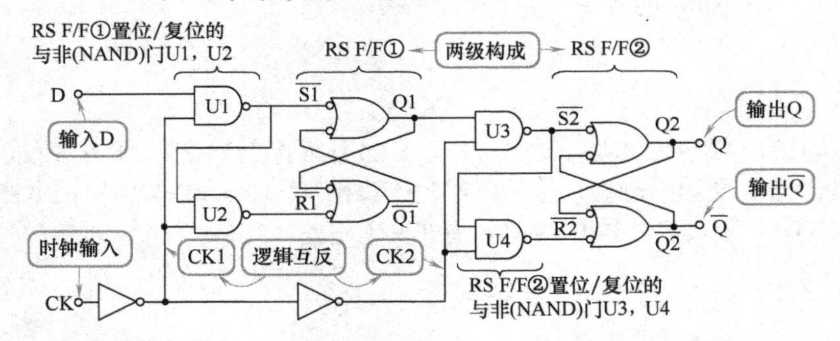

● 单侧交替动作①（输入CK为L（0）时的RS F/F①动作）

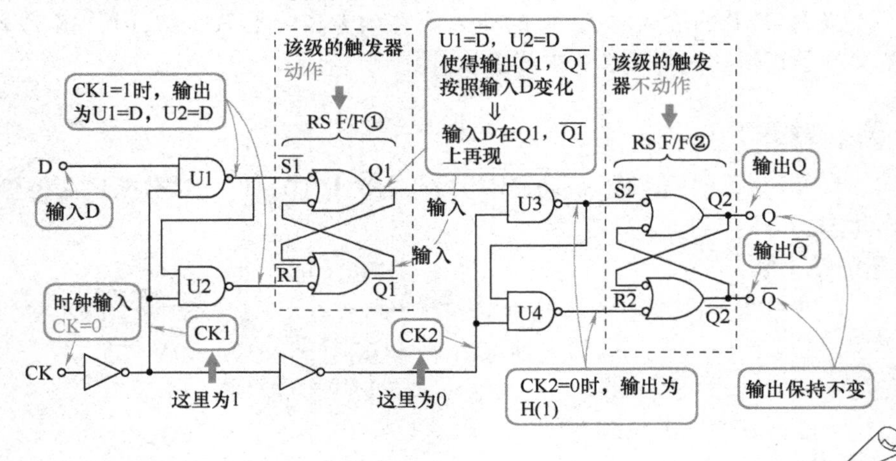

● 单侧交替动作②（输入 CK 为 H（1）时的 RS F/F②动作）

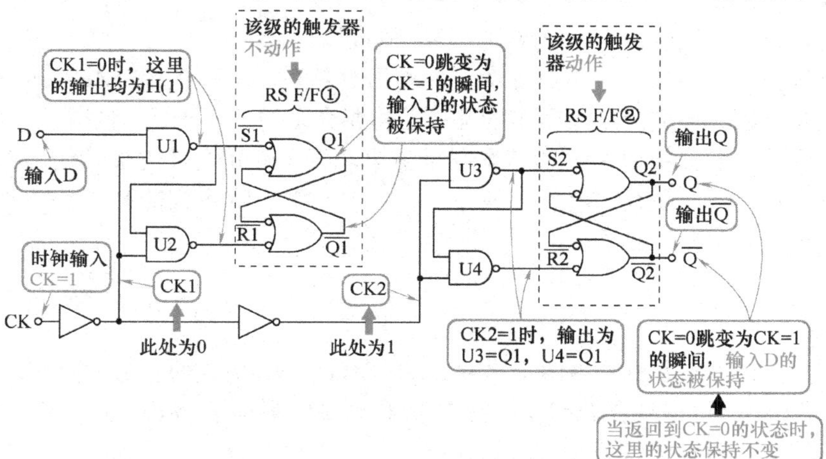

● 在输入时钟信号的上升沿，将输入端 D 的状态传输到输出端 Q

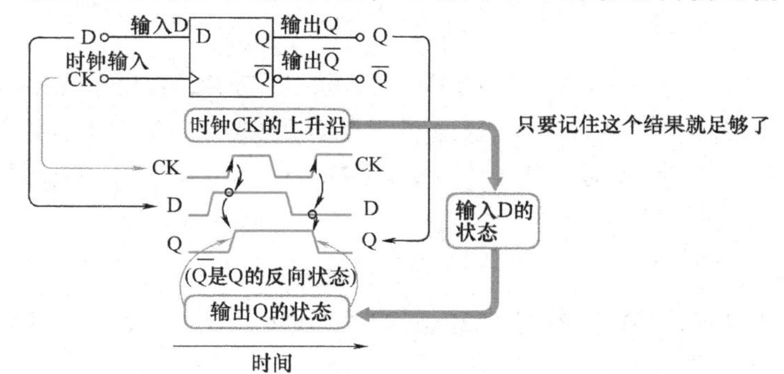

● D F/F 的真值表及 Reset（复位）输入

D F/F的真值表

输入			输出	
$\overline{R}$	D	CK	Q	$\overline{Q}$
0	X	X	0	1
1	0	↑	0	1
1	1	↑	1	0
1	X	↓	保持不变	

$\overline{\text{Reset}}$ → $\overline{R}$

Reset状态（初始状态）

D＝0，CK ↑ 时，Q的输出

D＝1，CK ↑ 时，Q的输出

这里的X为（1 或0）任意值的意思

电源接通时，不能确定Q、$\overline{Q}$的输出是H(1)还是L(0)

$\overline{\text{Reset}}$ 输入端为L(0)时，$\overline{Q}$＝1，Q＝0 的逻辑状态为电路的初始状态

实际应用最多的D触发器的基本功能

本章也是以“F/F”来代表“Filp Flop”。

现代大规模数字电路设计中，此前所介绍的RS F/F、T F/F、JK F/F已较少采用，而实际采用最多的是这里将要介绍的D（Data，数据）F/F。

在此主要介绍D F/F的基本逻辑功能，而没有介绍其内部结构。对于实际应用，只要记住“在输入时钟信号的上升沿，将输入端D的状态输出到输出端Q”就足够了。

D F/F由两个串联的RS F/F构成

D F/F可以看成是由两个串联的RS F/F①、②构成的。为了使RS F/F①、②实现置位/复位的动作，在D F/F电路中附加了与非（NAND）门，并且连接了时钟输入信号CK。

两个RS触发器交替动作

RS F/F①的与非（NAND）门U1、U2与RS F/F②的与非（NAND）门U3、U4的时钟信号CK1、CK2在逻辑上是互反的（$CK1 = \overline{CK2} = \overline{CK}$）。因此，当时钟信号CK分别为H（1）或L（0）时，RS F/F①、②交替动作。

输入CK为L（0）时的RS F/F①动作

当与非（NAND）门的时钟输入信号为H（1）时，相应的RS F/F的动作才变得有效。

当时钟输入CK=0，也就是CK1=1时，RS F/F①成为有效的动作状态。CK1=1时，输入端D的逻辑状态呈现在RS F/F①的输出端Q1、$\overline{Q1}$上。

输入C K为H（1）时，前级的状态传输到后级

在时钟输入信号CK的上升沿（CK=0⇒1），CK1=0时的RS F/F①有效动作将停止，输入端D在CK上升沿瞬间的状态被保持在RS F/F①的输出Q1、$\overline{Q1}$上。

与此同时，RS F/F②变成有效动作状态（CK2=1），RS F/F①保持的状态（Q1、$\overline{Q1}$的输出）将传输到RS F/F②，并呈现在RS F/F②的输出Q2、$\overline{Q2}$上。

在时钟输入信号的上升沿，将输入端 D 的状态输出到输出端 Q

从外部动作的表现来看，D 触发器的功能即为在时钟输入信号 CK 的上升沿，将输入端 D 的状态传输到输出端 Q。该功能可通过真值表来表示。

作为数字电路设计中必要的知识，只需要记住这一点就足够了。

D F/F 的 Reset（复位）输入

当电源接通时，D F/F 即开始工作，但此时电路的输出 Q、$\overline{Q}$的状态是不确定的（不一定是 H（1）或 L（0）的状态）。

因此，为 D F/F 增加了复位电路。在电源接通时，复位电路通过复位输入端上的有效的复位逻辑状态，使得 D F/F 电路的输出 Q = 0，$\overline{Q}$ = 1，以完成电路动作的初始化（将其称为“复位”）。

实际的 D F/F IC

74HC 系列集成电路（IC）中，D F/F 电路有 74HC74（具有置位和复位的双 D 触发器）等。74HC74D F/F 电路具有“Reset（复位）”和“Set（置位）”输入端。通过 D F/F 电路的输入端，能够实现 Q = 0、$\overline{Q}$ = 1 或 Q = 1、$\overline{Q}$ = 0 的初始化。

掌控同步电路动作的 D F/F 的功能

稍后的第 47 课将要介绍“同步电路”。现代大规模数字电路设计中，应用越来越多的就是“同步电路”，而在掌控“同步电路”动作的正是 D F/F。

例题 1

如右图所示的电路中，输出端$\overline{Q}$与输入端 D 相连接。当电路有时钟脉冲信号输入时，输出 Q、$\overline{Q}$将怎样变化？

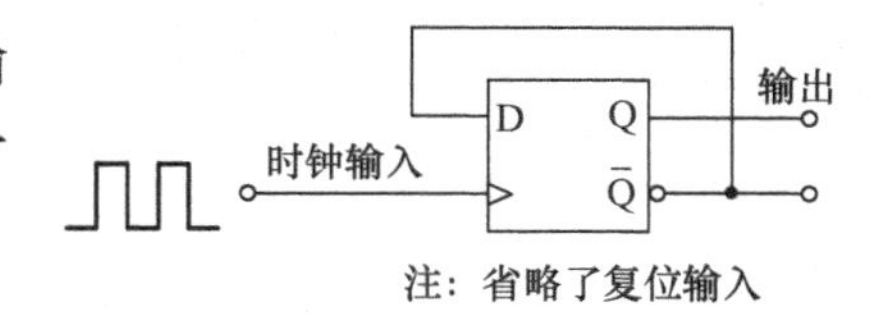

注：省略了复位输入

【例题 1 解】

当电路有时钟脉冲信号输入时，输出 Q、$\overline{Q}$将在时钟信号的上升沿翻转。

第47课

数字电路设计的基本方式“同步电路”

● 异步电路中，各电路动作的时钟不同步

何为异步电路？例如…

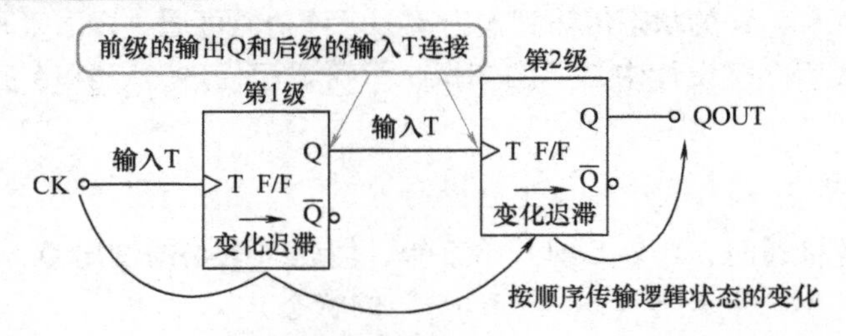

● 同步电路通过同步时钟信号使得 D F/F 同时动作

何为同步电路？例如…

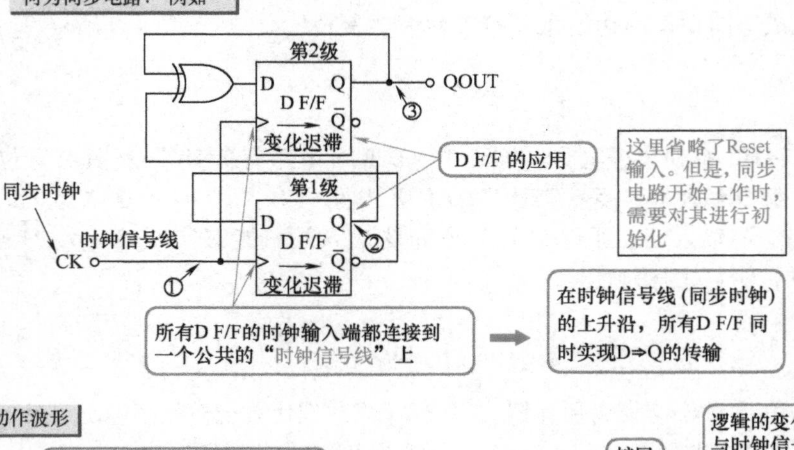

动作波形

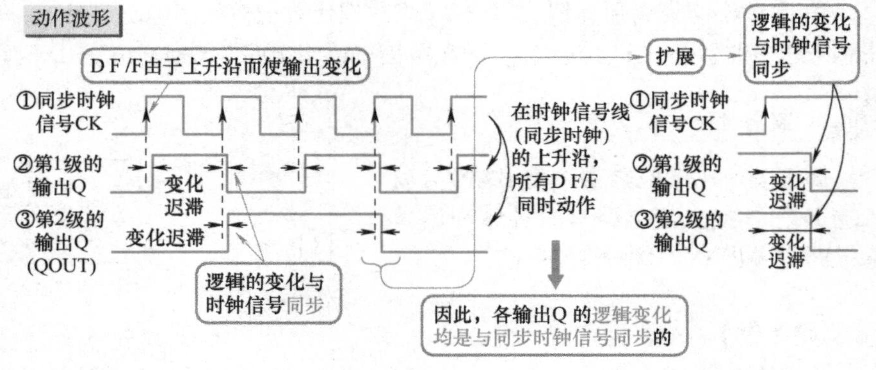

● 时钟信号与控制D F/F逻辑传输的同步

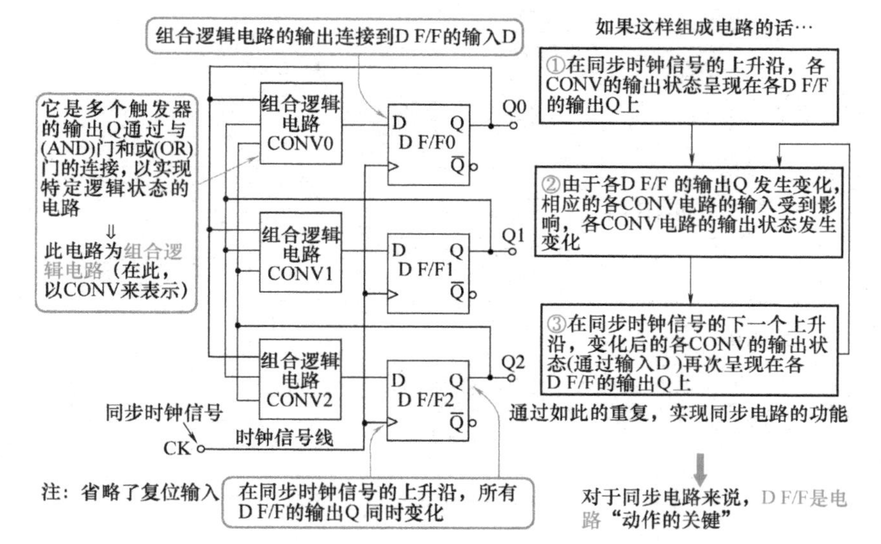

● 异步电路不是现代大规模电路设计的潮流

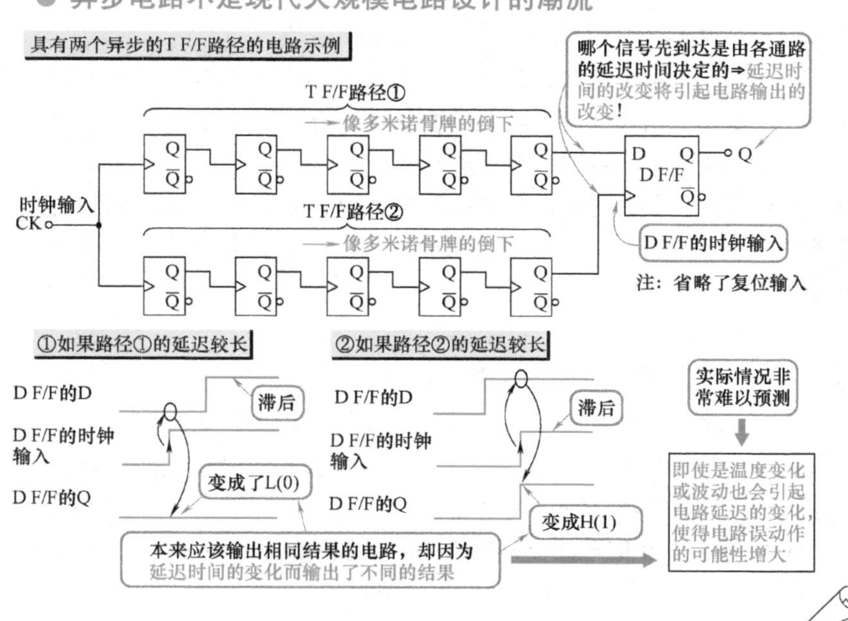

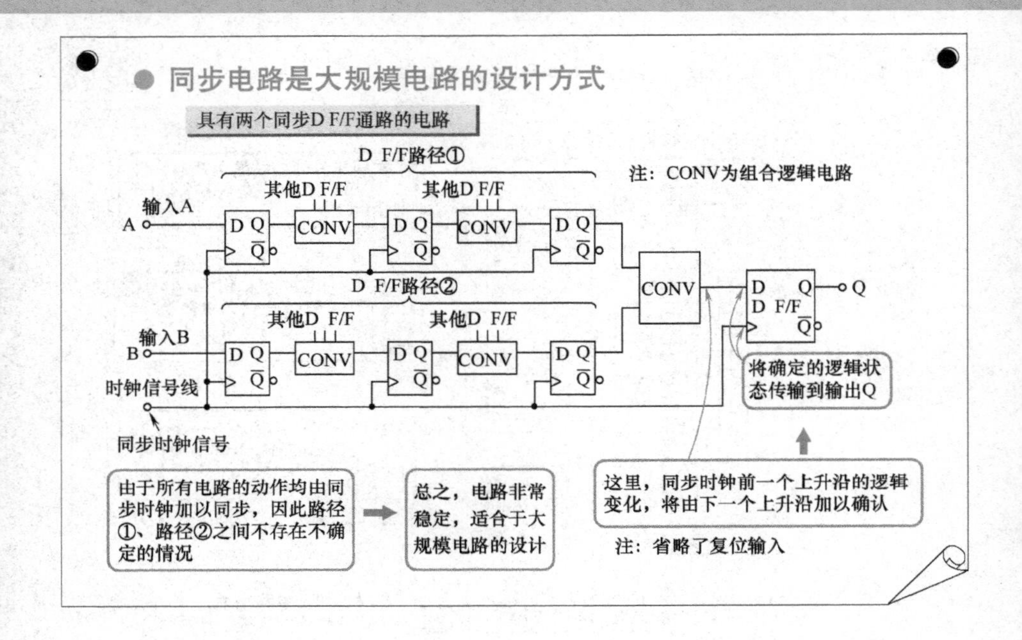

异步电路中，各电路动作的时钟不同步

所谓异步电路，比如两级 T F/F 构成的电路中，前级 T F/F 的输出 Q 与后级的输入 T 相连，逻辑状态的变化在电路中按照电路连接的顺序依次向后传输，这样的电路即为异步电路。

由于逻辑状态的变化在电路中按照电路连接的顺序依次向后传输，就像“多米诺骨牌的倒下”那样，因此，电路的逻辑状态变化没有统一的时钟同步信号。

同步电路通过同步时钟信号使得 D F/F 同时动作

同步电路中，所有 D F/F 的时钟输入都连接到一个公共的“时钟信号线”上。在该时钟信号线的上升沿，所有 D F/F 同时（同步）将其输入端 D 的逻辑状态传输到其输出端 Q 上。

电路中的公共时钟信号线，亦被称为同步时钟信号，这种所有的 D F/F同时动作的电路也被称为同步电路。

同步电路中的各 D F/F 开始工作时，电路的复位输入端会对其进行初始化。

时钟信号与控制 D F/F 逻辑传输的同步

在同步时钟信号的上升沿，各 D F/F 的输出 Q 发生逻辑的变化。多个 D F/F 的输出 Q，按照一定的目的通过与（AND）门和或（OR）门来（构成所说的"组合逻辑电路"）产生特定的逻辑状态。这些特定的逻辑状态即为组合逻辑电路的输出。

如果，来自其他的 D F/F（也可以是 D F/F 自身）的输出连接到输入端 D，则在同步时钟信号的下一个上升沿，组合逻辑电路输出（相当于输入 D）的逻辑状态，也将呈现在该 D F/F 的输出端 Q 上。

D F/F 的输出 Q 发生的变化将重新影响组合逻辑电路输出的变化。并且，该组合逻辑电路输出的逻辑状态变化仍然是在同步时钟信号的下一个上升沿时呈现在 D F/F 的输出端 Q 上，这样动作会反复地进行。

同步电路是大规模电路的设计方式

由于异步电路的动作像"多米诺骨牌的倒下"那样，电路逻辑状态的传输是按照电路连接的顺序依次进行的，当异步电路的规模变得较大时，电路动作时序的调整和预测将变得非常困难。

与此不同的是，同步电路是在同步时钟信号的上升沿，电路中的所有 D F/F 同时将其输入端 D 的逻辑状态传输到其输出端 Q 上。电路就像通过采样（闸口）那样地工作，电路的动作时钟完全同步，工作状态非常稳定。据此能定量化地设计数字电路。

因此，D F/F 成为同步电路动作的"关键"。

例题 1

试制作一个同步电路，使得两个 D F/F 在同步时钟的控制下，同时实现 H（1）/L（0）的变化。

【例题 1 解】

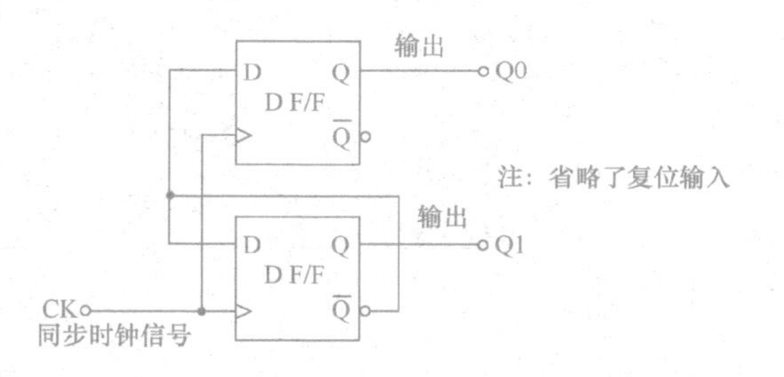

第48课
同步电路实现的存储电路“寄存器”

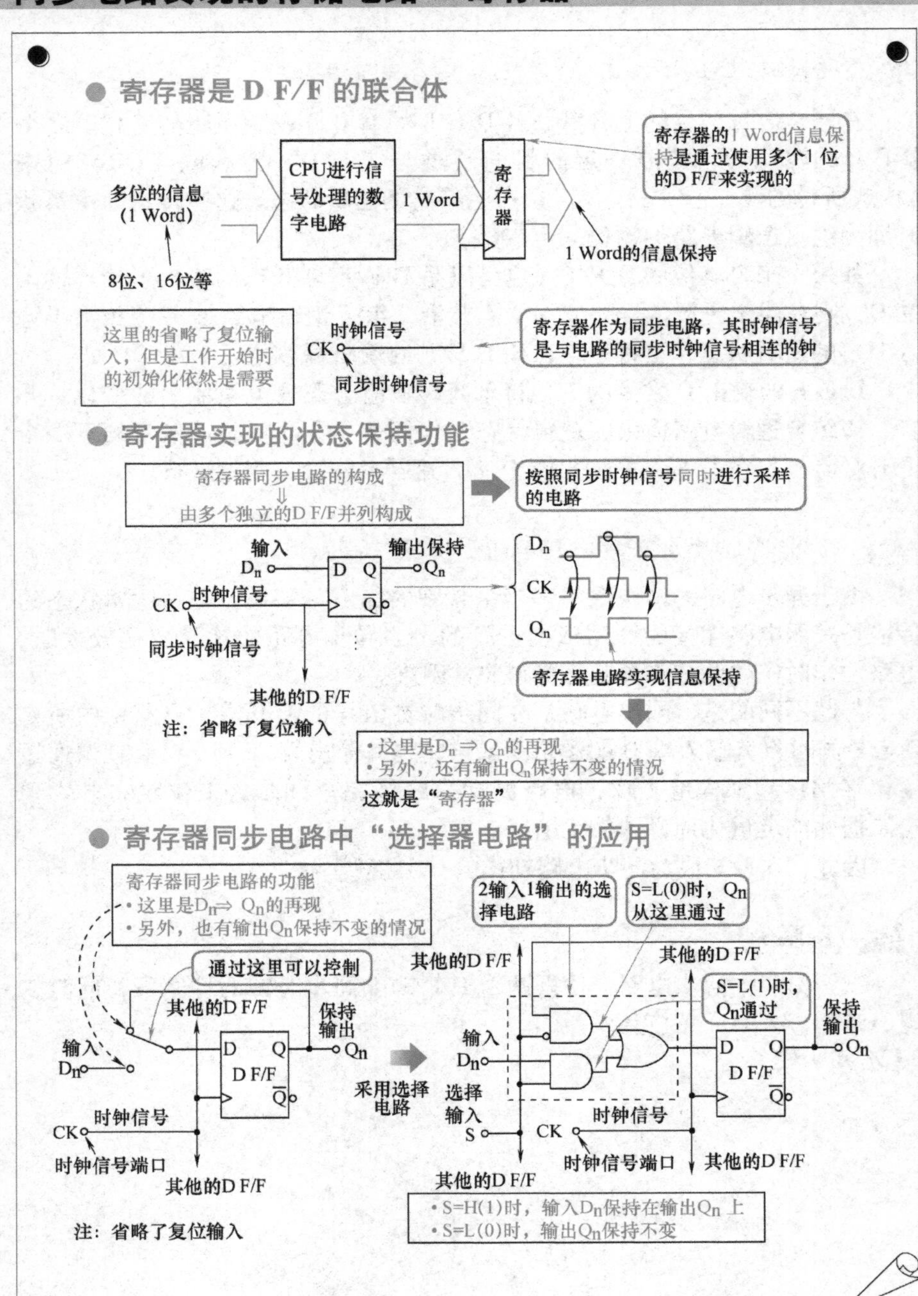

寄存器同步电路的选通脉冲信号

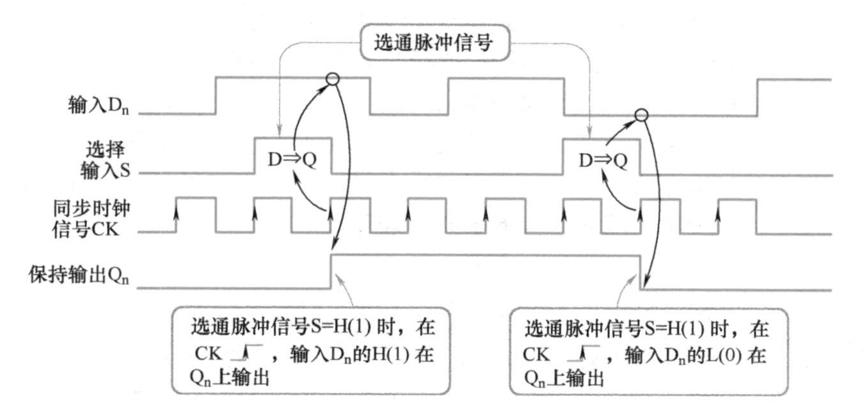

微机等系统中的异步寄存器电路

- 此前所介绍的寄存器同步电路多用于 IC 内部等的大规模数字电路
- 在微机外围 IC 的 Word 信息交换多采用"异步寄存器电路"

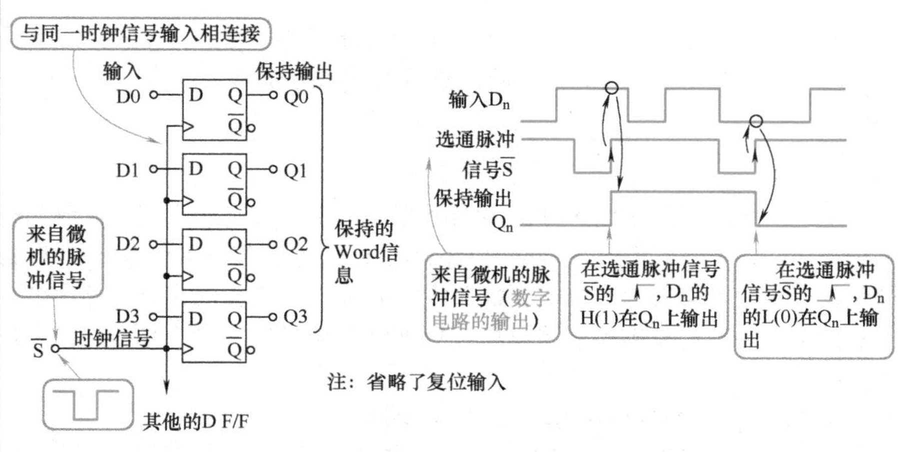

寄存器是 D F/F 的联合体

通常，CPU 中的数字电路对信号是并行处理的，信息的单位是由多个位组成的 Word（通常由 8 位或 16 位构成 1Word）。因此，需要采用由多个 D F/F 构成的“寄存器”来实现 Word 信息的保持。

寄存器通常是由同步电路来实现的，组成寄存器的各 D F/F 的时钟输入均连接到同步电路的“同步时钟信号”上。另外，电路开始工作时，一般需要通过复位输入端对各 D F/F 进行初始化。

寄存器实现的状态保持功能

并列于寄存器中的各独立的 D F/F，它们的时钟信号输入端均和同步电路公共的同步时钟信号相连接。各个 D F/F 输入端 D 的逻辑状态在同步时钟信号的上升沿传输到其输出 Q 端。因此，实现了“寄存器”的状态保持功能（如第 50 课所介绍的，D F/F 本身也多被称作“寄存器”）。

- 寄存器具有将输入 D_n 再现到保持输出 Q_n 上（输入 D 传输到输出 Q 上）的功能。
- 另外，还有使得保持输出 Q_n 维持不变的功能。

总之，寄存器是实现状态保持电路所必需的组成部分。

寄存器同步电路中“选择器电路”的应用

第 42 课所介绍的两个输入一个输出的多路数据选择器电路也能应用于状态保持电路中，以实现电路不同的保持功能。连接到 D F/F 输入端 D 的逻辑状态，一方面来自于 D F/F 的保持输出 Q_n，另一方面来自于外部输入 D_n。两个输入一个输出的多路数据选择器电路通过选择输入信号 S，实现以下两种功能：

- 将输入 D_n 的逻辑状态再现到保持输出 Q_n 上
- 使得保持输出 Q_n 的逻辑状态维持不变

通过切换择输入信号 S 的逻辑状态，寄存器能实现不同的保持功能。

寄存器同步电路的选通脉冲信号

如第 51 课所介绍的那样，由选通脉冲信号（Strobe，就像照相机的快门那样）选择输入信号控制寄存器的输出。

选通脉冲信号有效时，电路将输入 D_n 传输到锁存器的保持输出 Q_n 上。否则，锁存器的保持输出 Q_n 将维持不变。

选通脉冲信号控制着同步电路的动作，起着重要的切换作用。

微机等系统中的异步寄存器电路

上述介绍的寄存器同步电路多用于 IC 内部等的大规模数字电路中，而在微机外围 IC 的 Word 信息交换中，则多采用“异步寄存器电路”。

在信息的异步交换（也称为接口访问）中，作为控制电路的微机等，需要将寄存器的输入 D_n 再现到保持输出 Q_n（亦称为“要写入时”），作为控制电路的微机等即输出一个脉冲信号 $\overline{S}$ 作为有效的写入信号（实际上也需要第 41 课所介绍的解码器电路）。

寄存器中各 D F/F 的时钟输入均共同连接到这个脉冲信号 $\overline{S}$（多采用负逻辑的选通信号，也称此信号为“选通脉冲信号”），脉冲信号 $\overline{S}$ 控制着各 D F/F 的动作。

例题 1

试设计一个寄存器同步清除的电路。

【例题 1 解】

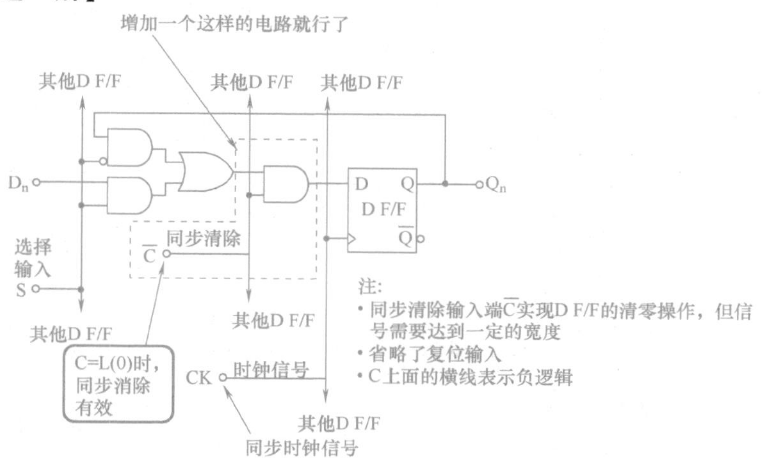

现代逻辑电路设计“硬件描述语言”的基础

● 用 HDL 语言描述数字电路

采用逻辑门符号描述的的电路图

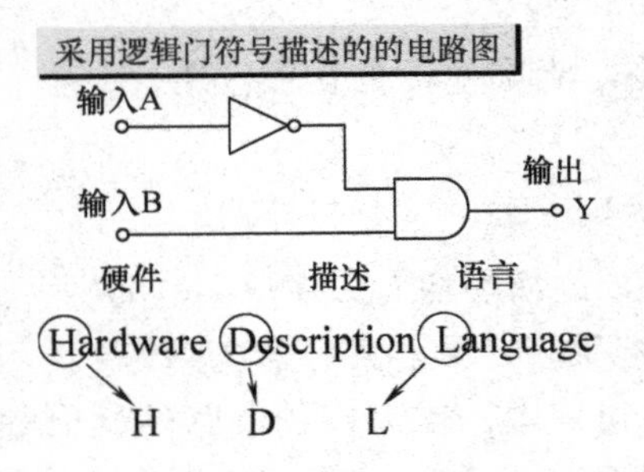

采用HDL语言对电路的描述

(采用VHDL描述左图所示的示例电路)

```
process(A, B) begin
    if (A = '0') then
        Y <= 'B';
    else
        Y <= '0';
    end if;
end process;
```

● VHDL 与 Verilog-HDL 各自的基本语法结构

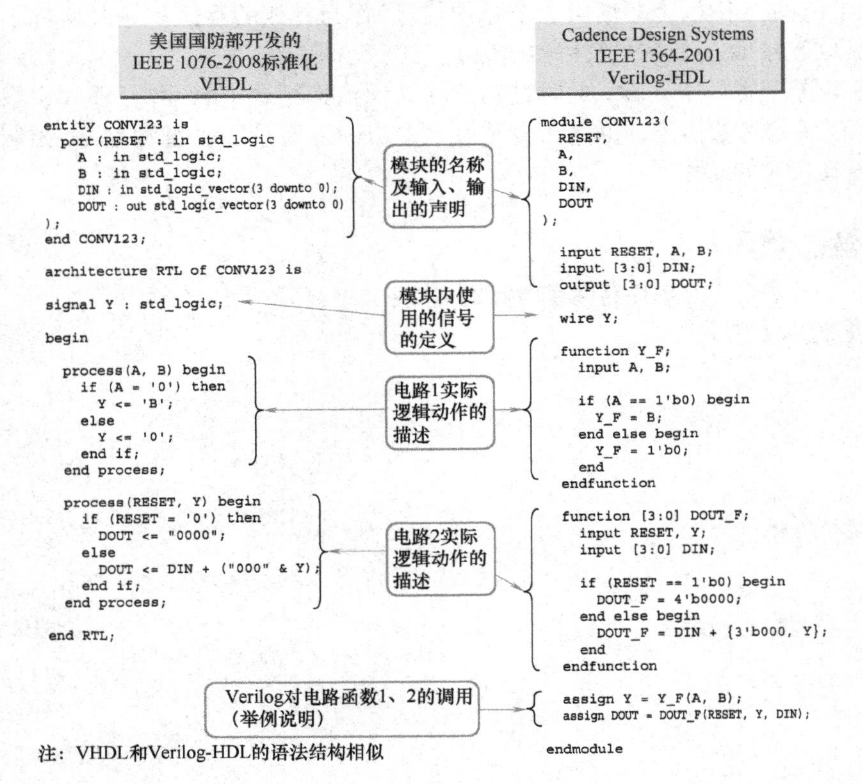

注：VHDL和Verilog-HDL的语法结构相似

● HDL对触发器的描述

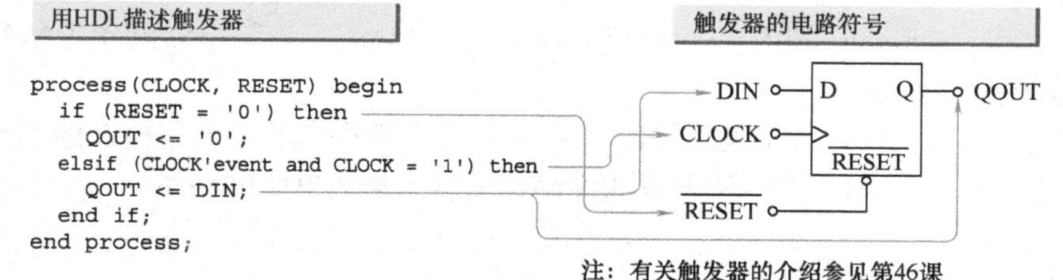

● 条件分支的描述与软件编程语言完全相同

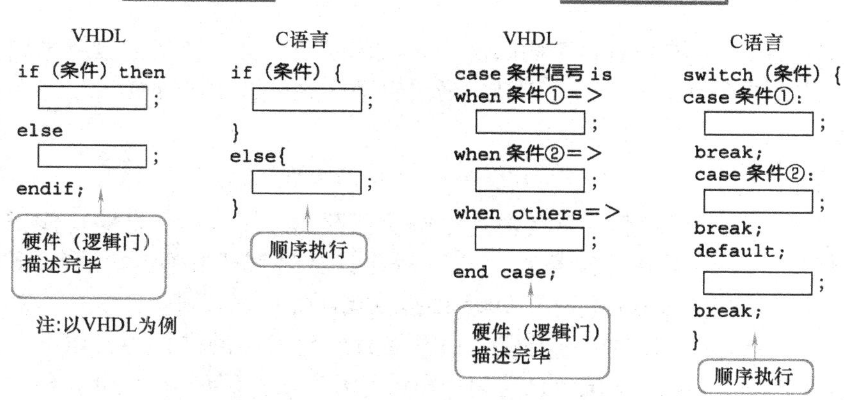

● HDL与软件编程语言的根本区别

注：分别描述本课开始“采用逻辑门符号电路图”所给出的电路功能

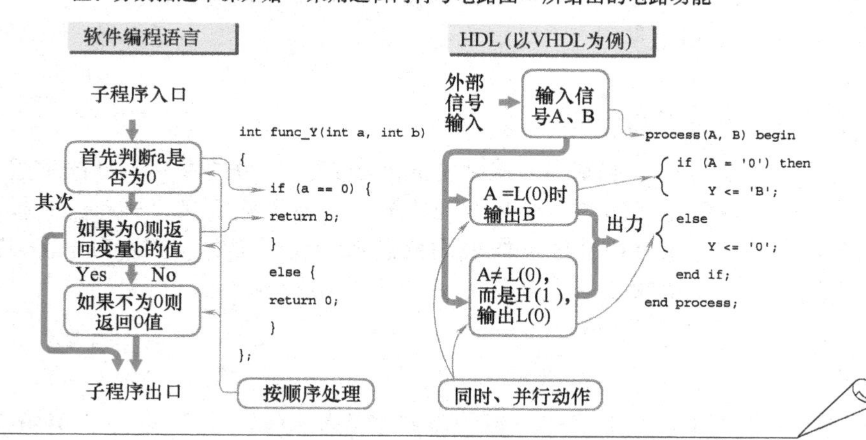

用 HDL 语言描述数字电路

HDL（Hardware Description Language，硬件描述语言）可以作为数字电路的描述语言。

现代的大规模数字电路设计，采用逻辑门符号表示的电路图已经不能胜任了，一般采用 HDL 语言像软件编程那样来描述电路的功能。

HDL 语言的两种类型——VHDL 与 Verilog-HDL

HDL 语言有（也有其他，不过作为主要的）VHDL 和 Verilog-HDL 两种类型。

这两种语言有着各自不同的语法结构，但是，它们“描述数字电路功能”的目的是完全一样的，因此，通过自动转换可以互相转换。

VHDL 与 Verilog-HDL 有着不同的发展历程

VHDL 是 20 世纪 80 年代由美国国防部开发，用于 LSI 电路功能描述的语言。该语言最初是参考了“ada”程序设计语言开发的，之后被 IEEE 标准化，现在作为 IEEE 1076-2008 的标准化硬件描述语言。

而 Verilog-HDL 是以进行硬件仿真为目的而采用的硬件建模语言。该语言最早是由 Gateway 设计自动化公司设计开发的。Gateway 设计自动化公司后来被 Cadence Design Systems 公司收购，Cadence 公司将 Verilog-HDL 进行了推广并使之得到广泛的应用。现在 Verilog-HDL 已经成为 IEEE 1364-2001 标准（Verilog 2001）。

HDL 的基本语法结构

VHDL 与 Verilog 的基本语法结构大同小异。这两种不同类型的描述语言都有电路模块本身的描述以及外围的输入、输出的定义，还有电路模块内部信号的定义以及描述电路模块内部逻辑动作的部分。VHDL 与 Verilog 对电路的描述也由这几部分组成。

采用 HDL 进行大规模数字电路设计的主要理由

HDL 语言不仅能够描述逻辑门电路的逻辑动作，还可以描述第 46 课所介绍的具有数据存储功能的“触发器”电路。这就是能够采用 HDL 语言进行大规模数字电路设计的主要理由。

条件分支的描述与软件编程语言完全相同

HDL 语言能够采用与软件编程语言用类似的语句来描述条件分支，因而具有良好的“可读性”，使得采用 HDL 语言描述的电路不仅易读、且易懂，使得电路的可理解性有了很大的提高。

VHDL 的“if ~ then ~ else ~ end if”语句与 C 语言的 if 语句的语法规则相近，“case ~ when ~ end case”语句与 C 语言的 switch ~ case 语句的语法规则相近，因而具有与软件编程语言完全相同的语法描述。

当实际电路的基本硬件（逻辑门）被描述完成的时候，那些由逻辑门组合而成的电路，诸如（第 42 课介绍的）实现数据选择的多路数据选择器电路等，也能够通过 HDL 语言加以描述。

HDL 与软件编程语言的根本区别

对于 HDL 语言的初学者而言，往往会将 HDL 语言等同于软件编程语言，因而对硬件描述语言产生误解。

虽然 HDL 语言在条件分支的描述方面与软件编程语言相同，但是两者却存在着本质的区别。软件编程语言是软件功能的描述，其描述的动作是顺序执行的。

与此不同的是，HDL 语言描述的是硬件的功能，其所描述的动作是同时的、并行执行的。此概念的掌握，有助于 HDL 语言及其描述功能的理解。

HDL 能够显著地提高设计效率

使用 HDL 语言进行数字电路的设计，将使得设计效率的得以显著地提高。

假设以非常原始、但也是非常切实可行的方式，采用逻辑门符号表示的电路图，设计了一个 8 位的电路。

如果想将此电路变更为 16 位的电路，就需要在电路图中再画一个 8 位的电路。因此，这种变更（通过绘图完成）是需要一定的时间的。

但是，当采用 HDL 语言进行电路设计时，只需要将 7 downto 0 及“7:0”的描述修改为 15 downto 0 及“15:0”就可以了，变更将可以非常简单地实现。

第 *50* 课

硬件描述语言在同步电路设计中的实际应用

● HDL 语言的 RTL 描述风格与基本的 D F/F

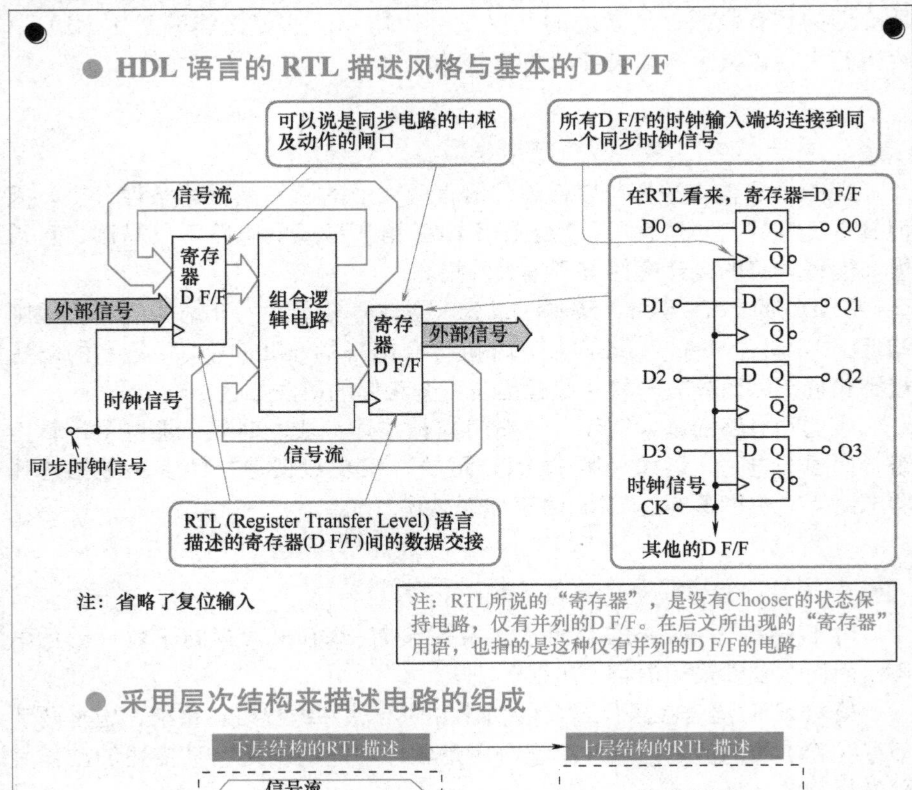

注：省略了复位输入

注：RTL所说的"寄存器"，是没有Chooser的状态保持电路，仅有并列的D F/F。在后文所出现的"寄存器"用语，也指的是这种仅有并列的D F/F的电路

● 采用层次结构来描述电路的组成

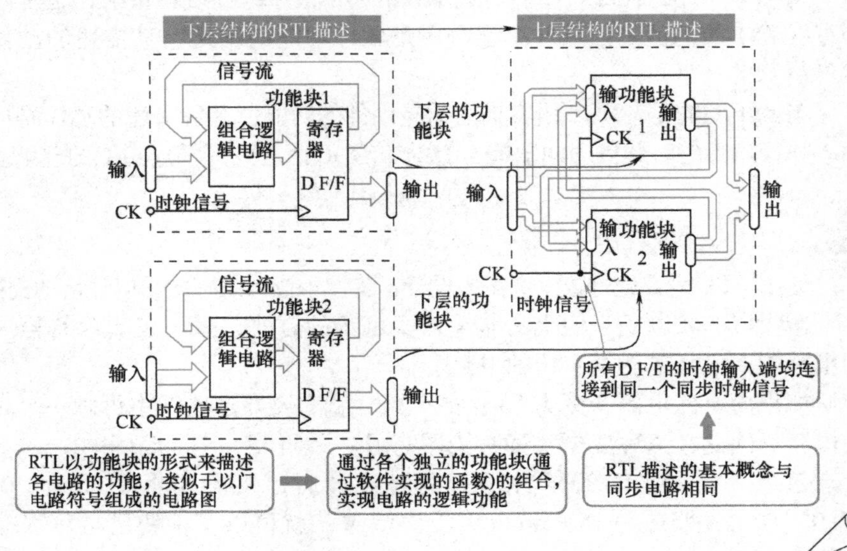

● D F/F 电路的 RTL（VHDL）描述示例

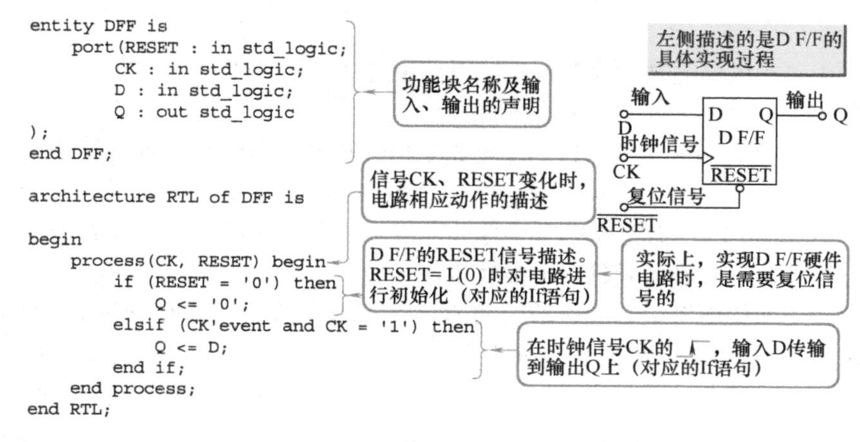

● 与软件不同的同时动作（以移位寄存器为例）

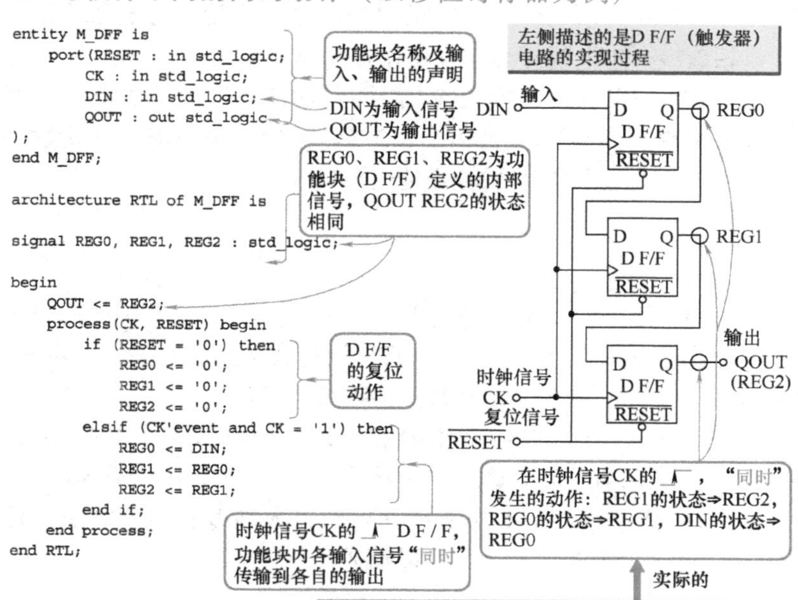

HDL 语言的 RTL 描述风格与基本的 D F/F

此前介绍了：

- 同步电路是现代大规模数字电路设计的主要方式。
- 采用 D F/F 构成寄存器电路。
- 因此 D F/F 可以说是同步电路中信号传输的枢纽与“动作的闸口”。

HDL（硬件描述语言）中的 RTL（Register Transfer Level）描述，是以 D F/F（寄存器）为基础的描述方法，是一种在寄存器间以字（Word）为单位进行信息交换的硬件语言描述方法。

在此后的内容中，所说的“寄存器”指的就是 RTL 的 Register，用来表示“单一的 D F/F”，请加以注意。

采用层次结构来描述电路的组成

在同步电路中，所有的 D F/F 的时钟信号输入端均与电路的公共同步时钟信号相连接。RTL 描述也同样遵循这一基本原则。

RTL 以功能块为单位来描述各个电路的功能，采用层次结构（通过软件的函数来实现）来实现电路的整体功能。因此，该考虑，无论数字电路的规模有多大，通过 RTL 也能轻松地进行描述。

D F/F 电路的 RTL（VHDL）描述示例

这里给出了一个 D F/F 电路的 RTL 描述的例子。需要说明的是，实际的 RTL 描述是需要“函数库声明”的，但是在此作了省略。process 以后的部分即为采用 VDHL 语言对 D F/F 实体进行描述。

电路对 RESET、CK 信号变化的响应，是通过 if ~ elsif（else if 的意思）~ end if 语句来描述的。该语句能够将 D F/F 的复位（RESET = L（0）时进行复位）与时钟信号 CK 上升沿（电路输入端 D 的逻辑状态传输到输出端 Q 上）这两个不同动作一并加以描述。

D F/F（寄存器）必须有复位信号的描述

单动作描述“复位”说不定不用，可是作为实际的硬件要实现需要 D F/F（寄存器）的复位。

即使不对电路进行初始化复位，电路也许仍然能够正常工作。但是在通过仿真验证硬件的一致性时，可能会出现“不确定”或“不一致”的情况。

D F/F 的复位操作通常采用 if 语句来描述。

与软件不同的同时（并行）动作（以移位寄存器为例）

如第 49 课所介绍的那样，HDL（RTL）所描述的动作与软件程序的运行是不同的，即这些动作都是“同时”发生的并行性的动作。

对于示例中所给出的寄存器电路的 RTL 描述，如果以软件的观点来看的话，好像实现的功能为输入 DIN 的逻辑状态到 REG2 的传输。但是，实际的情况却是电路看起来就像是 3 级的 D F/F 合成的那样，在时钟信号 CK 的上升沿，DIN⇒REG0、REG0⇒REG1、REG1⇒REG2 的逻辑状态传输是同时进行的。

HDL 语言采用与软件程序那样的方式来对硬件电路的功能进行描述，但是电路中所有的 D F/F 都有着同一个公共的同步时钟信号输入，在同步时钟信号的作用下，同步电路动作同时并行发生。

例题 1

试分析下列 VHDL 代码所描述的电路的功能。

```
entity DIV2 is
  port(RESET : in std_logic;
    CK : in std_logic;
    QOUT : out std_logic
);
end DIV2;

architecture RTL of DIV2 is

signal Q : std_logic;
```

```
begin
  QOUT <= Q;
    process(CK, RESET) begin
      if (RESET = '0') then
        Q <= '0';
      elsif (CK'event and CK = '1')
            then
        Q <= not Q;
      end if;
  end process;
end RTL;
```

【例题 1 解】

VHDL 代码所描述的电路的功能为

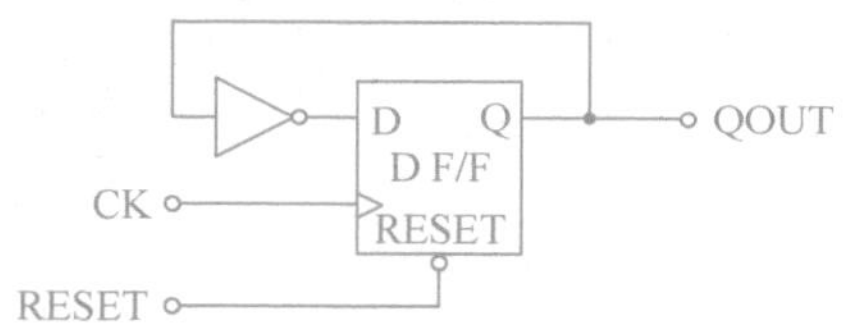

第 *51* 课

高级同步电路中脉冲（选通）电路的应用

● 同步电路中与时钟同步的 1 时钟周期脉冲

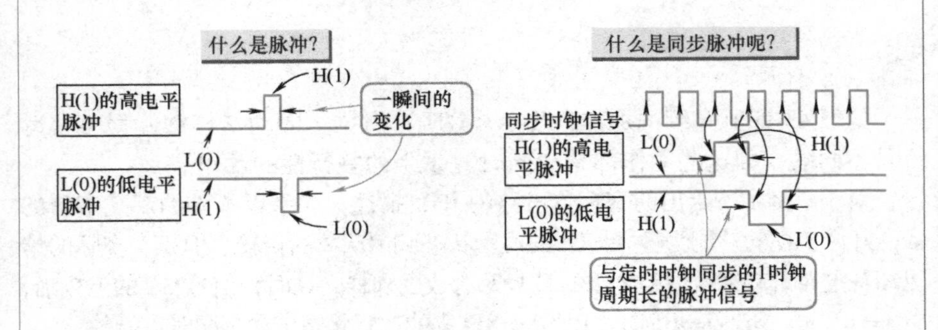

● 同步电路采用脉冲信号作为数据选通脉冲信号

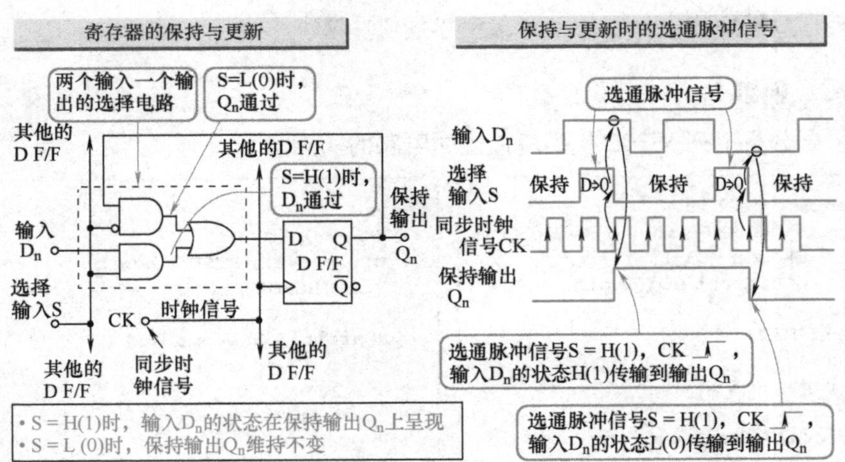

- S = H(1)时，输入D_n的状态在保持输出Q_n上呈现
- S = L (0)时，保持输出Q_n维持不变

● 通过选通脉冲信号实现电路更新的详细分析

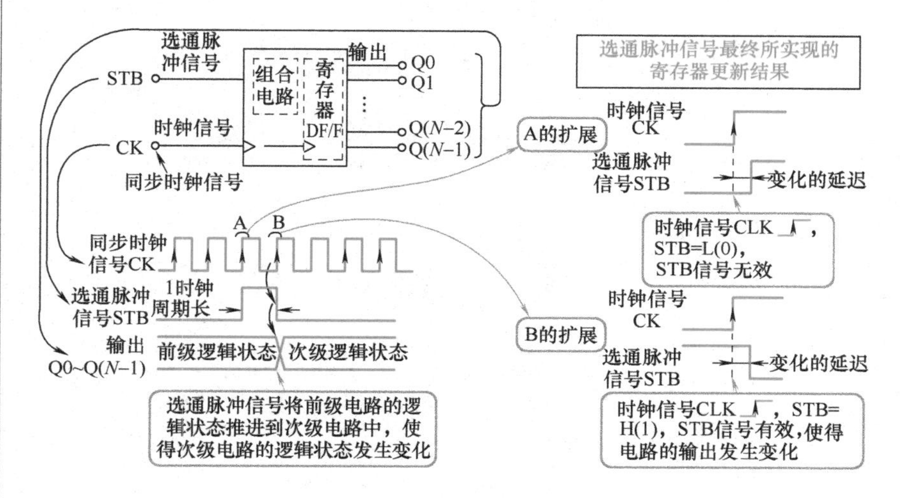

● 同步电路的（选通脉冲信号）脉冲发生电路

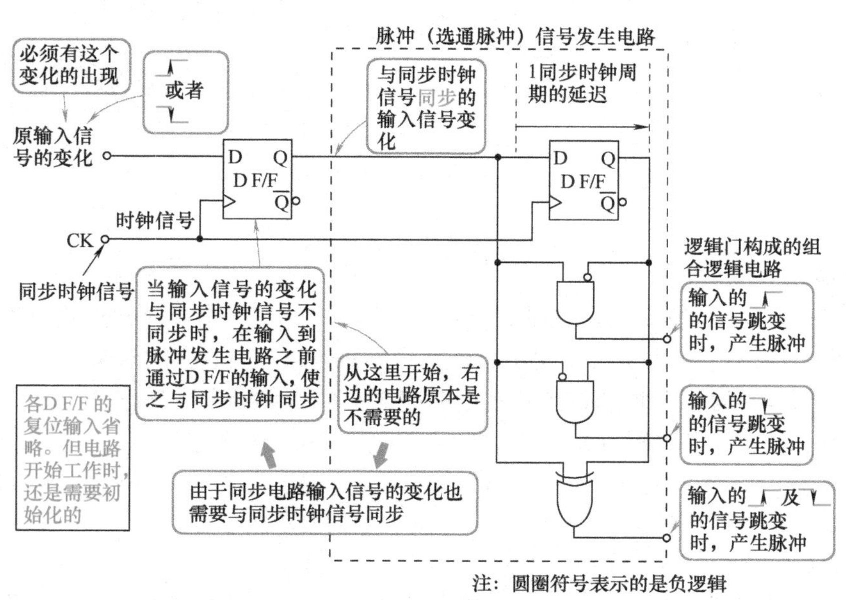

注：圆圈符号表示的是负逻辑

● 上述同步脉冲发生电路的 VHDL 描述

```
entity STROBE is
    port(RESET : in std_logic;
        CK : in std_logic;
        DIN : in std_logic;
        RISE : out std_logic;
        FALL : out std_logic;
        BOTH : out std_logic
);
end STROBE;

architecture RTL of STROBE is

signal REG0, REG1 : std_logic;

begin
    RISE <= REG0 and (not REG1);
    FALL <= (not REG0) and REG1;
    BOTH <= REG0 xor REG1;

    process(CK, RESET) begin
        if (RESET = '0') then
            REG0 <= '0';
            REG1 <= '0';
        elsif (CK'event and CK = '1') then
            REG0 <= DIN;
            REG1 <= REG0;
        end if;
    end process;
end RTL;
```


同步电路中与时钟同步的 1 时钟周期脉冲

高电平 H（1）或低电平 L（0）的“脉冲”信号是一瞬间产生的变化状态，通常“脉冲”信号发生变化后马上又会回转到原来的状态。

同步电路的逻辑动作都是在电路的同步时钟的控制下同步进行的，因此要求同步电路的脉冲是“1 时钟周期长”的同步脉冲。

同步电路采用脉冲信号作为数据选通脉冲信号

同步电路通常采用与同步时钟同步的 1 时钟周期长的脉冲信号作为数据的“选通脉冲信号”。

作为寄存器的 D F/F 电路，电路输出 Q 的状态是维持不变还是呈现输入端 D 的逻辑状态，是由输入端的数据（切换选择）选通脉冲信号的逻辑状态决定的。

采用选通脉冲信号，在需要的时候将前级电路的逻辑状态推进到下一级电路，使逻辑状态发生变化。第 52 课将要介绍的移位寄存器也是通过选通脉冲信号实现的。

选通脉冲信号在同步电路中应用很多。虽然选通脉冲信号比较简单，但是要很好地理解它的意义，是非常重要的。

同步电路的（选通脉冲信号）脉冲发生电路

同步电路的脉冲发生电路要想产生脉冲信号，输入信号（如来自外部的）源必须发生逻辑状态的变化。一般，只有在该输入信号的变化点上，脉冲发生电路才能产生选通脉冲信号。

同步电路中，输入信号源的逻辑状态改变通过逻辑门等逻辑电路来实现信号的，并且需要 1 个同步时钟周期的延迟才能传输到 D F/F 的输出端。

各 D F/F 开始工作时，一般需要通过复位信号的输入实现电路状态的初始化操作。

脉冲发生电路能够通过逻辑门的组合来实现与“输入信号源上升沿/下降沿/上升、下降沿”同步的 1 个同步时钟周期长的选通脉冲信号。

变成原来的信号也是定时需要为时钟同步

同步电路中，所有的信号动作都需要同步时钟信号来加以同步，对于电路的“输入信号源”来说，也不例外。

当“输入信号源”为外部输入信号时，由于该信号没有经过同步电路的同步时钟信号的同步，因此，在该信号输入到脉冲发生电路之前，需要通过 D F/F 电路使之与内部同步时钟信号进行同步。

这样的处理是同步电路设计的通常做法，也是非常重要的。

同步脉冲发生电路的 VHDL 描述

在此也给出了上述同步脉冲发生电路的 VHDL 描述。在此描述中给出了实际电路以 L（0）的低电平信号对电路的复位操作以及输入信号通过同步时钟信号进行同步的操作。

第52课

二进制字（Word）数据按位移位的“移位寄存器”

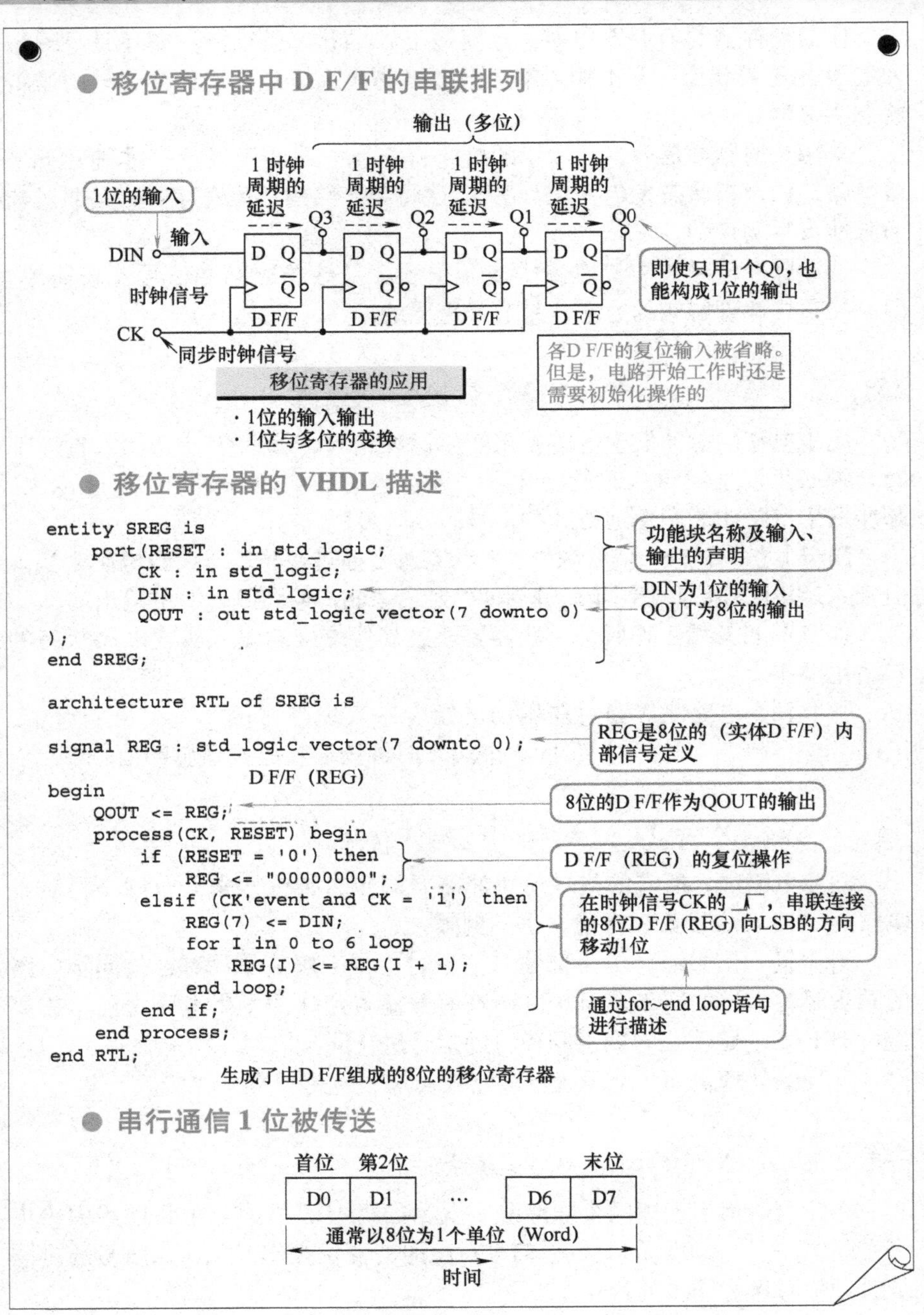

● 串行通信发送与接收方的移位寄存器电路

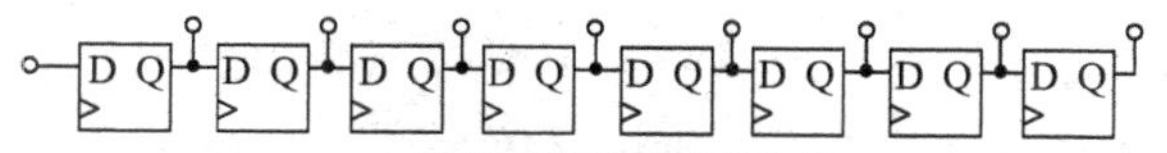

由8位D F/F串联排列实现
(要实现以下的实际功能，还需要增加其他必要的电路)

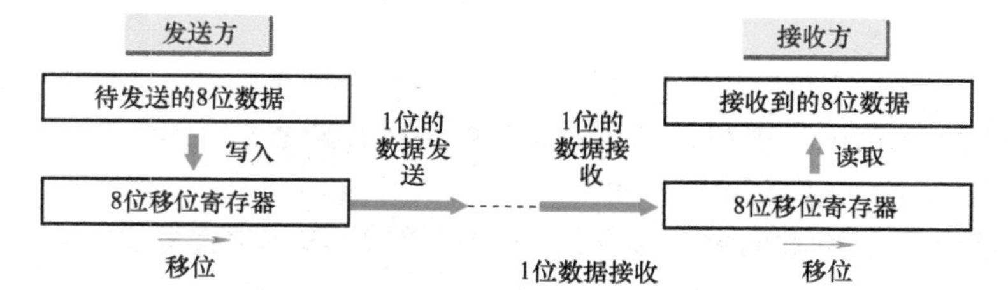

● 实际的串行通信移位寄存器需要使用选通脉冲信号

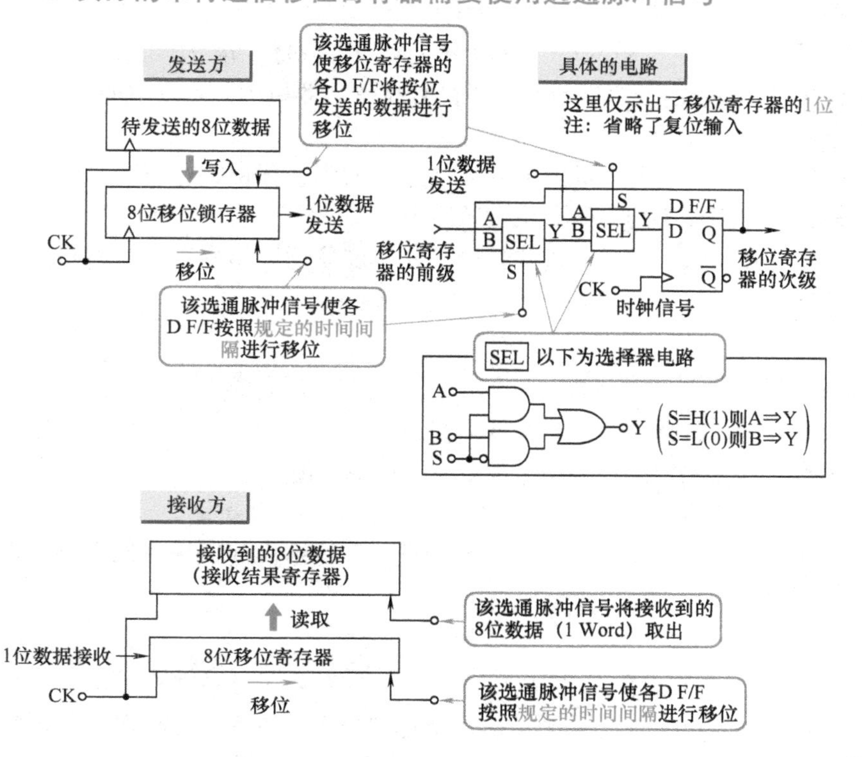

移位寄存器中的串联排列

最简单的移位寄存器是由 D F/F 串联排列而构成的。D F/F 的输出端 Q 与下一级的输入端 D 相连接。采用移位寄存器能够实现 1 位的输入输出以及 1 位与多位的变换。

移位寄存器的 VHDL 描述

串联的 D F/F，其输出端 Q 与下一级的输入端 D 相连接。这种结构可采用 VHDL 的 for 语句加以描述。

VHDL 描述的示例中，也给出了低电平的 L（0）进行复位的操作。

移位寄存器在串行通信中的应用

串行通信中，通常以 8 位为 1 个单位（Word），在电路中 1 位、1 位地按位传送。8 位的 D F/F 串联构成的移位寄存器被用作收发方的接收/发送寄存器。

发送方首先将要发送的 1Word 数据写入发送移位寄存器，然后通过移位操作将寄存器中的数据逐位发送出去。

接收方也按顺序逐位接收数据，并通过移位操作将它们移入到接收寄存器中。

实际的串行通信移位寄存器需要使用选通脉冲信号

实际的串行通信移位寄存器需要使用选通脉冲信号来实现寄存器的移位操作。特定的选通脉冲信号需要实现以下功能：

- 移位寄存器各 D F/F 的数据置位（写入）信号
- 各 D F/F 按照规定的时间间隔进行移位操作的信号（发送方和接收方均需要）

接收方需要增加一个寄存器以实现数据的读取的重要功能

接收方还有一项必要的功能，就是接收到的 8 位（1Word）数据的读取。为此，接收方电路需要增加一个 8 位的接收结果寄存器。

1Word 的 8 位数据通过选通脉冲信号逐位移入到移位寄存器中。接收完成后，同样也是通过选通脉冲信号将接收的结果并行传送到接收寄存器中，这也就是所读取的接收数据。

采用移位寄存器实现的 2 倍、1/2 倍乘法

对于二进制原码表示的 1Word 的二进制数，如果将其向高位（MSB）的方向移动 2 位，则其所代表的数值将增加 2 倍。相反地，将其向低位（LSB）的方向移动 1 位，则其所代表的数值是原来的 1/2 倍。对于二进制补码表示的二进制数的移位结果也是这样，不过需要稍微做一些处理。

因此，可以采用移位寄存器实现简单的 2 倍、1/2 倍乘法电路。

例题 1

设计一个 N 位的左右（MSB、LSB）均可随意移动的移位寄存器，并给出寄存器中间 3 位的电路图。

【例题 1 解】

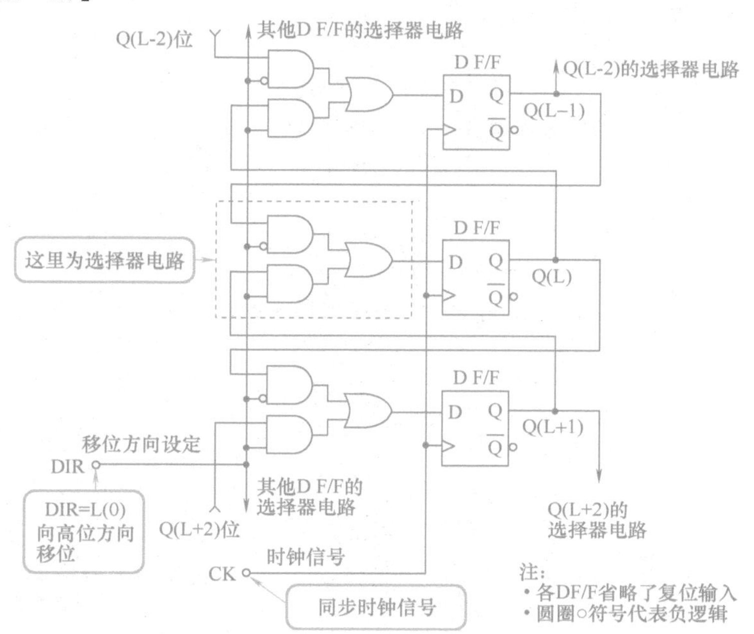

第 53 课

计数用的“计数器电路”

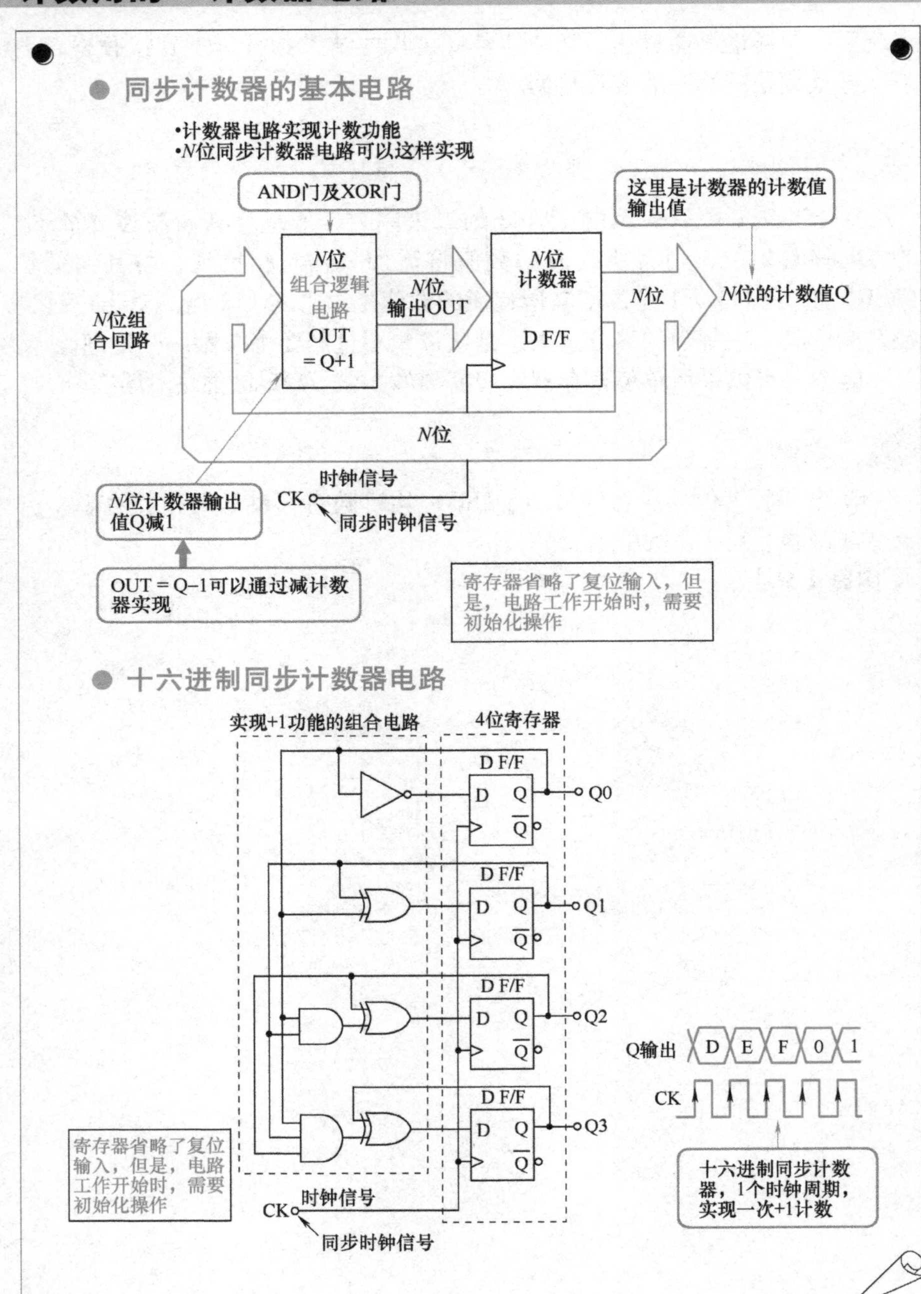

● 十六进制同步计数器电路的 VHDL 描述

```
entity COUNT16 is
    port(RESET : in std_logic;
        CK : in std_logic;
        QOUT : out std_logic_vector(3 downto 0)
);
end COUNT16;

architecture RTL of COUNT16 is

signal Q : std_logic_vector(3 downto 0);

begin
    QOUT <= Q;
    process(CK, RESET) begin
        if (RESET = '0') then
            Q <= "0000";
        elsif (CK'event and CK = '1') then
            Q <= Q + 1;
        end if;
    end process;
end RTL;
```

功能块名称及输入、输出声明

QOUT为计数器的输出

(实体D F/F)4位内部信号Q的定义

在这里如果都采用信号Q来描述+1和输出操作的话，容易产生错误的情况，因此以QOUT来代替

计数器的D F/F 的复位操作

计数器的输出Q只做(简单)的+1 操作的描述

● 十进制同步计数器电路

如果为十六进制计数器增加“同步清除”电路，则可以实现十进制计数器功能

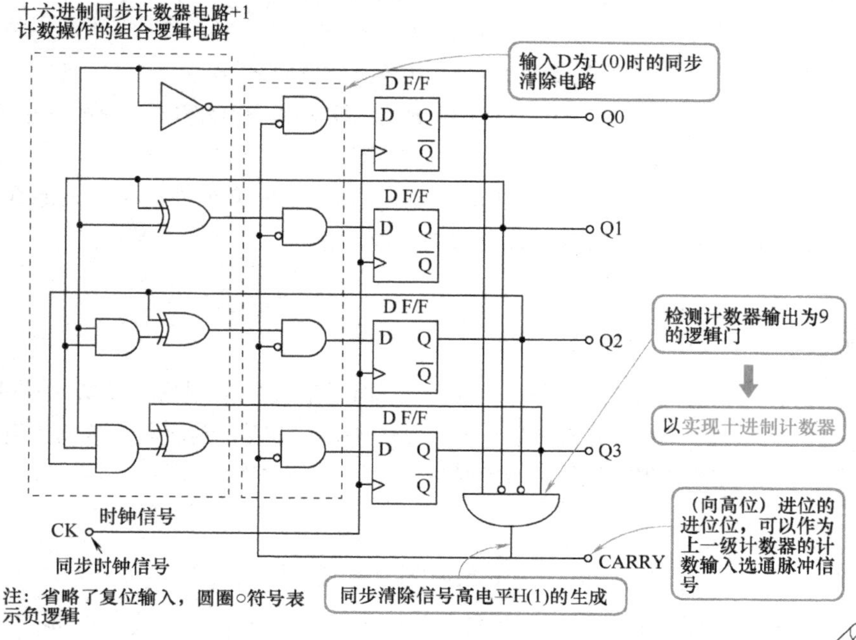

● 十进制同步计数器电路的 VHDL 描述

注：这里仅给出与十六进制同步计数器电路不同的部分

```
process(CK, RESET) begin
    if (RESET = '0') then
        Q <= "0000";
    elsif (CK'event and CK = '1') then
        if (Q = "1001") then
            Q <= "0000";
        else
            Q <= Q + 1;
        end if;
    end if;
end process;
```

当检测出D F/F的输出Q = 9(二进制数1001)时，对计数器进行清除操作

同步计数器的基本电路

计数器单词 Counter 的本意为柜台、结账的意思，亦即对数字的统计。

在 N 位同步计数器电路中，通常采用 AND 和 XOR 等逻辑门电路来实现电路的 +1 计数。当 N 位寄存器的输出为 Q 时，下一个时钟周期的输出：

$$OUT = Q + 1$$

并且输出 OUT 的状态也保持在 N 位寄存器的（输出 Q 上）。因此，计数器电路是由 +1 计数和计数保持这两部分电路组成的。也能实现电路的输出为

$$OUT = Q - 1$$

从而实现同步减计数器的功能。在此省略了寄存器的输入端，但在电路开始工作时，一般都需要对电路进行初始化。

十六进制同步计数器电路

如第 38 课所介绍的，4 位二进制数可表示 1 位十六进制数。因此，将同步脉冲信号连接到一起，组成一个 4 位（Q3 ~ Q0）的寄存器电路，并使寄存器在每个时钟周期都进行 1 次 +1 计数操作，即构成了十六进制同步计数器电路。

十六进制同步计数器电路的 VHDL 描述

同步计数器电路的 VHDL 描述非常简单。一个 4 位的数字电路 Q3 ~ Q0，并为其配置一个实现 +1 计数操作的信号，以实现电路的计数功能。

第1天课目 第2天课目 第3天课目 第4天课目 第5天课目 第6天课目

计数的结果还是由电路中同一个寄存器保持。

该例中，按照实际电路的需要，描述了低电平L（0）复位信号的电路复位操作。

另外，需要注意的是如果对电路的+1计数操作和计数输出的操作采用同一个信号进行描述的话，电路容易出现错误的情况。

十进制同步计数器电路

如果为十六进制同步计数器电路增加一个“同步清除”电路，使计数器的输出为9时，下一个时钟周期即对其输出进行清零，这样就能实现一个十进制的同步计数器电路。

同步清除电路只需使计数器的各D F/F的输入D的逻辑状态为L（0）即可。

同步清除信号

当计数器电路检测到其输出Q=9时，即产生一个同步清除信号。将该信号作为高位计数器的选通脉冲信号，则可以实现2位十进制同步计数器的功能。

同步清除信号相当于该位到高位的进位信号。

十进制同步计数器电路的VHDL描述

这里描述了当检测到计数器的输出Q=9时，对计数器进行清零的操作。

例题1

以4位的十六进制同步计数器电路为基础，设计1个十二进制的同步计数器电路。

【例题1解】

如右图所示，将十进制同步计数器电路中产生同步清除信号的AND逻辑门的4个输入修改为，当输入为十进制数11（十六进制的B）时使其输出高电平H（1），即能实现一个十二进制同步计数器电路。

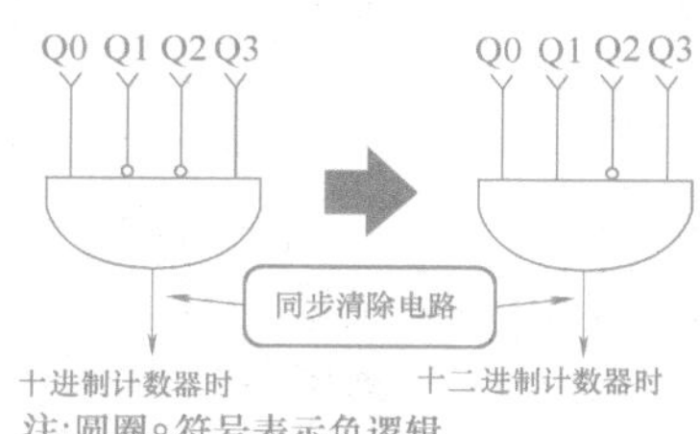

第 54 课

决定同步电路动作顺序的"顺序脉冲分配器"

● 顺序脉冲分配器电路的必要性

数字电路采用串行通信实现以下功能的情况

还有，实现以下这样复杂功能的情况

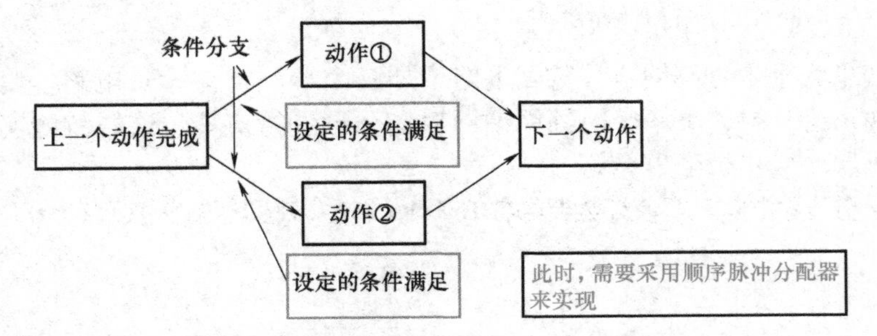

● 顺序脉冲分配器决定同步电路的动作顺序

现代大规模数字电路复杂的顺序动作通常由顺序脉冲分配器电路来决定

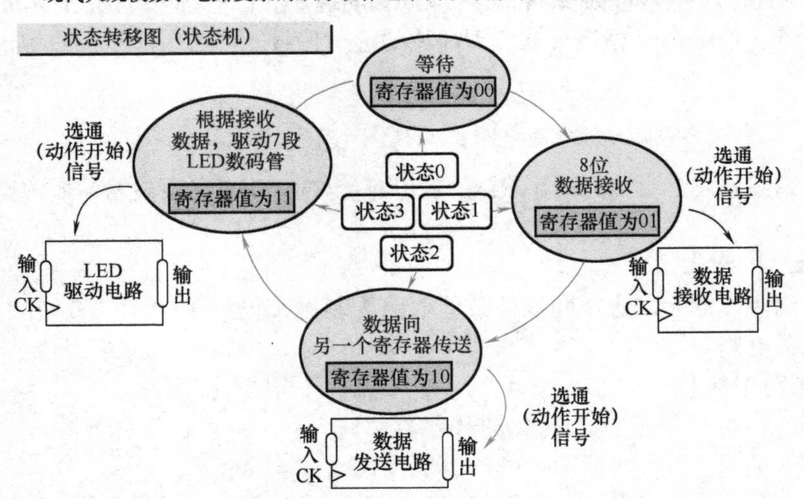

- 顺序脉冲分配器电路以寄存器的状态（值）来表示电路当前的状态
- 顺序脉冲分配器电路以自身的状态"寄存器"为基础
- 电路开始工作时，需要采用 Reset 输入进行初始化

● 带计数器的顺序脉冲分配器电路

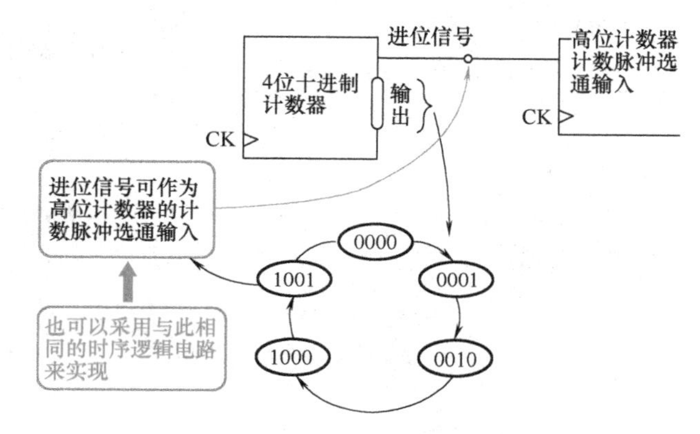

- 计数值和顺序脉冲分配器电路的动作状态 = 寄存器的输出状态（值）

● 状态机的原理与顺序脉冲分配器电路

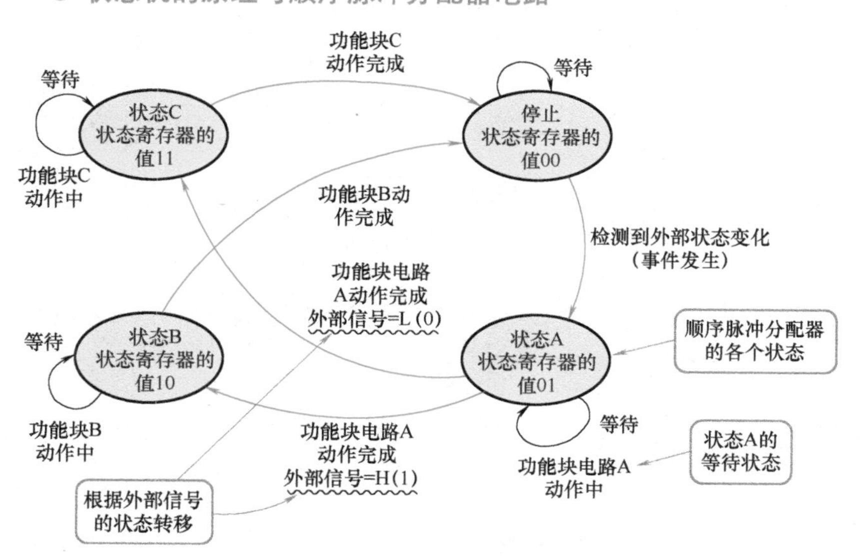

- 状态机的动作顺序使用转态转移图（状态图）来描述
- 状态机使用等待和分支等表达电路复杂的逻辑功能

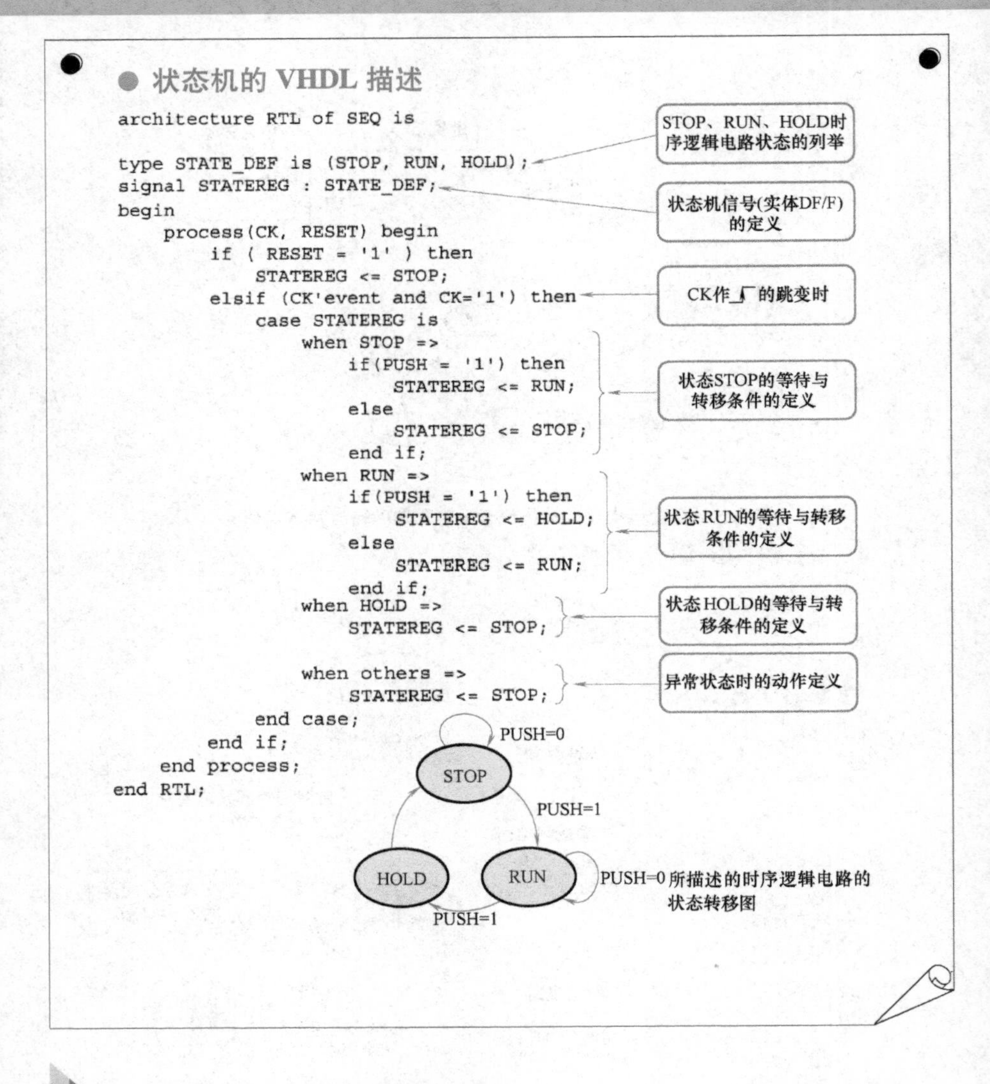

顺序脉冲分配器电路的必要性

来看一下按工序进行机械加工的情况。在对钢板进行“切割、折弯、螺钉固定”等加工时，且各工序是有先后顺序的。

对于数字电路也是如此，常常也希望电路按照一定的顺序进行动作。比如在串行通信的过程中，电路首先需要接收 8 位的数据，接收完成时还要将接收的数据传送到另一个锁存器进行保存，并且还要根据接收的数据来驱动 7 段 LED 数码管等，电路的动作顺序比较复杂。

实际上，数字电路的动作还有很多更为复杂的情况。例如电路要根据各种不同的外部条件（比如开关的设定等）执行不同的动作等，这样的电路我们就需要采用后面将要介绍的“状态机”来加以描述。

对于数字电路的这种复杂动作顺序，通常需要采用“顺序脉冲分配器电路”来实现。

顺序脉冲分配器电路决定同步电路的动作顺序

现代大规模数字电路复杂的顺序动作通常由顺序脉冲分配器电路来决定。

顺序脉冲分配器电路负责制定相关电路的动作顺序。顺序脉冲发生器通过发出选通脉冲信号，使得与其当前状态相对应的电路执行特定的动作。特定动作的执行是由完成相应功能的电路来实现的，而不是负责电路动作顺序制定的顺序脉冲发生器本身。

时序逻辑电路的状态是以顺序脉冲分配器的状态寄存器（的数值）来表示的。顺序脉冲分配器电路开始工作时，通常需要通过复位信号对其进行初始化。

计数器的顺序脉冲分配器电路

计数器电路本身也是一个顺序脉冲分配器电路。如第 53 课所介绍的十进制计数器电路，当顺序脉冲分配器（计数器电路）的状态为〃1001〃时，计数器将产生高位计数器的 +1 计数脉冲。高位计数器电路的逻辑动作也可以采用与此相同的另一个顺序脉冲分配器（高位计数器）电路来实现。

状态机的原理与顺序脉冲分配器电路

“状态机”是一种描述动作过程的概念模型。在该模型中可以给顺序脉冲分配器增加等待和转移等动作。顺序脉冲分配器本身也被称为状态机。

状态机中的“State 状态”与顺序脉冲分配器的“顺序”相对应。对于状态机的描述也是通过“状态迁转移图（状态图）”来进行的。

状态机的 VHDL 描述

在状态机 VHDL 描述中，最前面的声明部分，要将状态机的所有“状态”列举出来。状态列举采用的文字形式（也有 STOP、RUN、HOLD 等）。

对于每个状态在状态寄存器中所对应的实际状态（值），将由 HDL 编译器来自动分配。

微处理器与大规模逻辑电路

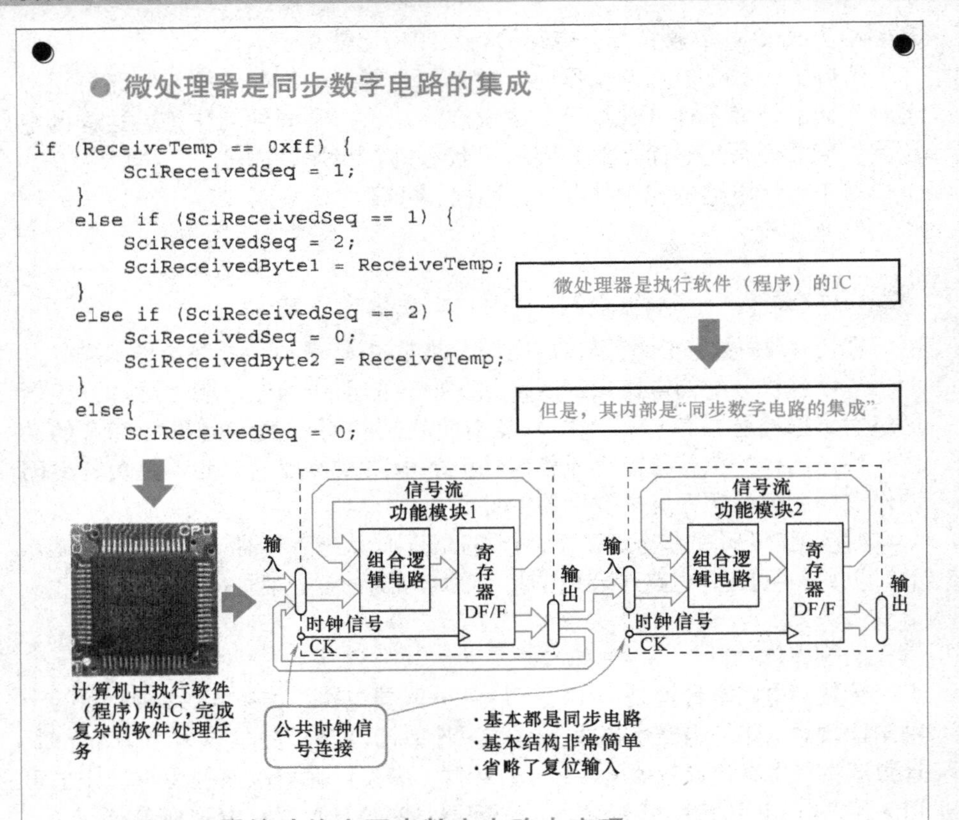

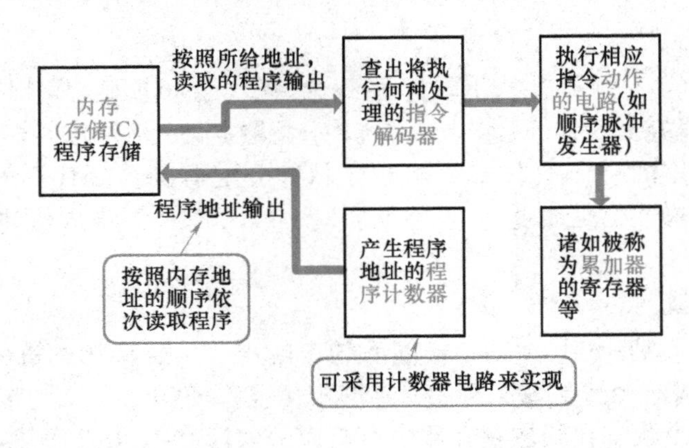

● 实现指令解释功能的译码器电路

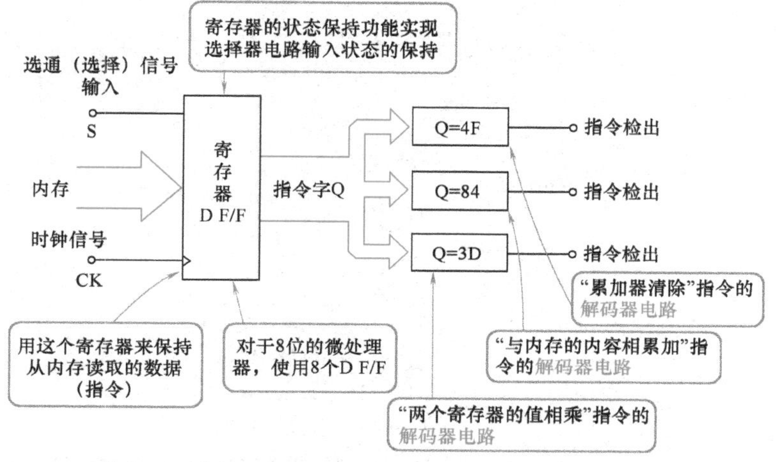

● 实现数据保持的累加器/寄存器电路

以8位微处理器为例

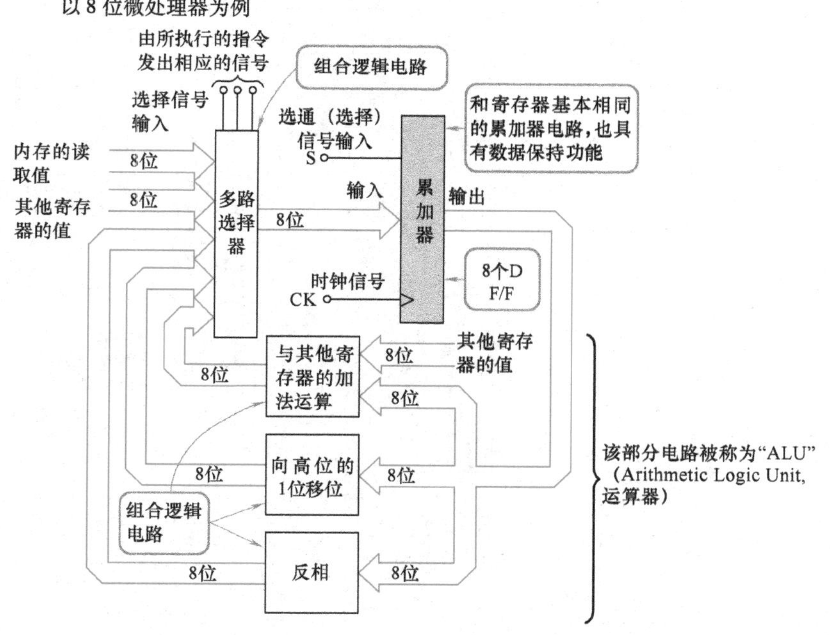

● 内存访问顺序脉冲分配器电路

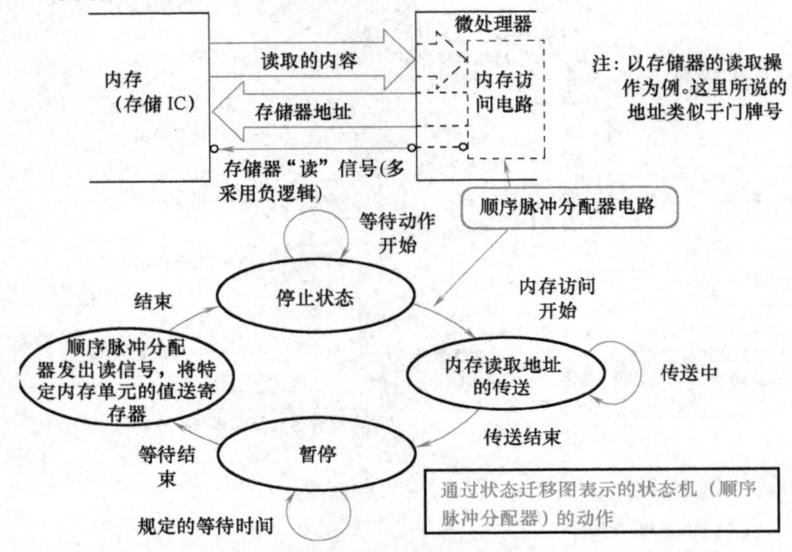

● 分支动作通过程序计数器值的重装来实现

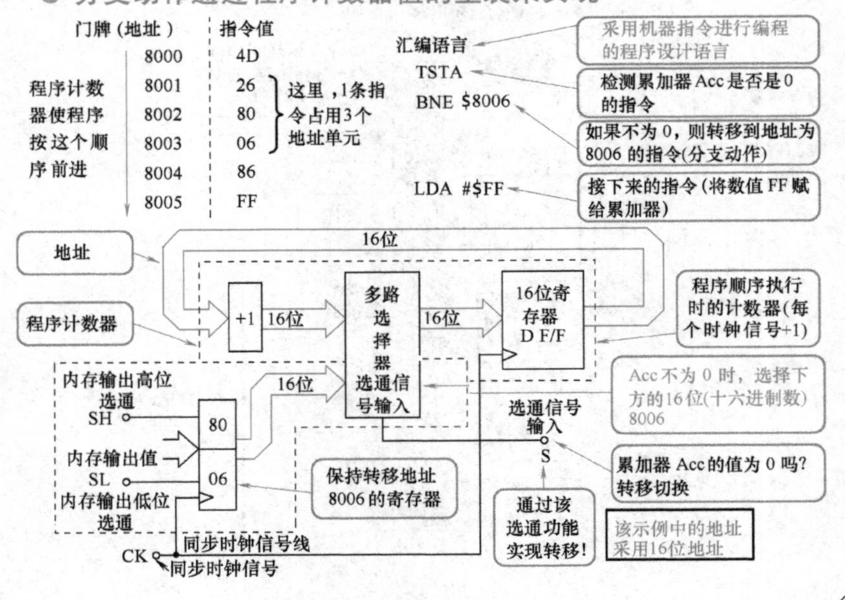

微处理器的功能由同步数字电路来实现

即使是在对软件进行复杂处理的微处理器中，也基本上都是同步数字电路在工作，以实现微处理器的各项功能。

程序通常都是存放在内存中的，并且以内存的地址按顺序依次读取。以某个地址从内存（存储 IC）中读取的程序指令字被送入到指令译码器，指令译码器发出相应的信号以完成该指令的相应动作。

从内存中读取程序指令的地址通常是通过计数器电路来实现的。该计数器被称为程序计数器。

实现指令解释功能的译码器电路

程序计数器指定下一条将要读取的指令字所在的内存地址。读取的指令字将要执行的动作则由指令译码器电路给出。

实现数据保持的累加器/寄存器电路

暂时保存当前计算结果的电路被称为“累加器”，其功能与寄存器电路基本相同。

内存访问顺序脉冲分配器电路

微处理器与内存之间的数据读写被称为“存储器访问”。

实现读取数据的存储器访问时，首先将要指定的内存地址传送到存储器电路，然后使得存储器“读”信号线有效（多采用负逻辑）。此时，内存中指定地址单元的数值从存储器电路输出，并被保持在外部的寄存器中。

实现内存访问的这一系列动作均是由“顺序脉冲分配器电路”来完成的。

分支动作通过程序计数器值的重装来实现

程序中诸如“如果累加器的值为 0 则执行下一条指令，否则转移到地址为 XXXX 处”指令的操作，被称为“分支动作”。

分支动作指令执行时，“累加器不为 0 时向地址 XXXX 的转移”是通过程序计数器的重装（写入）来实现的。

对程序计数器的写入功能，也是通过选通脉冲信号来具体实现。

数字信号处理的基本原理

音频设备的数字信号处理

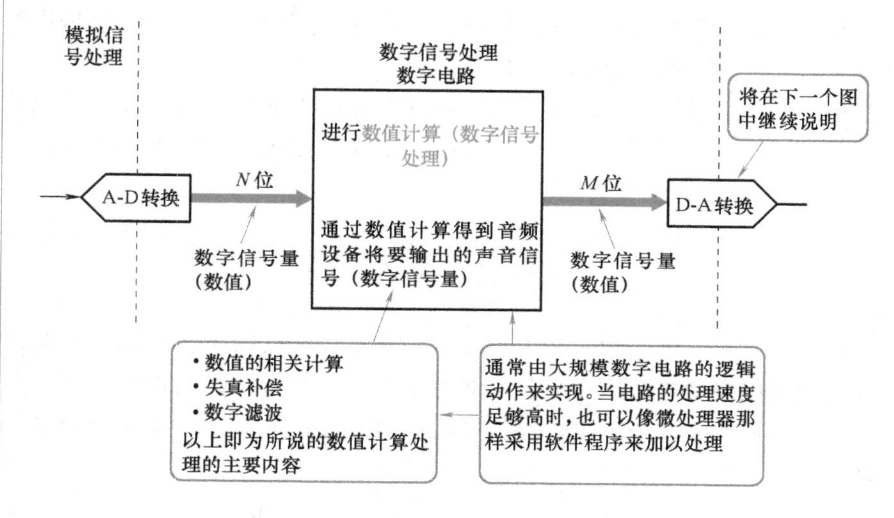

音频设备的D-A转换及模拟信号再生

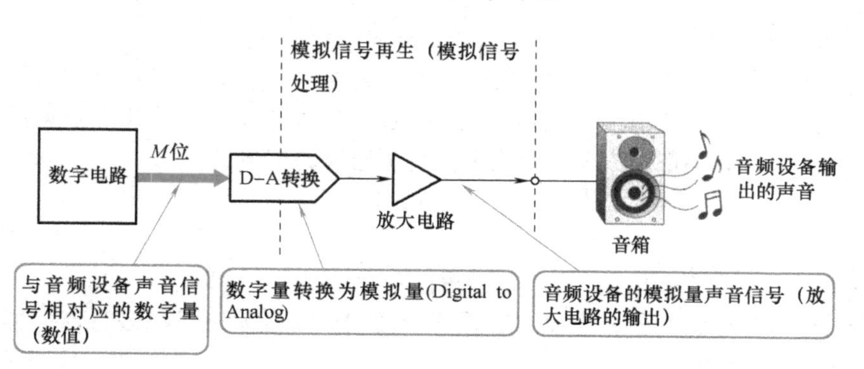

数字信号处理是现代信号处理的主流

在音频、视频等信号的处理领域，早先是采用模拟电路来对信号进行处理（称作“模拟信号处理”）的。

由于模拟信号处理方法存在难以得到稳定的性能以及难以完成复杂的特殊处理等缺陷，当代的信号处理普遍采用数字电路对信号进行处理（称作“数字信号处理”）。

自然界的物理量均为模拟量

自然界的物理量，如声音、亮度、质量等，可以通过特定的电路将其转换为相应的电信号，这个电信号通常也为“模拟量”。所谓模拟量，是指大小随时间连续变化的物理量。因此，模拟量在大小和时间上都是连续的。

数字信号处理是通过数字量的数值计算来实现的

所谓数字信号处理，就是将模拟量在每个同步时钟信号周期上的大小值转换为相应的数字量（数值），然后通过数值计算，实现信号处理的目的。因此，数字量在大小和时间上都是不连续的离散量。

音频设备示例中的模拟量信号放大及 A-D 转换

作为简单的例子，让我们来看看卡拉 OK 的音频设备。来自传声器的模拟声音信号在放大电路中得到放大。放大电路输出的模拟量信号被送入 A-D（Analog to Digital）转换电路，模拟量信号被转换为相应的数字信号，以供数字电路进行相应的数字信号处理。

数字信号处理数值计算处理

数字电路部分主要完成数值计算（数字信号处理）的相关功能。通过数值计算得到音频设备所希望的声音信号，以供输出电路输出。

数值计算通常由大规模数字电路的逻辑动作来完成。当电路的处理速度足够高时，也可以像微处理器那样采用软件程序来加以处理。

详细的数字信号处理方法超出了本书的范围，在此不做深入的介绍。一般地，数字信号处理的主要内容有“数值的相关计算”、“失真补偿”和“数字滤波”等。

数值计算的结果通过 D-A 转换以实现模拟量信号的再生

通过音频设备的数字信号处理，所得到的声音信号（数字信号量）还需要还原为实际的声音信号。

通常采用 D-A（Digital to Analog）转换器，将数字信号量（数值）转换为模拟量，并传送给后级的放大电路进行放大，最终驱动扬声器产生声音。

宽广的动态响应范围实现高频信号的处理

近年来，数字信号处理的采样时钟信号频率达到 100MHz ~ GHz 级，表示信号大小的数值范围“字长（位数）”也变得较大，因此能够处理较宽频率范围（称作“动态响应”）的数字信号。

因此，通过数字信号进行的现代数字信号处理技术，不仅能够实现高速、高精度、高保真的信号处理，还能够使得信号处理电路的工作更加稳定。

例题 1

试列举主要采用数字信号处理实现其功能的常用随身电子设备。

【例题 1 解】

CD、DVD 便携播放器等数字音频设备、数字无线广播、手机等。

这些只是实际应用中的一小部分例子。实际上，可以说几乎所有的现代电子设备中都有数字信号处理技术的应用。

第57课

A-D转换的原理

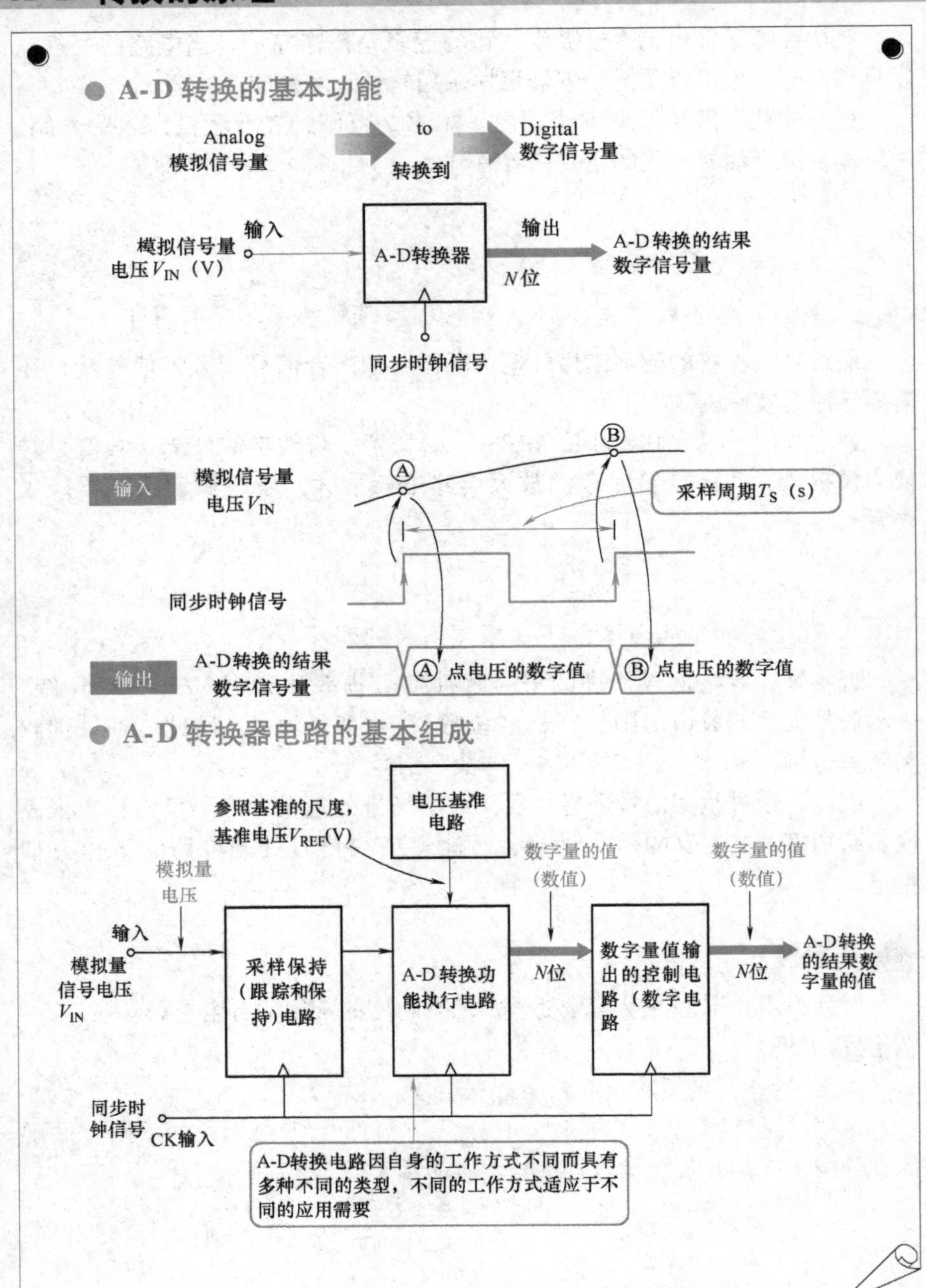

数字信号处理中的“采样失真”问题

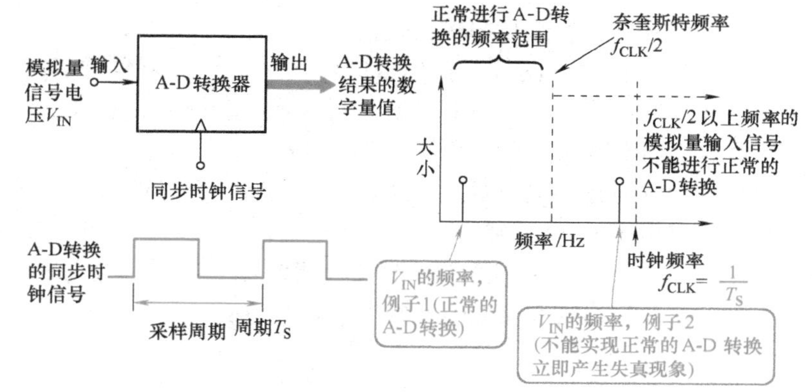
模拟量信号电压V_{IN}
输入
A-D转换器
输出
A-D转换结果的数字量值
同步时钟信号
A-D转换的同步时钟信号
采样周期 周期T_S
正常进行A-D转换的频率范围
奈奎斯特频率$f_{CLK}/2$
大小
$f_{CLK}/2$以上频率的模拟量输入信号不能进行正常的A-D转换
频率/Hz
时钟频率 $f_{CLK}=\frac{1}{T_S}$
V_{IN}的频率，例子1(正常的A-D转换)
V_{IN}的频率，例子2(不能实现正常的A-D转换立即产生失真现象)

从波形可以观察到的采样失真问题（$f_{CLK}=8$Hz）

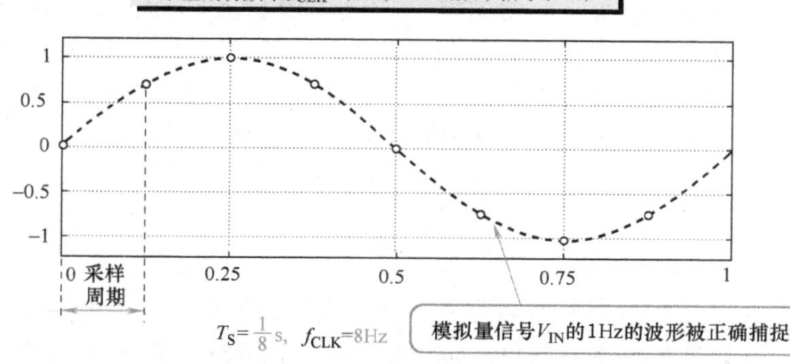
奈奎斯特频率$f_{CLK}/2$(4Hz)以下的频率信号(1Hz)
1
0.5
0
–0.5
–1
0 采样周期
0.25
0.5
0.75
1
$T_S=\frac{1}{8}$s，f_{CLK}=8Hz
模拟量信号V_{IN}的1Hz的波形被正确捕捉

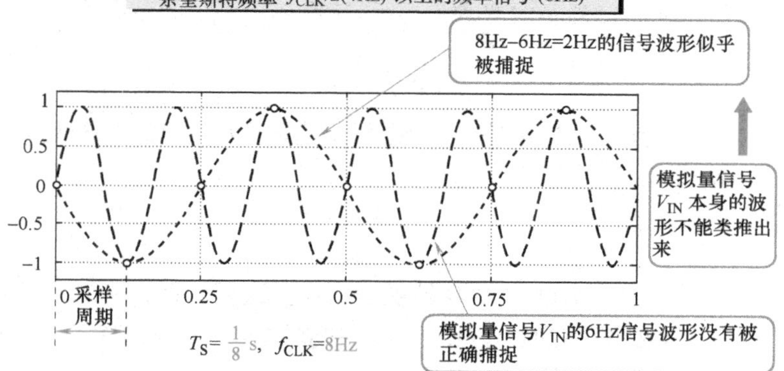
奈奎斯特频率 $f_{CLK}/2$(4Hz) 以上的频率信号 (6Hz)
8Hz–6Hz=2Hz的信号波形似乎被捕捉
1
0.5
0
–0.5
–1
0采样周期
0.25
0.5
0.75
1
$T_S=\frac{1}{8}$s，f_{CLK}=8Hz
模拟量信号V_{IN}本身的波形不能类推出来
模拟量信号V_{IN}的6Hz信号波形没有被正确捕捉

A-D 转换的基本功能和电路组成

模拟量信号到数字量信号的转换是通过 A-D 转换器（A-D Converter）来实现的。A-D 转换器在同步时钟信号的作用下，每个采样周期 T_S（s）进行一次 A-D 转换动作，将输入模拟量信号电压 V_{IN}（V）（也可以是电流量等信号）转换为相应大小的数字量，并加以输出。

A-D 转换器的电路组成包括同步时钟信号电路、在时钟信号控制下对输入模拟量信号电压 V_{IN}进行捕捉的采样保持（跟踪和保持）电路、执行 A-D 转换动作的电路、产生作为参照基准尺度的基准电压 V_{REF}（V）的电路以及数字信号量输出的控制电路（数字电路）等。

实现 A-D 转换功能的电路具有多种不同的类型

如后续的课程中所介绍的那样，进行 A-D 转换功能的电路有多重类型。不同类型的 A-D 转换器，其工作方式、分辨率（通常用位数：N 位表示）以及转换速度（通常用同步时钟信号来决定采样周期 T_S）均不相同，不同方式的 A-D 转换器适合于不同类型的应用要求。

A-D 转换以基准电压作为参照基准

尽管 A-D 转换器电路具有多种不同的类型和工作方式，但是它们也有一个共同点就是都需要一个产生基准电压 V_{REF}的电路，为 A-D 转换电路提供一个参照基准。分辨率为 N 位的 A-D 转换器对 V_{REF}的级数为

$$V_{LSB} = \frac{V_{REF}}{2^N} \tag{57-1}$$

A-D 转换电路将采样保持电路捕捉到的模拟信号电压 V_{IN}与上述细分基准电压进行比较：

$$D = \frac{V_{IN}}{V_{LSB}} \tag{57-2}$$

由此得到的整数 D 即为 A-D 转换的结果。这里的 V_{LSB}被称为“最小分辨率电压”，与此相对应的基准电压 V_{REF}则被称为“基准尺度”。最小分辨率电压 V_{LSB}也可理解为 V_{REF}的“刻度”。

数字信号处理中的“采样失真”问题

在同步时钟信号的作用下，A-D 转换器以采样周期 T_S 对模拟信号进行采样保持，由此产生了 A-D 转换的“采样失真”问题。

同步时钟信号的频率 $f_{CLK}=1/T_S$，其 1/2 倍频率 $f_{CLK}/2$ 被称为“奈奎斯特频率”。频率高于 $f_{CLK}/2$ 的输入模拟信号 V_{IN} 的分量，将不能被正确地进行 A-D 转换。

“采样失真”在信号的波形上表现得非常明确。低于奈奎斯特频率 $f_{CLK}/2$ 的输入模拟量信号 V_{IN}，在同步时钟信号的控制下，A-D 转换器以采样周期 T_S 可对输入信号进行正确的 A-D 转换。

高于奈奎斯特频率 $f_{CLK}/2$ 的输入模拟量信号 V_{IN}，同样以 T_S 的采样周期对各采样点的电压（各点电压）进行 A-D 转换，则发现对模拟量信号 V_{IN} 不能进行正确的 A-D 转换。

该现象被称为“采样失真”。

高于奈奎斯特频率的成分产生的失真噪声

当输入模拟量信号 V_{IN} 含有高于奈奎斯特频率 $f_{CLK}/2$ 的频率分量时，在 A-D 转换所得到的数字信号量中就会附加有额外的“失真噪声” V_{NOISE}。

因此，在实际的 A-D 转换过程中，输入模拟量信号 V_{IN} 不含有高于奈奎斯特频率 $f_{CLK}/2$ 的频率分量。

例题 1

对于分辨率为 16 位的 A-D 转换器，当其基准电压 $V_{REF}=10\text{V}$ 时，计算其最小分辨率电压 V_{LSB}。

【例题 1 解】

16 位分辨率的 A-D 转换器，转换的级数为 $2^{16}=65\ 536$。当基准电压 $V_{REF}=10\text{V}$ 时，其最小分辨率电压 V_{LSB} 为

$$V_{LSB}=\frac{10\text{V}}{65\ 536}=152.6\mu\text{V}$$

第 58 课

能得到高精度 A-D 转换的“双积分型 A-D 转换器”

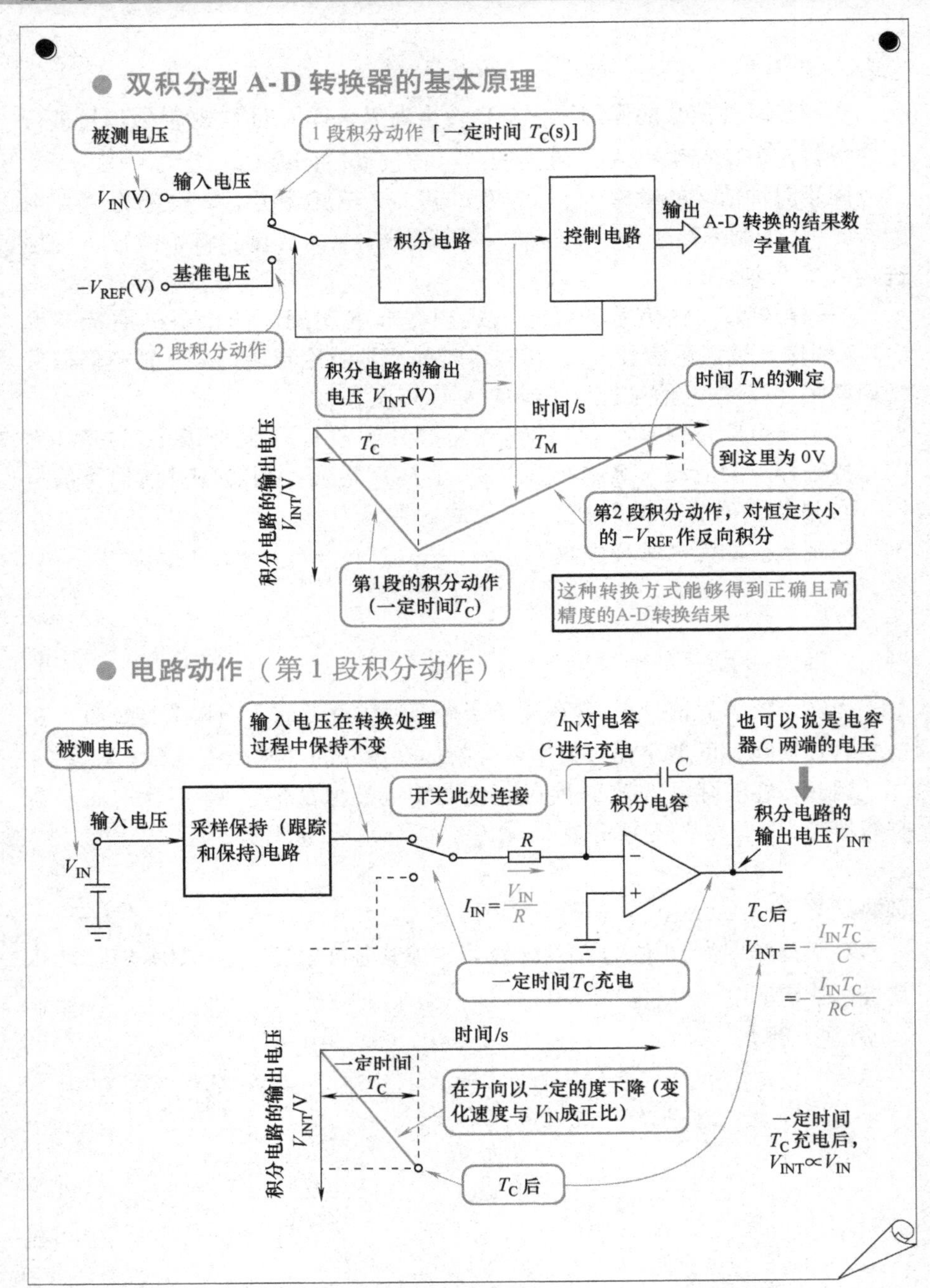

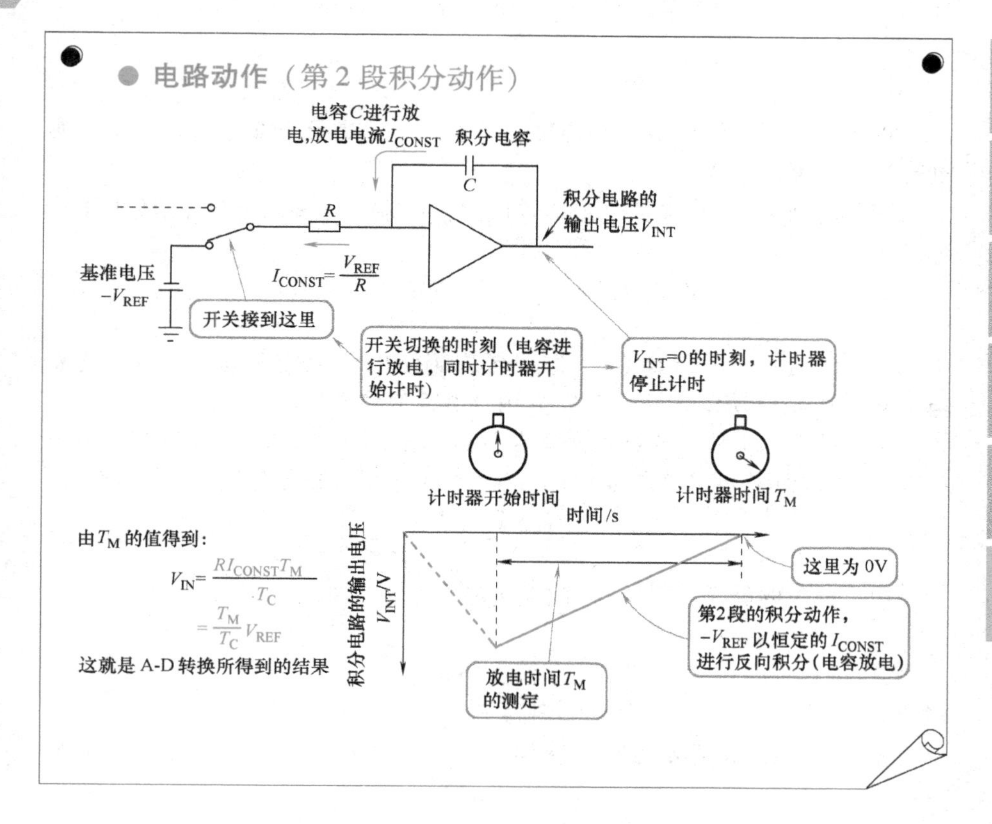

双积分型 A-D 转换器是一种出现较早的高精度转换方式

“双积分型” A-D 转换器是一种出现较早的高精度转换方式，该转换方式能够实现高精度的 A-D 转换，至今还在数字万用表等测量仪器中得到广泛的应用。

双积分型 A-D 转换器的基本的原理

转换器首先以输入电压（被测量电压）V_{IN}（V）作固定时间的第 1 段积分，然后与基准电压 $-V_{REF}$（V）作恒定电压的第 2 段反向积分，实现 V_{IN}与 V_{REF}的比较。从而，通过该两段的积分动作，得到正确且高精度的 A-D转换结果。

双积分型 A-D 转换器的电路动作（第 1 段积分动作）

输入电压（被测量电压）通过采样保持电路进行采样保持，并在转换处理过程中保持不变。

积分电路由 OP 放大器（或同等电路）实现。与输入电压 V_{IN}成正比的电流为

$$I_{IN}=\frac{V_{IN}}{R} \tag{58-1}$$

该电流对积分电容 C（F）作“预先确定的”固定时间 T_C（s）的充电（第 1 段积分动作）。R（Ω）为积分电路的输入电阻。

电容两端的电压，亦即积分电路的输出电压 V_{INT}（V），以与充电电流 I_{IN}成正比的固定速度沿负方向下降。经过时间 T_C 后，积分电路的输出电压为

$$V_{INT}=-\frac{I_{IN}\times T_C}{C}=-\frac{V_{IN}\times T_C}{R\times C} \tag{58-2}$$

由于充电时间 T_C 一定，因此最终的 V_{INT}与 V_{IN}成正比。

双积分型 A-D 转换器的电路动作（第 2 段积分动作）

接下来，电路充电电容两端的电压 V_{INT}对基准电压 $-V_{REF}$以恒定的电流：

$$I_{CONST}=\frac{V_{INT}}{R} \tag{58-3}$$

进行放电。在放电开始的时刻，计时器也同时启动，并从零点开始计时。

电容两端的电压（积分电路的输出电压）$V_{INT}=0V$ 的时刻，计时器停止计时。此时，此前被充电的电容两端的电压（积分电压）V_{INT}与计时器所计时间 T_M（s）的关系为

$$V_{INT}=\frac{I_{CONST}\times T_M}{C} \tag{58-4}$$

应用式（58-2）并整理得

$$\begin{aligned}T_M&=V_{INT}\times\frac{C}{I_{CONST}}=\frac{V_{IN}\times T_C}{R\times C}\times\frac{C}{I_{CONST}}\\&=\frac{V_{IN}\times T_C}{R\times I_{CONST}}\end{aligned} \tag{58-5}$$

由此得到输入电压 V_{IN} 与计时间 T_M 的关系为

$$V_{IN}=\frac{R\times I_{CONST}\times T_M}{T_C}=\frac{T_M}{T_C}V_{REF} \tag{58-6}$$

这就是A-D转换所得到的结果。

实现计时器高分辨率的设定

通过制作高精度的基准电压 V_{REF} 和恒定电流 I_{CONST}，双积分型A-D转换器能够实现非常高的转换精度。

通常 T_C 和 T_M 可采用数字电路的计时器加以正确地设定。如果在时间 T_C 内对电容快速充电，电容两端达到较高的电压，则电容的放电时间 T_M 就会变得很长，从而能够实现高分辨率的双积分型A-D转换。

另外，从电路的动作过程可以看到，双积分型A-D转换器的转换时间较长，这也是该转换器的一个缺点。

例题1

根据如下图所示的双积分型A-D转换器动作时间关系图，计算输入电压 V_{IN} 的大小。这里的基准电压 V_{REF} 为 $-10V$。

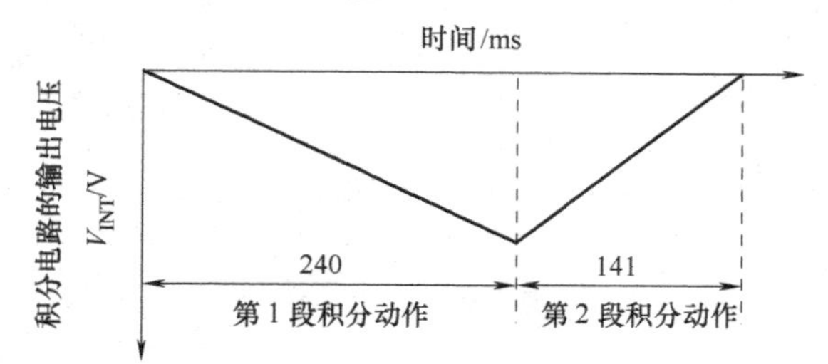

【例题1解】

由时间关系图可知，$T_C=240ms$，$T_M=141ms$。由式（58-6）可得

$$V_{IN}=\frac{T_M}{T_C}V_{REF}=\frac{141}{240}\times 10V=5.875V$$

第 *59* 课

应用非常广泛的“逐次逼近型 A-D 转换器”

● 如同天平一样的逐次逼近型（SAR 型）A-D 转换器

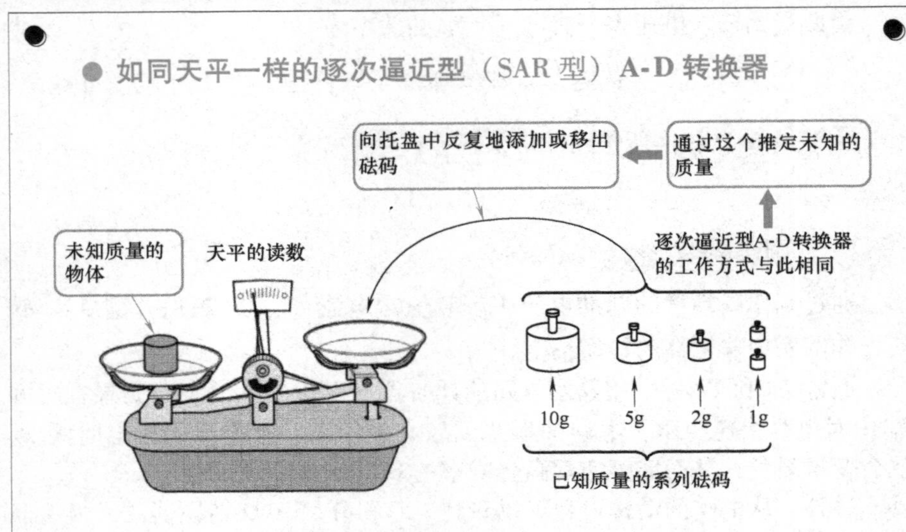

● 输入电压与 D-A 转换器输出的逐次比较

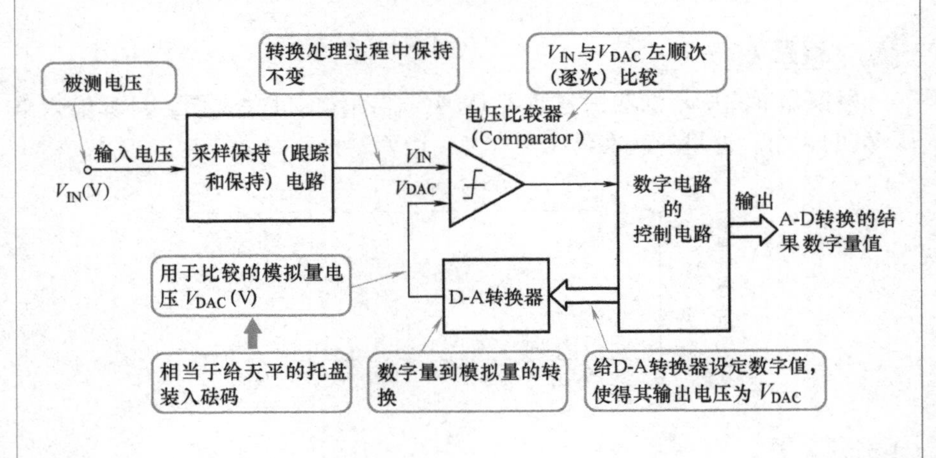

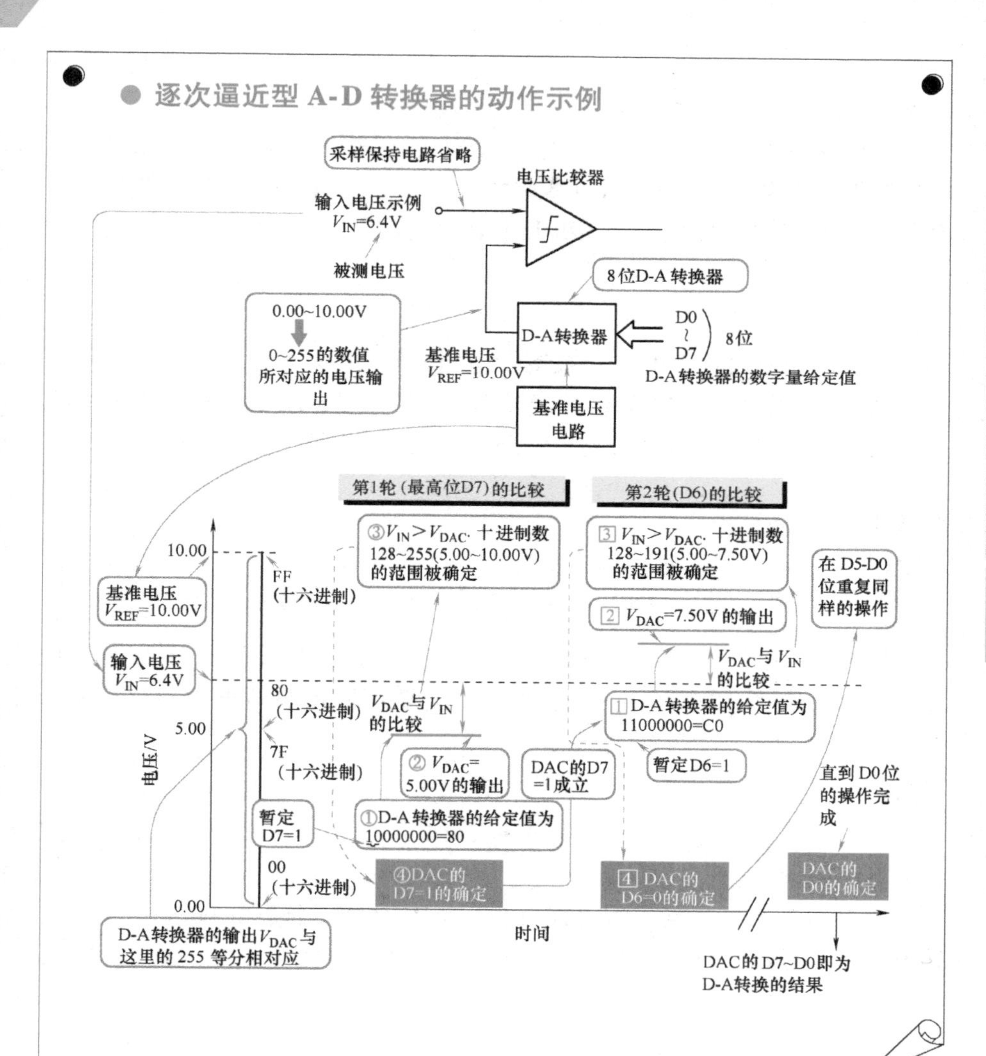

使用最多的逐次逼近型 A-D 转换器

逐次逼近（Successive Approximation Register，SAR）型 A-D 转换器，是一种最通用的 A-D 转换器，能够应用于各种各样的不同用途。

基本原理恰如天平对物体质量的称量过程

逐次逼近的 A-D 转换方式，如同天平对物体质量的称量过程。天平对未知质量物体的称量，是通过在托盘里放入一连串已知质量的砝码来进行的，并通过向托盘中反复地添加或移出砝码，最终推定待称物体的未知质量。

保持恒定的输入电压与 D-A 转换器输出电压的比较

A-D 转换器的输入电压（被测量电压）V_{IN}（V），通过“采样保持电路”进行采样保持，使在转换处理过程中保持不变。IC 内部构成中的 D-A 转换器（数字量转换为模拟量的电路，将在第 61 课中详细介绍）输出电压 V_{DAC}（V）与 V_{IN}通过电压比较器（Comparator）逐次进行比较，最终得到 A-D 转换的结果。

D-A 转换器相当于在为托盘装砝码进行逐次比较

D-A 转换器产生比较电压 V_{DAC}的过程相当于在天平的托盘上放入砝码的操作。通过这种操作，输入电压（被测电压）V_{IN}逐次地与已知电压 V_{DAC}进行比较。

逐次逼近型 A-D 转换动作示例（以 6.4V 输入电压为例）

作为“基准尺度”的基准电压 V_{REF}（V）为 10.00V，输入电压（被测电压）V_{IN}为 6.4V。

当采用 8 位 D-A 转换器（D7 ~ D0）时，D-A 转换器 0.00 ~ 10.00V 的输出电压 V_{DAC}范围被细分为 0 ~ 255 个电压等级。

首先确定最高位的位值

首先将 D-A 转换器给定值的最高位（MSB = D7）暂定为“1”，其余的各位（D6 ~ D0）均设为“0”，即为十六进制数的“80”。此时 D-A 转换器（DAC）的输出电压为

$$V_{DAC} = \frac{V_{REF}}{2} = 5.00\text{V} \tag{59-1}$$

将该输出电压 V_{DAC}与输入电压 V_{IN}进行比较。

若 $V_{IN} < V_{DAC}$，则说明 V_{IN}的值位于“十进制数 0 ~ 127”的范围内，因

此DAC的D7=0。

若$V_{IN} \geqslant V_{DAC}$，则说明V_{IN}的值位于“十进制数128~255”的范围内，因此DAC的D7=1。

逐次进行低位的比较

比较的结果是DAC的MSB=D7被确定为1。接着将DAC的D6位暂定为“1”。由于D7=1，因此，D-A转换器的给定值为“C0”。此时D-A转换器的输出电压为

$$V_{DAC}=\frac{3\times V_{REF}}{4}=7.50\text{V} \tag{59-2}$$

再一次将该输出电压V_{DAC}与输入电压V_{IN}进行比较。

若$V_{IN}<V_{DAC}$，即V_{IN}为“十进制数129~191”，因此DAC的D6=0。

若$V_{IN} \geqslant V_{DAC}$，即V_{IN}为“十进制数192~255”，因此DAC的D6=1。

依照上述的方法，逐次对D5~D0的电压值进行比较，以确定其值。当8个位的比较均结束时，D-A转换器D7~D0的值即为A-D转换的结果。

例题1

基准电压V_{REF}=3V的3位逐次逼近型A-D转换器，当输入电压V_{IN}=3.2V时，试给出得出A-D转换结果数字量值的动作过程。

【例题1解】

对于3位的A-D转换器，逐次需要进行3次的比较动作。

第1次

D-A转换器=100⇒V_{DAC}=2.5V　$V_{IN}>V_{DAC}$，因此D2=1

（这里为1）

第2次

D-A转换器=110⇒V_{DAC}=3.75V　$V_{IN}>V_{DAC}$，因此D1=0

（确定）（这里为1）

第3次

D-A转换器=101⇒V_{DAC}=3.125V　$V_{IN}>V_{DAC}$，因此D0=1

（确定）（这里为1）

所得的A-D转换的结果为101。

第60课

能得到超高精度A-D转换的“Δ-Σ型A-D转换器”

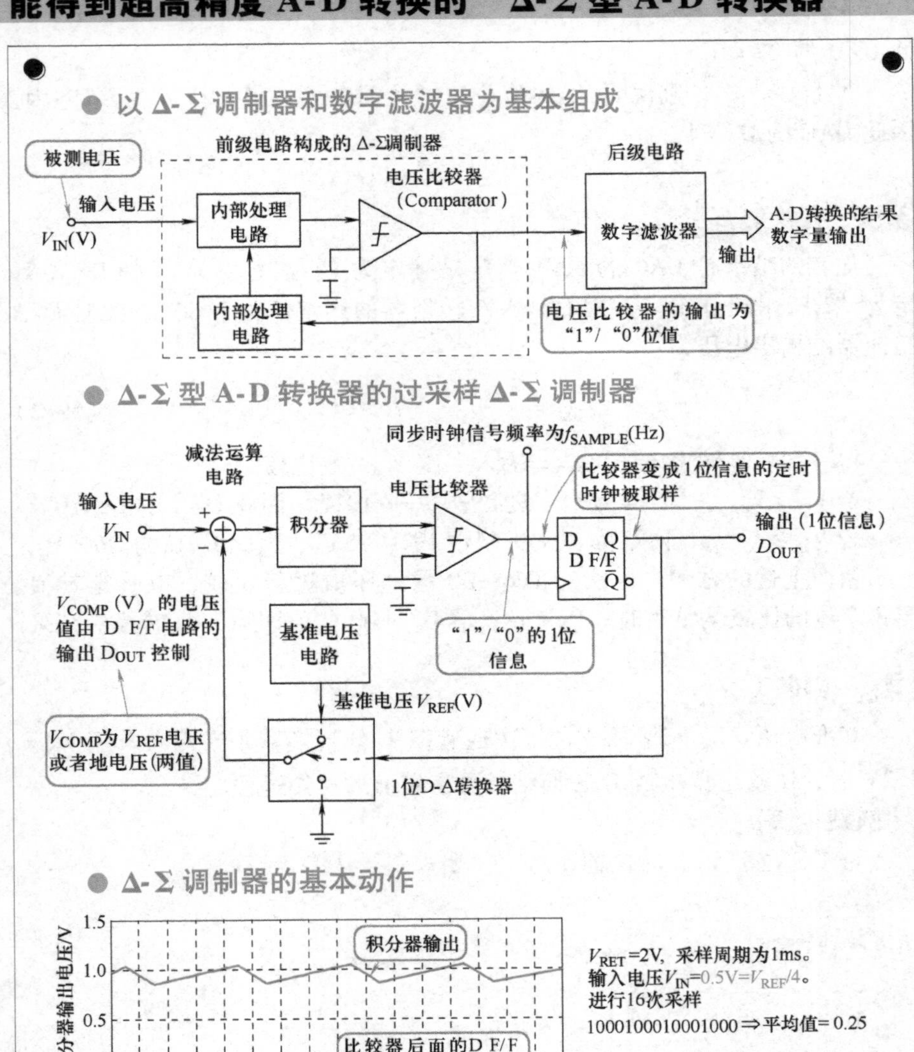

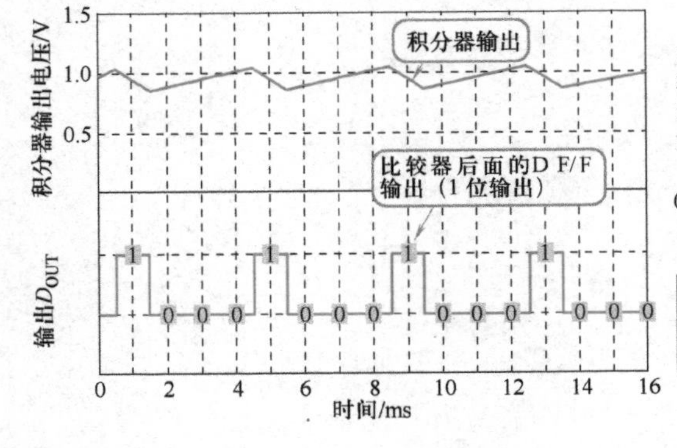

V_{RET}=2V，采样周期为1ms。
输入电压V_{IN}=0.5V=V_{REF}/4。
进行16次采样
1000100010001000⇒平均值= 0.25

0.25×V_{REF}=0.25×2V=0.5V
与输入电压V_{IN}相同。

总之，Δ-Σ调制器单个的1位信息几乎是没有意义的，大量样品的平均值才可作为A-D转换的结果

● 数字滤波器的噪声衰减

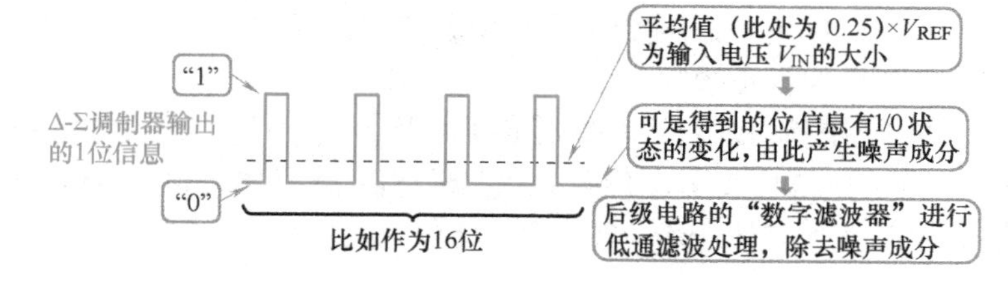

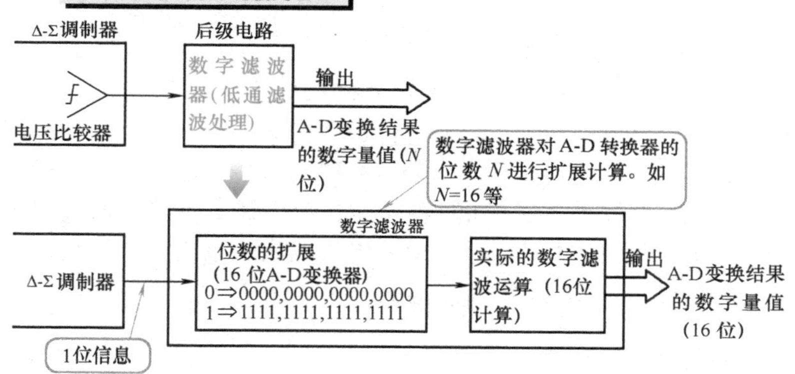

● Δ-Σ 调制产生的噪声偏向于高频区域

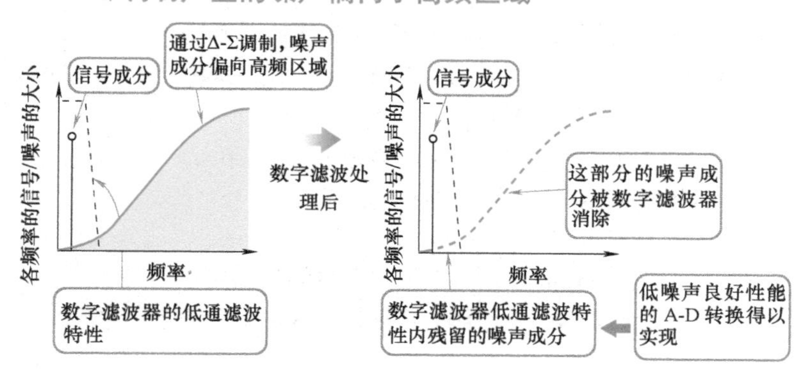

以 Δ-Σ 调制器和数字滤波器为基本组成

Δ-Σ 型 A-D 转换器，是由前级的 Δ-Σ 调制器和后级的数字滤波器组成的。该型 A-D 转换器也被称为 Σ-Δ 型 A-D 转换器。

Δ-Σ 调制器的输入电压（被测电压）V_{IN}（V）与电路的输出作差分（减法）运算。电压比较器输出 1 位的"1"/"0"。因此，该 A-D 转换器也被称为 1 位的 A-D 转换器。

Δ-Σ 型 A-D 转换器的过采样 Δ-Σ 调制器

Δ-Σ 调制器的输入电压（被测量电压）V_{IN}与调制器输出 D_{OUT}所控制的两值［0V 的地电压与基准电压 V_{REF}（V）］电压 V_{COMP}（V）的差值。该输入电压通过积分器进行积分，积分器的输出通过比较器与一个固定的电压进行比较，从而输出"1"/"0"的 1 位信息。该 1 位信息通过同步时钟信号锁存在 D F/F 的输出 D_{OUT}上。D F/F 的输出 D_{OUT}反过来再控制与输入电压 V_{IN}作差分运算的电压量 V_{COMP}的大小。

Δ-Σ 调制器的基本动作

在此以实例来说明 Δ-Σ 调制器的动作过程。基准电压 $V_{REF}=2V$，输入电压 V_{IN}为 0.50V（$V_{REF}/4$）时，通过 16 次的 Δ-Σ 调制，在 Δ-Σ 调制器的输出 D_{OUT}上得到 16 位的位序列。

通过该位序列可求得其 16 个 1/0 的平均值$\bar{x}$（$0 \leqslant x \leqslant 1$ 的小数值）为 0.25，进而可得输入电压 V_{IN}的大小：

$$\bar{x} \times V_{REF} = 0.25 \times 2V = 0.50V = V_{IN} \tag{60-1}$$

当输入电压 V_{IN}接近基准电压 V_{REF}时，调制器输出的位序列中的 1 的个数就要多于 0 的个数。反之，当 V_{IN}接近地电压时，0 的个数就要多于 1 的个数。

Δ-Σ 调制器单个的 1 位信息几乎没有意义

由此可以看出，Δ-Σ 调制器单次采样的 1 位输出信息 D_{OUT}几乎是没有意义的，只有大量采样的平均值$\bar{x}$才能作为A-D转换的结果。

通过“数字滤波器”的噪声衰减

输入电压V_{IN}是通过Δ-Σ调制器所输出的位序列的电压平均值求得($\bar{x} \times V_{REF}$)。由于调制器输出的位信息具有1/0的状态变化，因而在A-D转换结果中也产生了噪声成分。

在此，通过电路的低通环形数字滤波器对输出信号进行滤波处理，以去除其中的噪声成分。

数字滤波器的位数扩展

虽然数字滤波器的输入为1/0的位序列，但是在滤波器的运算中是将每一个位扩展到A-D转换器的位宽度（Word）来进行计算的。对于16位的A-D转换器：

当Δ-Σ调制器的位为“0”⇒则运算字为“0000 0000 0000 0000”

当Δ-Σ调制器的位为“1”⇒则运算字为“1111 1111 1111 1111”

Δ-Σ调制产生的噪声偏向于高频区域

Δ-Σ调制器输出的位序列，具有噪声成分偏向于高频区域的特点。

通过数字滤波器的滤波，去除偏向高频区域的噪声成分，采用性能良好的（高SN比，高分辨率）A-D转换得以实现。

低频分量信号的间隔输出

与采样时钟速度f_{SAMPLE}（Hz）相比，通过数字滤波器得到（噪声衰减）的A-D转换结果是“低频分量”，因此转换器不能够以f_{SAMPLE}那样快的速度输出A-D转换结果。

通常，A-D转换器输出的数字量的更新速度f_{OUT}（Hz）为采样时钟频率的数1/10，A-D转换为每数十个采样周期完成一次的“间隔处理”，有效信息的输出速度为f_{OUT}。也将此称为“抽取（Decimation）”。

第 61 课

D-A 转换原理

● D-A 转换的基本原理

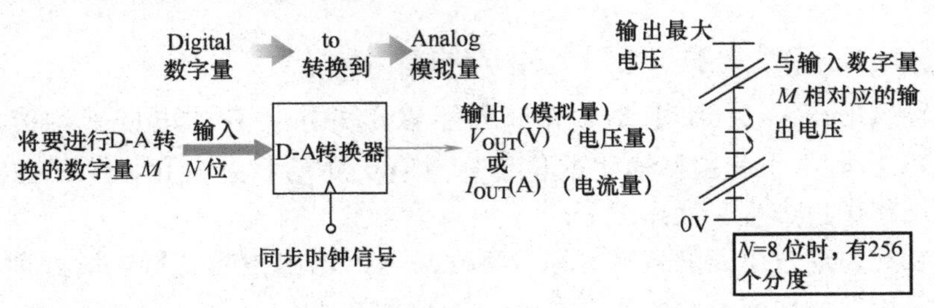

● 最普通的 R-2R 梯形电阻网络 D-A 转换方式

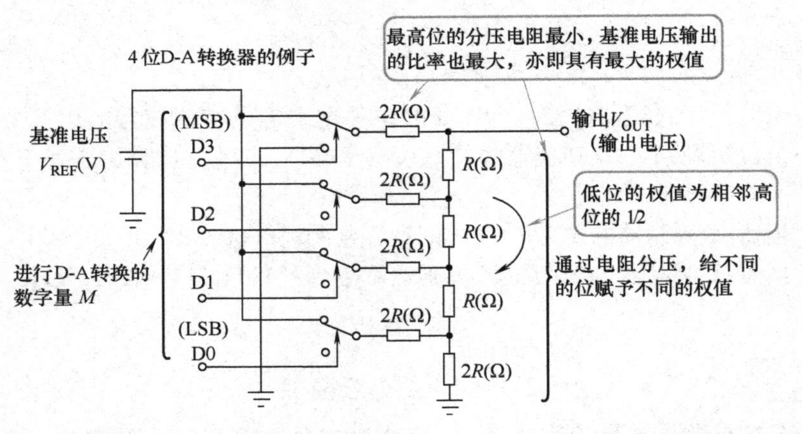

● 通过两级 R-2R 梯形电阻网络的 2 位 D-A 转换器来分析转换原理

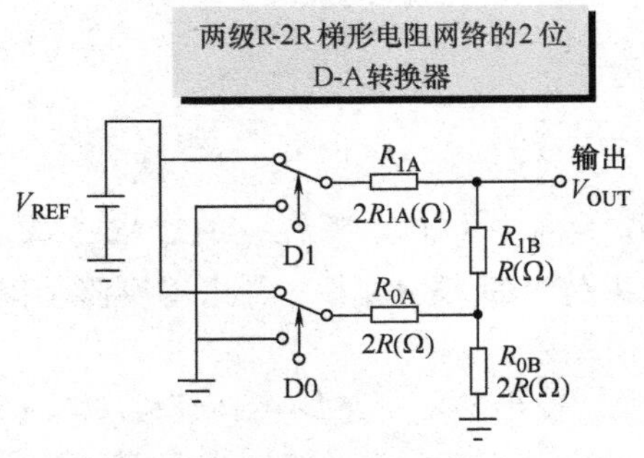

注：R、2R 均为电阻值的标注，各元件的单位均为欧姆（Ω）

● 2位D-A转换器位的动作

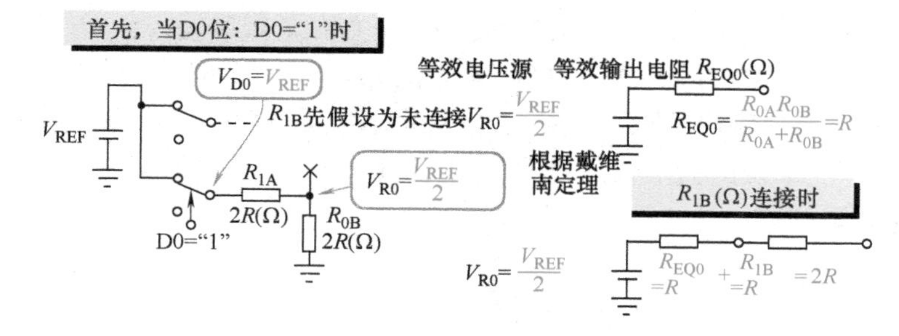

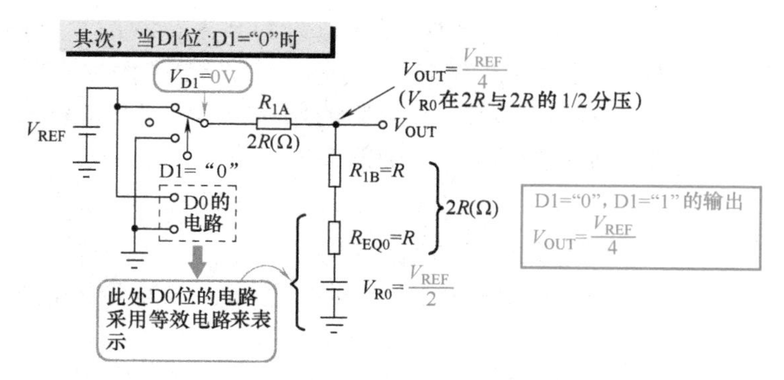

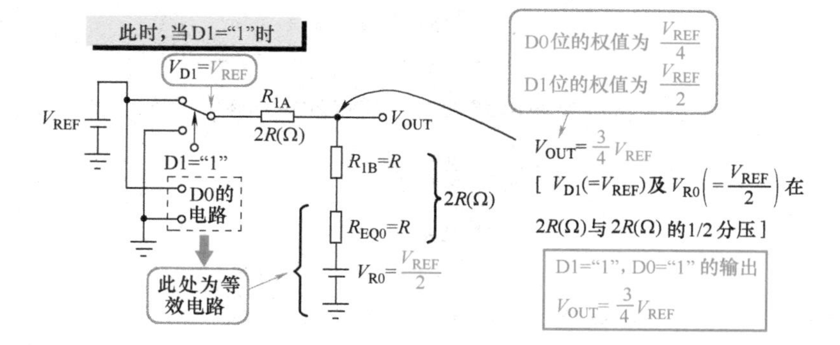

D-A 转换的基本原理

D-A 转换器（D-A Converter），是一种将 N 位的数字输入量 M（$M=0$ 到 2^N-1）转换为相应的电压 V_{OUT}（V）或电流 I_{OUT}（A）等模拟量输出的电路。

D-A 转换器输出的模拟量，是与数字输入量 M 相对应的离散的模拟量。例如 $N=8$ 位的数字输入量 M（$M=0$ 到 2^8-1），只能与256个分级的离散模拟量相对应。

最普通的 R-2R 梯形电阻网络 D-A 转换方式

R-2R 梯形电阻网络 D-A 转换是一种最普通的 D-A 转换方式。该 D-A 转换电路通过电阻对基准电压 V_{REF}（V）进行分压，以得到不同位上的权值。

与较高位相对应的电压，其分压电阻的比率较小，以获得较大权值的电压。低位的权值均是其相邻高位权值的1/2。

通过两级 R-2R 梯形电阻网络的 2 位 D-A 转换器来分析转换的原理

在此，分析两级 R-2R 梯形电阻网络的 2 位 D-A 转换器电路的工作原理。首先

$$R_{0A}=2R，R_{0B}=2R，R_{1B}=\infty\,\Omega\text{（未连接）}$$

当 D0 位的逻辑值为“1”时，D0 位对应的电压 V_{D0}（V）为

$$V_{D0}=V_{REF}$$

式中，V_{REF}为基准电压。等效电路中，中间点的电压 V_{R0}（V）为

$$V_{R0}=\frac{V_{REF}}{2}，R_{EQ0}=R \tag{61-1}$$

式中，R_{EQ0}为输出电阻。其次，当电阻

$$R_{1B}=R$$

的接入，电路的电阻值仍然为 $R_{1B}+R_{EQ0}=2R$。

每降低 1 个位，其权值则也降低 1/2

当 D1 位的逻辑值为“0”时，D1 位对应的电压 V_{D1}（V）为0V，即 V_{OUT}为

$$V_{OUT}=\frac{V_{REF}}{4} \tag{61-2}$$

当 D1 位的逻辑值为“1”时，V_{D1} 为 V_{REF}，因此

$$V_{OUT} = \frac{3}{4}V_{REF} \tag{61-3}$$

由此可见，D0 位对应的电压变化量为 $V_{REF}/4$（V），D1 位对应的电压变化量为 $V_{REF}/2$（V）。位数每降低 1 位，其权值则也降低 1/2。

对于 3 位以上的 A-D 转换电路的情况，可以反复应用相同的方法，依此类推。

线电阻型 D-A 转换器

该型 D-A 转换器电路中，电阻在地电位到基准电压 V_{REF} 之间（像线一样地）串联连接，用数字量输入值 M 控制相对应连接点的转换开关，从而取出相应连接点的输出电压 V_{OUT}。

电流输出的电流控制方式

这是一种输出电流 I_{OUT} 的“电流输出型 D-A 转换器”。

该型 D-A 转换器电路构成中，采用转换开关切换相应的电流源转换，以实现 D-A 转换的功能。由于该电路可以实现高速动作，因此在高速 D-A 转换器中经常被采用。该种 D-A 转换方式也被称为“电流控制”方式。

D-A 转换也有失真的问题

与 A-D 转换一样，D-A 转换也有类似失真问题的产生。通常所说的“频率失真”或“波形失真”的问题，会使得通过 D-A 转换实现模拟信号再生出现问题。

例题 1

基准电压 V_{REF} 为 10V 的 16 位 D-A 转换器，当其输入数字量的值 M 为十六进制数的“3F7A”时，试计算其输出电压 V_{OUT}。

【例题 1 解】

如果分辨率为 16 位，则其最小分辨率电压 V_{LSB}（V）为（$10/2^{16}$V）。因为十六进制数的“3F7A”为十进制数 16250，所以

$$V_{OUT} = \frac{10}{2^{16}}\text{V} \times 16250 = 2.4796\text{V}$$

直接数字频率合成器的信号发生

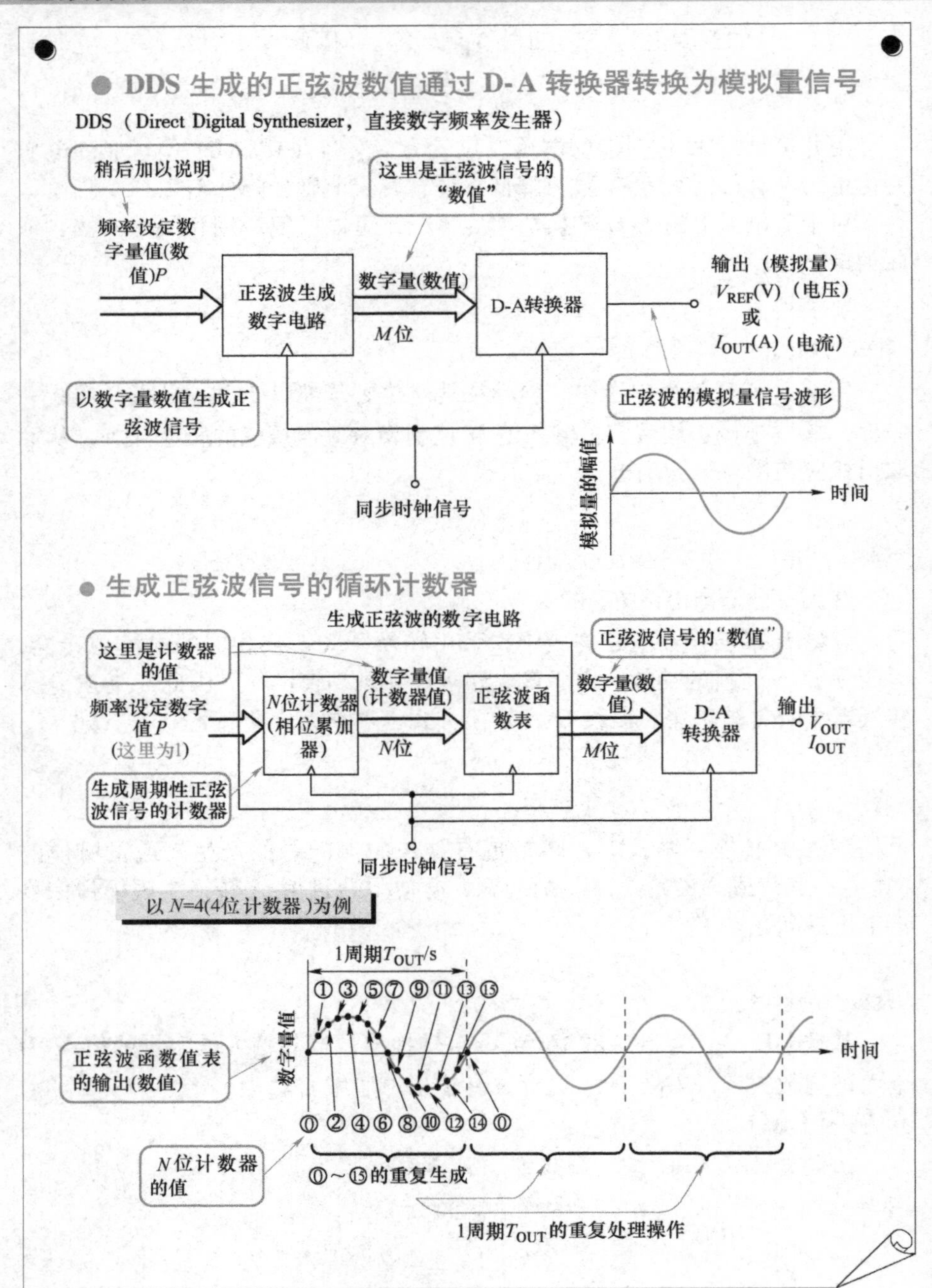

计数器的输出值为正弦波函数表的读取地址

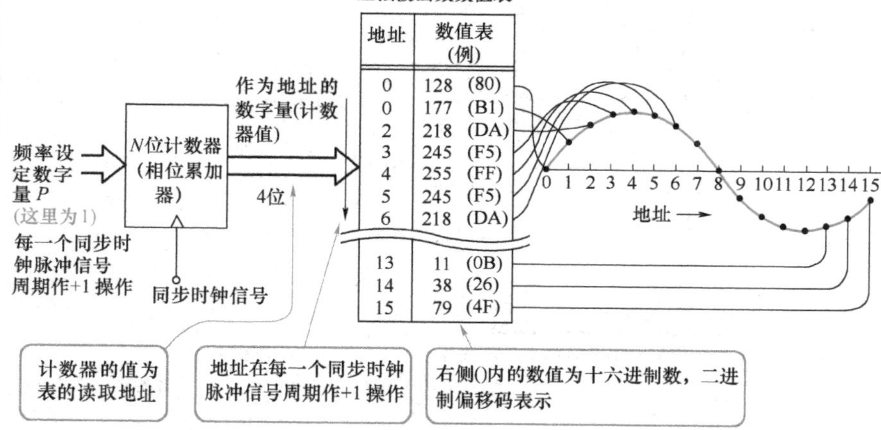

计数器跳变与信号频率的变化

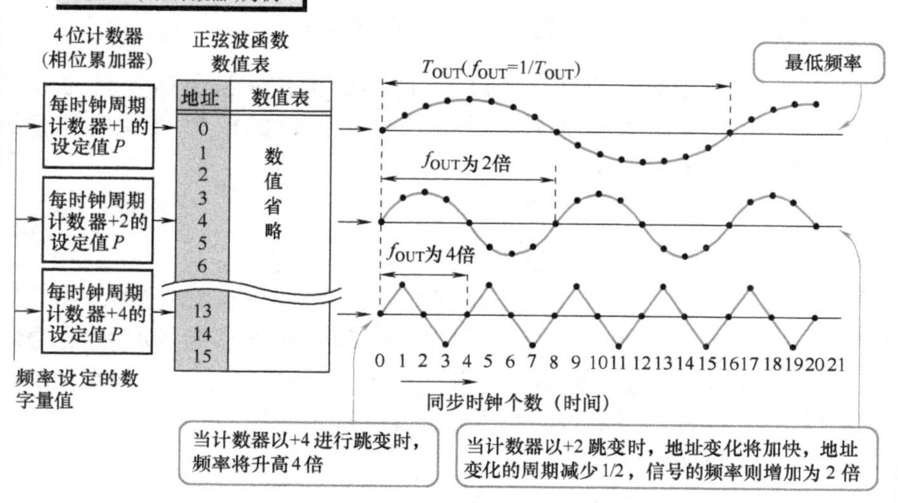

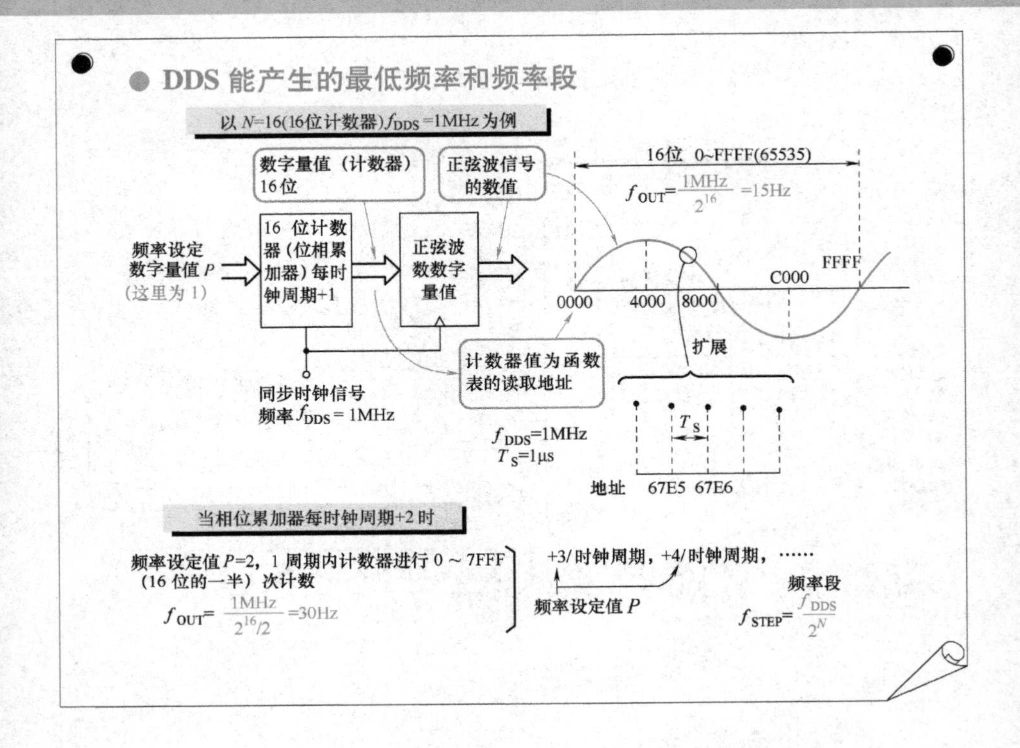

DDS 生成的正弦波数值通过 D-A 转换器转换为模拟量信号

DDS（Direct Digital Synthesizer）通过生成正弦波信号数字量值（数值），并将其送到 D-A 转换器，从而还原为正弦波模拟信号波形电压 V_{OUT}（V）（或者电流 I_{OUT}（A））。

生成正弦波信号的循环计数器

通过 1 周期 T_{OUT}（s）内的正弦波信号数字量的生成，可以形成 1 周期的正弦波信号 V_{OUT}。通过循环计数器的循环处理，即可得到周期性的正弦波信号。

对于 N 位的计数器，将能够实现 $C_{(N)}$（$C_{(N)}=2^N$ 个点）个计数值。这个计数器 $C_{(N)}$ 即为 DDS 的核心相位累加器。

计数器的输出值为正弦波函数表的读取地址

4 位计数器 $C_{(4)}$ 能够进行 0 ~ 15 次计数操作。每时钟周期计数器 +1，

将输出 $C_{(4)}$ 个正弦波函数数值表的读取地址。

正弦波函数值表的地址为0~15，1周期正弦波信号被等分为16个段，每段起点相应的函数值（正弦波函数数值）存放在该正弦波函数值表中。

通过D-A转换器的还原，可以得到16个时钟周期为1周期 T_{OUT} 的正弦波信号输出 V_{OUT}。

计数器跳变与信号频率的变化

由于相位累加器 $C_{(N)}$ 在每个同步时钟信号周期的跳变数是可以任意设定的，因此正弦波信号的周期 T_{OUT} 也是可变的。正弦波信号的频率通常通过相位累加器 $C_{(N)}$ 在每个时钟周期的跳变数 P 来设定的。

当跳变数 P 增大时，正弦波函数值表的读取地址的变化也将加快。反映在输出信号波形上，相当于输出的正弦波函数数值的周期 T_{OUT} 变短了。因此，通过相位累加器 $C_{(N)}$ 在每个时钟周期跳变数 P 的设定，即形成了一种可变频率的结构。

DDS能产生的最低频率和频率段

在此以16位相位累加器（计数器 $C_{(16)}=2^{16}$ 点）为例。$C_{(16)}$ 共有0~65535个计数值，当同步时钟信号的频率 $f_{DDS}=1\text{MHz}$ 时，DDS所能产生的正弦波信号最长周期 T_{OUT} 所对应的频率 f_{OUT} 为

$$f_{OUT}=1\times10^{6}/2^{16}=1\times10^{6}/65536\text{Hz}=15\text{Hz} \tag{62-1}$$

当相位累加器 $C_{(16)}$ 被设定为每时钟周期+2（频率设定值 $P=2$）时，DDS所产生的正弦波信号频率 f_{OUT} 为

$$f_{OUT}=1\times10^{6}/(2^{16}/2)=1\times10^{6}/32768\text{Hz}=30\text{Hz} \tag{62-2}$$

由此可以看出，频率设定值 P 增加1，则输出的正弦波频率增加了15Hz，DDS所能产生的频率段 f_{STEP}（Hz）与最低频率相等。

$$f_{STEP}=\frac{f_{DDS}}{2^{N}} \tag{62-3}$$

式中，f_{DDS} 为同步时钟信号频率（Hz）；N 为相位累加器 $C_{(N)}$ 的位数。通过改变相位累加器 $C_{(N)}$ 的跳变数 P（频率设定值），能够产生 $f_{STEP}P$ 的任意频率的正弦波输出信号。

理论上，所能产生的最高信号频率为 $f_{DDS}/2$（Hz）。

第 63 课
锁相环（PLL）的信号发生

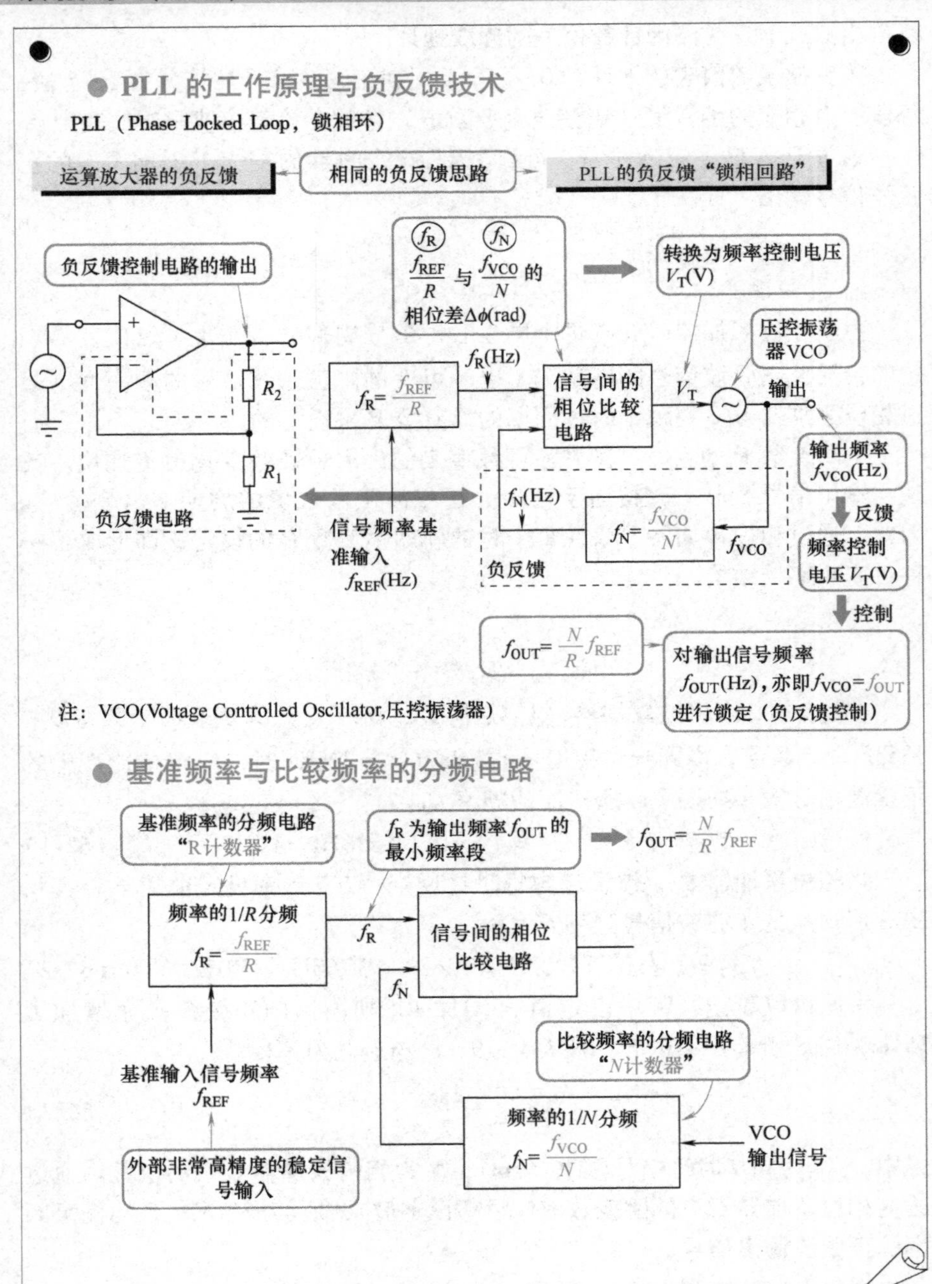

● 相位比较器与电荷泵

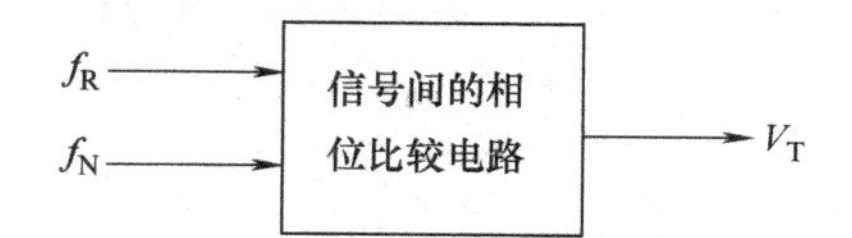

这里仅仅是一个简化的框图，实际的电路如下：

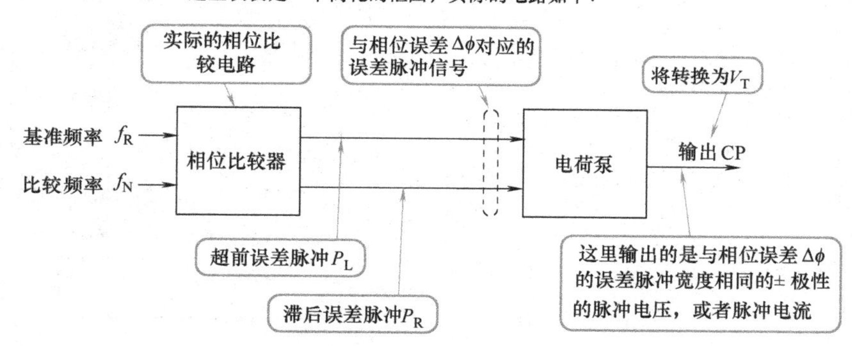

各部分的脉冲信号

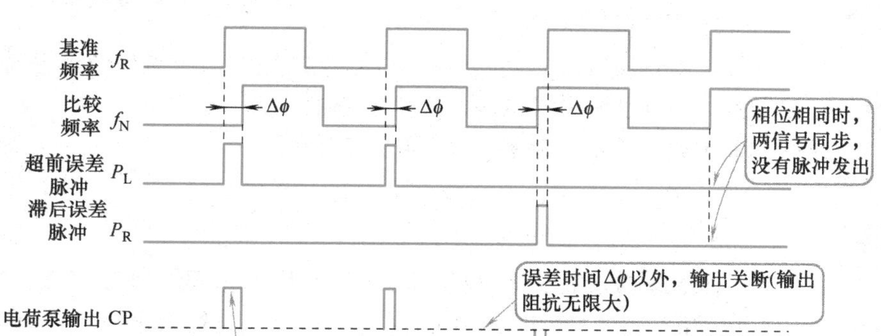

与误差Δϕ相对应，与脉冲P_L宽度相同的正向脉冲电压（也有脉冲电流输出的IC）

与误差Δϕ相对应，与脉冲P_R宽度相同的负向脉冲电压（也有脉冲电流输出的IC）

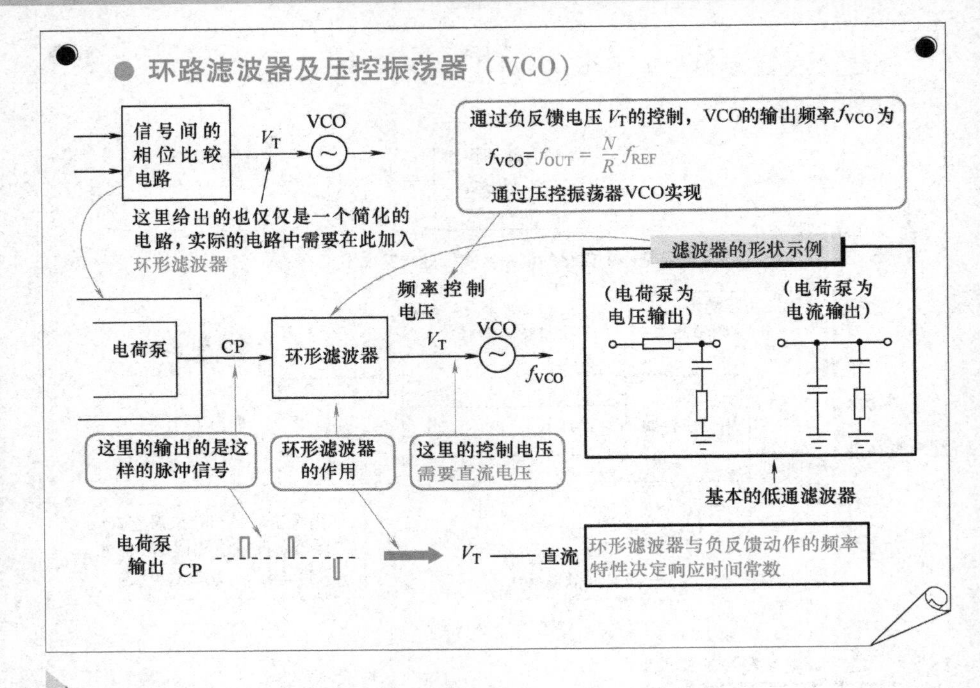

PLL 是一种被广泛使用的频率发生方式

PLL（Phase Locked Loop，锁相环）技术，广泛应用于无线通信系统。另外，在电机、控制及测量等系统中应用也非常广。

通过 PLL 电路，能够产生各种不同的频率信号。

PLL 的工作原理及负反馈控制

PLL 的工作原理与运算放大器的负反馈控制原理相同。通过频率控制电压 V_T（V）控制压控振荡器（VCO）（是一种可通过输入电压改变其输出频率 f_{VCO}（Hz）的器件）的输出频率，以实现电路输出频率 f_{OUT}（Hz）。

为了实现锁定电路输出频率 f_{OUT} 的目的，首先需要对 VCO 频率 f_{VCO} 以及基准输入信号频率 f_{REF}（Hz）进行分频（通过计数器电路，将原频率数除以计数器值，得到新的频率值），然后通过信号间的相位比较，将所产生的相位差 $\Delta\phi$（rad）以负反馈形式返回到电路输入端。因此，也将此电路称高位“锁相回路”。

基准频率与比较频率的分频电路

基准输入信号频率f_{REF}的分频由“R计数器”电路来实现。分频后基准频率f_R（Hz）为

$$f_R = \frac{f_{REF}}{R} \tag{63-1}$$

式中，R为基准频率的分频比；f_R为输出频率间隔的最小级数（频率段）。

VCO频率f_{VCO}的分频由“N计数器”电路来实现。分频后比较频率f_N(Hz)为

$$f_N = \frac{f_{VCO}}{N} \tag{63-2}$$

式中，N为比较频率的分频比。

相位比较器与电荷泵

f_N与f_R通过“相位比较器”进行相位比较。f_N与f_R的相位比较不是通过频率差Δf（Hz）进行的，而是通过频率的积分量所得的相位差$\Delta\phi$进行的。之所以如此，是因为我们预先已经直观地了解到“相位差$\Delta\phi$与频率差Δf是成正比的”。

相位比较器输出相位误差量$\Delta\phi$（相位差分为超前/滞后误差脉冲）。

该误差脉冲信号通过“电荷泵电路”来驱动。电荷泵输出的也是脉冲输出信号，脉冲信号的宽度与相位误差量$\Delta\phi$的误差脉冲相同，为±极性的脉冲电压（或脉冲电流）。

环路滤波器及压控振荡器VCO

电荷泵输出驱动脉冲被送入“环形滤波器”，滤波器的时间响应常数由负反馈动作的频率特性决定。

环形滤波器输出控制VCO频率f_{VCO}的“频率控制电压”V_T（V），通过负反馈控制，VCO振荡器输出以下频率为f_{OUT}的信号。

$$f_{VCO} = f_{OUT} = Nf_R = \frac{N}{R}f_{REF} \tag{63-3}$$

由于负反馈的作用，当$f_{VCO} > f_{OUT}$时，电路系统的设计，将使得反馈输出的频率控制电压V_T使f_{VCO}降低。

第64课

数字无线通信的幅移键控（ASK）调制工作原理

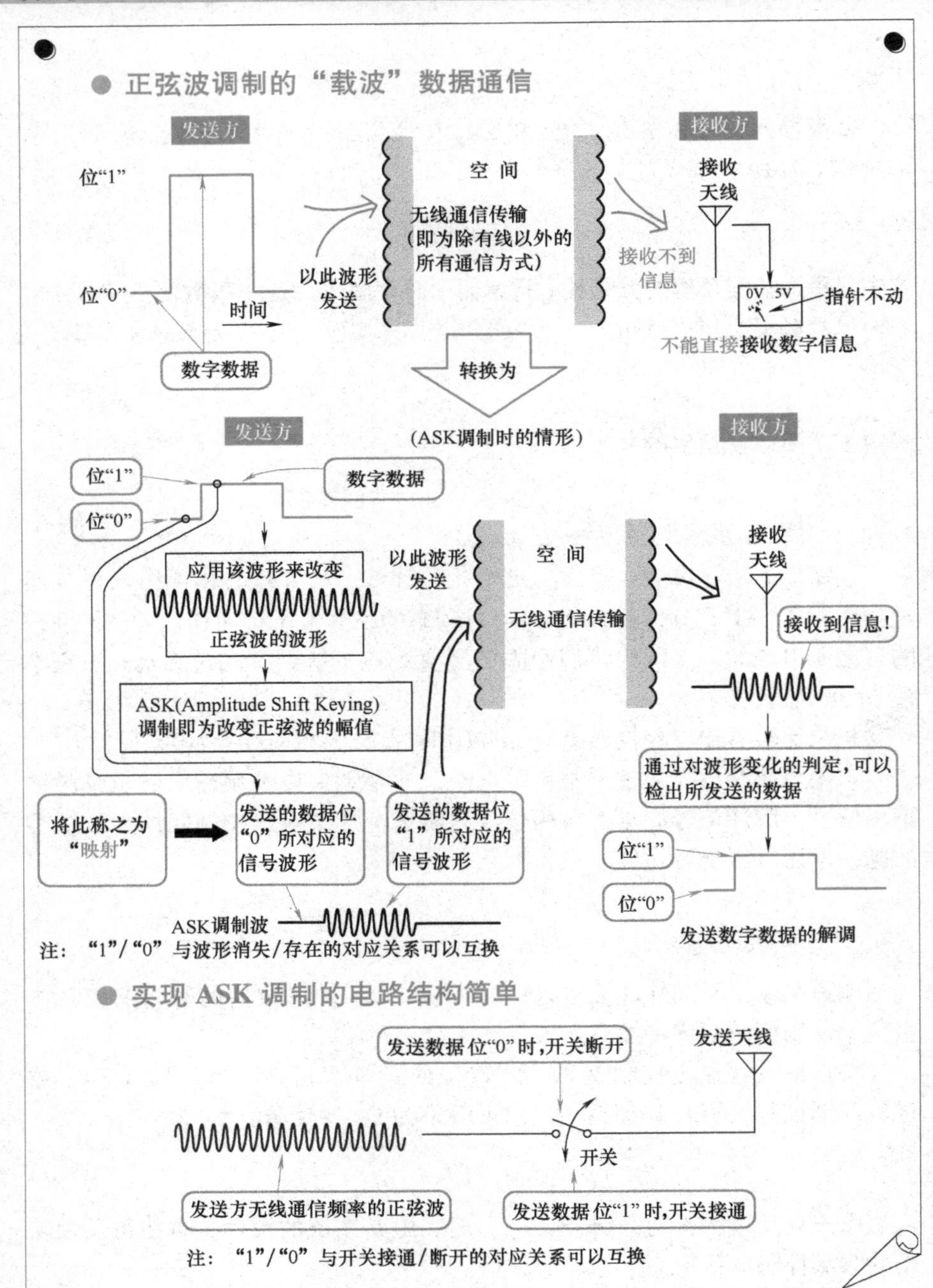

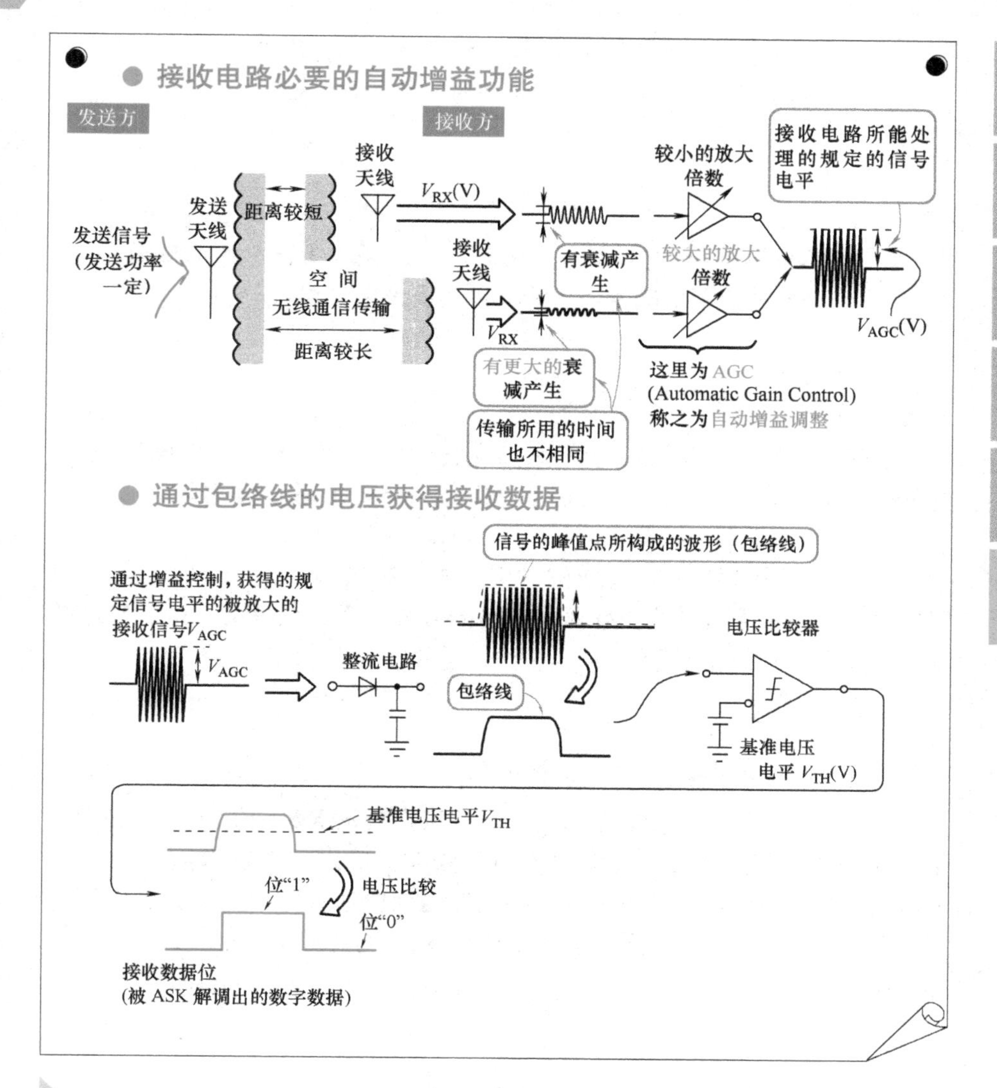

正弦波调制的“载波”数据通信

在数字无线通信中，收发方不能直接采用数字信号实现数字数据的传送。

实际的数字无线通信中，发送方通常使用无线通信频率的正弦波信号实现数字数据的传输，通过待传送的数据对正弦波“载波”的改变，向接收方发送数据（该过程称为“调制”）。在接收方，通过检测所接收到的正弦波“载波”变化，判断所传送的数字数据（该过程称为“解调”）。

ASK 调制是“改变正弦波的幅值”的一种调制方式。

“ASK”即为改变幅值的意思

ASK（Amplitude Shift Keying）调制，亦即“改变正弦波的幅值”。这里的 Amplitude 为正弦波的幅值，Shift 即为改变的意思。

ASK 可以通过信号的有无传送数据

最简单的幅值改变方式为，发送数据位“1”时“有信号出现”，发送数据位“0”时“没有信号出现”。因此，ASK 调制也被称为通断键控（On Off Keying，OOK）调制。

当然，也可以是发送数据位“0”时“有信号出现”，发送数据位“1”时“没有信号出现”（数据与信号的对应关系是任意的，这个对应关系也被称为“数据映射”）。

实现 ASK 调制的电路结构简单

ASK 调制电路的结构非常简单。当发送方要发送数据位“1”的时候，发送开关接通，发出无线通信频率的正弦波；反之，要发送数据位“0”的时候，只需要将发送开关断开，停止发送无线通信频率的正弦波就可以了（数据位“1”/“0”发送开关的接通/关断的对应关系，也可以像上述那样的相反）。

接收电路必要的自动增益功能

在接收电路中，将通过后续内容将要介绍的解调处理电路实现数据的接收。为此，要求接收信号 V_{RX}（V）必须被放大到规定的信号电平 V_{AGC}（V）上。这一功能是通过 AGC（Automatic Gain Control，自动增益调整）电路来实现的。“增益”即为放大率。

由于发送的功率是一定的，无线电波信号随着空间传输距离的增加而逐渐衰减，同时环境状况也是随时在不断变化着的，因此，接收信号 V_{RX} 的电平也是变化的。如果要得到恒定的 V_{AGC} 信号电平，接收方必须具备 AGC 功能。

通过包络线的电压获得接收数据

接收方的 ASK 解调电路，通过检测接收信号的“有/无”来实现所发送数字数据的判定。这种获取接收数字数据的过程即为“解调”。

对自动增益调整所得到的接收信号 V_{AGC} 进行整流，整流所得信号的峰值点所连成的波形被称作包络线。通过电压比较器将该包络线与基准电压 V_{TH} 进行比较，即可得到接收数据位“1”/“0”，亦即为 ASK 解调的接收数字数据。

ASK 的实际应用

ASK 调制的电路结构简单，但是难以获得最适合的性能（如接收灵敏度特性），常用于简易的无线设备中。在日常生活中可以举出的实例有低成本的遥控器，高速公路收费处的 ETC 通信等，这些均采用的是 ASK 调制电路。

例题 1

峰值为 ±1V 的 ASK 调制无线通信频率正弦波信号，加载到阻值为 50Ω 的负载电阻 R_L（Ω）上，计算负载电阻 R_L 上所加载的电功率 P_L（W）。假设传送数据位“0”/“1”的概率均为 50%。

【例题 1 解】

峰值为 ±1V 的电压，其有效值为峰值的 $1/\sqrt{2}$倍。加载到阻值为 50Ω 的负载电阻 R_L 上的电功率为

$$P=\frac{V^2}{R_L}=\frac{(1/\sqrt{2})^2}{50}\text{W}=\frac{1}{100}\text{W}=10\text{mW}$$

其次，由于发送数据位“1”的概率为 50%，信号开关接通的时间为 1/2，因此，所求的 P_L 为 P 的 1/2。所以，求的 $P_L=5\text{mW}$。

第65课

数字无线通信的频移键控（FSK）调制工作原理

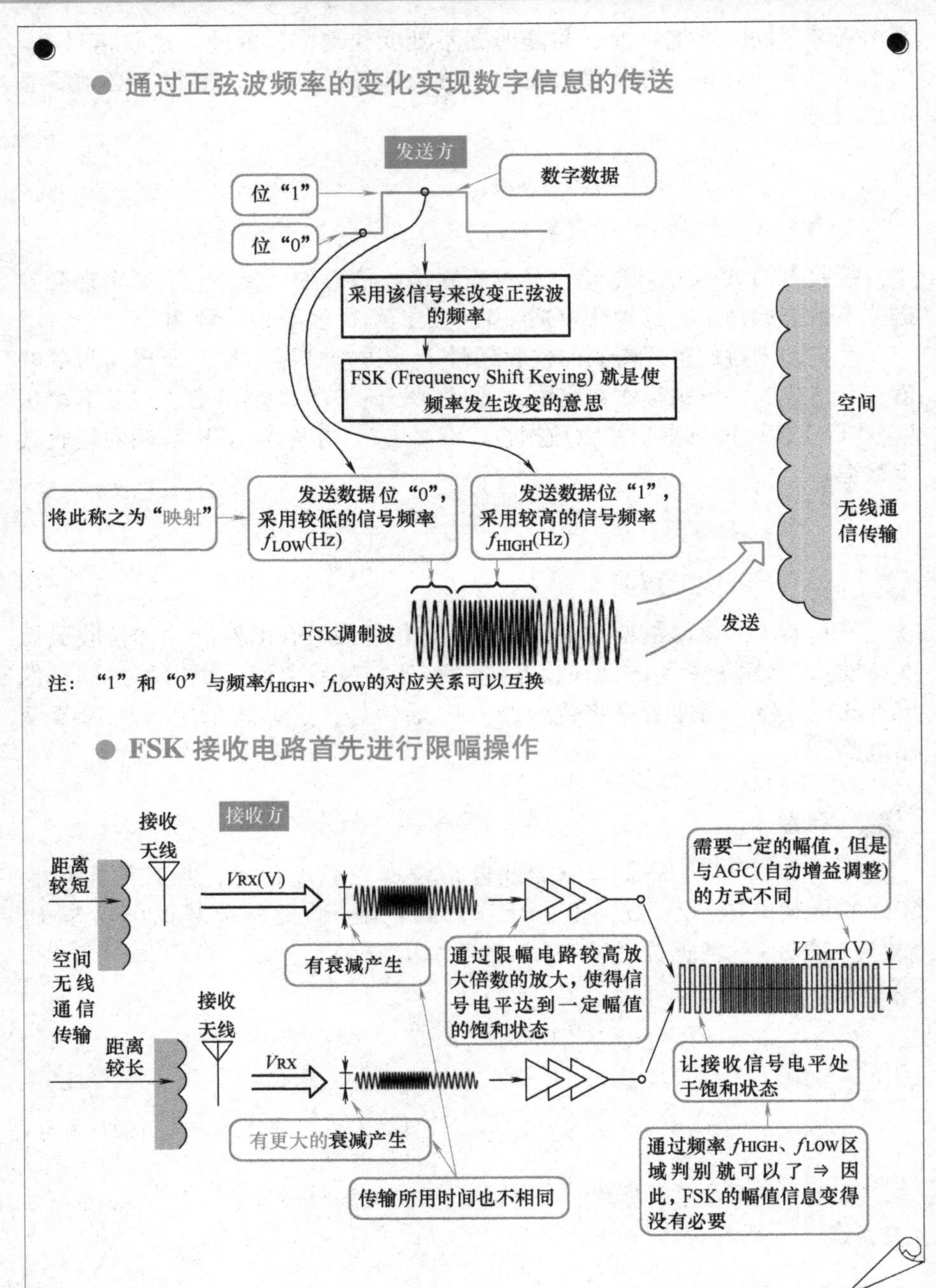

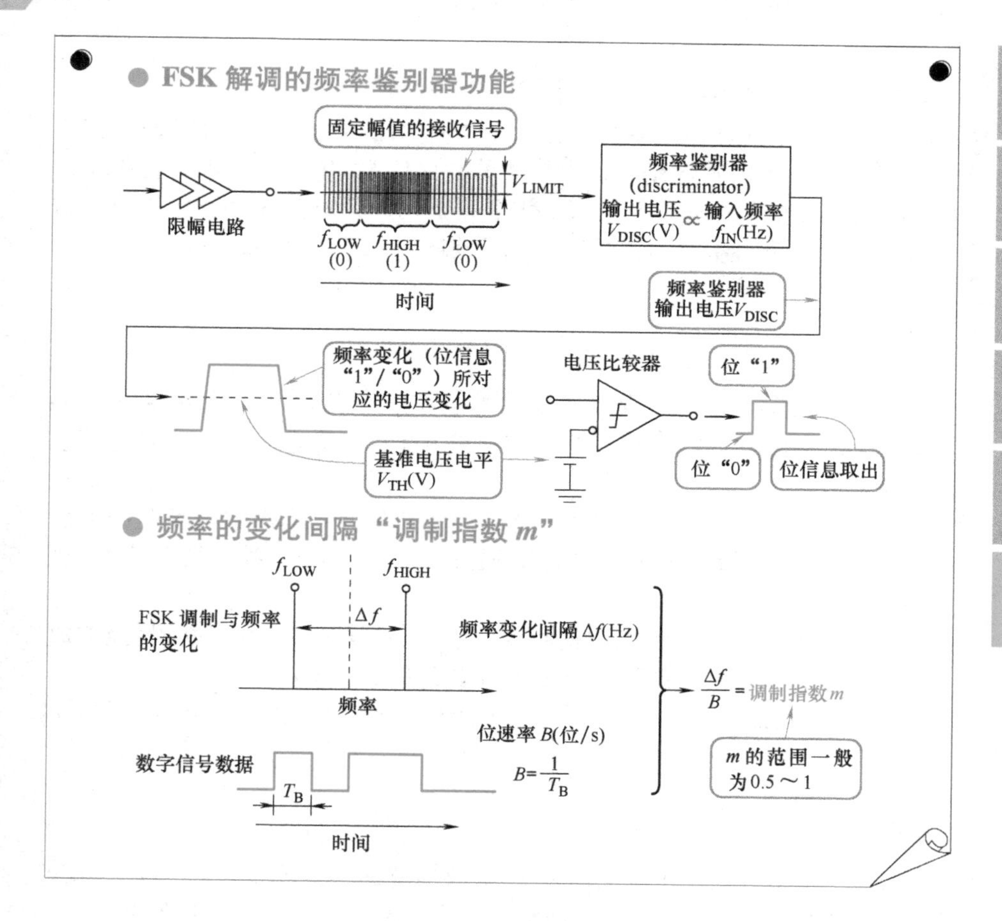

通过正弦波频率的变化实现数字信息的传送

FSK 调制是一种通过“正弦波频率的变化”向接收方传送数字数据的通信方式。

FSK 即为改变频率的意思

FSK（Frequency Shift Keying）调制，亦即“改变正弦波的频率”。这里的 Frequency 为正弦波的频率，Shift 即为改变的意思。

FSK 调制根据数据位的状态使频率发生改变

传送数据的正弦波频率为 f (Hz)，当发送的数据位为 "1" 时，则发送频率为 $f_{FSK}=f_{HIGH}$ 高频信号；当发送的数据位为 "0" 时，则发送频率为 $f_{FSK}=f_{LOW}$ 低频信号。通过发送信号频率的变化实现 FSK 调制。发送数据位状态与信号频率 f_{HIGH}、f_{LOW} 的这种数据映射关系也可以与上述相反。

FSK 接收电路首先进行限幅操作

接收方的 FSK 解调电路，通过检测接收信号 V_{RX} (V) 的频率是 f_{HIGH} 还是 f_{LOW} 来实现发送数字数据的判定（解调）。在这里，信号的幅值信息是无用的。

由于无线通信的信号随着空间传输而逐渐衰减，同时也随着时间的变化发生着改变，因此，FSK 接收电路通过 "限幅电路" 对接收信号 V_{RX} 进行放大。

由于 FSK 解调不需要信号的幅值信息，所以限幅电路通过高增益的放大，使接收信号电平饱和到一个恒定的幅值 V_{LIMIT} (V) 上。

虽然称为恒定的幅值，但与 AGC（自动增益调整）是完全不同的一种方式。

FSK 解调的频率鉴别器功能

限幅电路输出的恒定幅值信号 V_{LIMIT} 被加载到 "频率鉴频器" 上。该鉴频器为一种输出电压 V_{DISC} (V) 与输入信号频率 f_{IN} (Hz) 成正比的电路。

FSK 信号的频率 f_{FSK} 只具有与数据位 "1" 和 "0" 通过数据映射而对应的 f_{HIGH} 和 f_{LOW} 两个频率值。当鉴频器的频率输入 f_{IN} 为幅值恒定的 FSK 接收信号 V_{LIMIT} 时，其输出电压 V_{DISC} 也只产生相应的 "1"/"0" 的变化。

通过电压比较器，即可获取 "1"/"0" 的位信息。

上述的 FSK 解调方式是通过模拟电路来实现的，但是现代的 FSK 解调大多通过 A-D 转换，采用数字信号处理加以实现。

频率的变化间隔 "调制指数 m"

高频的 f_{HIGH} 与低频的 f_{LOW} 之间的间隔为

$$\Delta f = f_{\mathrm{HIGH}} - f_{\mathrm{LOW}} \tag{65-1}$$

对于该频率间隔的大小通常采用“调制指数 m”来衡量：

$$m = \frac{\Delta f}{B} \tag{65-2}$$

式中，B 为数字数据传输位的速率（位/s）。

一般地，$m = 0.5 \sim 1$ 左右。当 m 较大时，信号内部的噪声增加，接收信号 V_{RX} 的电平降低，容易产生接收数据位的错误。

FSK 的实际应用

与随后的第 66 课所介绍的 PSK 相比，FSK 的发送与接收电路均较简单，性能也良好，所以被广泛采用，以便于实现各种用途的无线通信。和 400MHz 频带及 900MHz 频带的蓝牙（Bluetooth）等小功率无线通信（没取得许可也能使用）采用的即为 FSK 调制方式。

例题 1

（1）峰值为 ±1V 的 FSK 调制无线通信频率正弦波信号，加载到阻值为 50Ω 的负载电阻 R_{L}（Ω）上，计算负载电阻 R_{L} 上所加载的电功率 P_{L}（W）。假设传送数据位“0”/“1”的概率均为 50%。

（2）试分析，发送功率与发送数据位“0”/“1”的波形（概率）是否存在依存关系。

【例题 1 解】

（1）与第 64 课相同，峰值为 ±1V 的电压，其有效值为峰值的 $1/\sqrt{2}$ 倍。加载到阻值为 50Ω 的负载电阻 R_{L} 上的电功率为

$$P = \frac{V^2}{R_{\mathrm{L}}} = \frac{(1/\sqrt{2})^2}{50}\mathrm{W} = \frac{1}{100}\mathrm{W} = 10\mathrm{mW}$$

由于 FSK 调制只是正弦波的频率发生变化，因此 $P_{\mathrm{L}} = 10\mathrm{mW}$。

（2）ASK 调制是通过开关来实现信号的通断的，因此，其发送信号的功率是随着发送数据位的波形（概率）而变化的。而 FSK 调制，只有正弦波的频率发生变化，信号波形的峰值是恒定的，与发送数据位无关，因此其发送信号功率 P_{L} 与发送数据位的波形（概率）之间不存在依存关系。

第66课

数字无线通信的相移键控（PSK）调制工作原理

● 通过正弦波相位的变化实现数字信息的传送

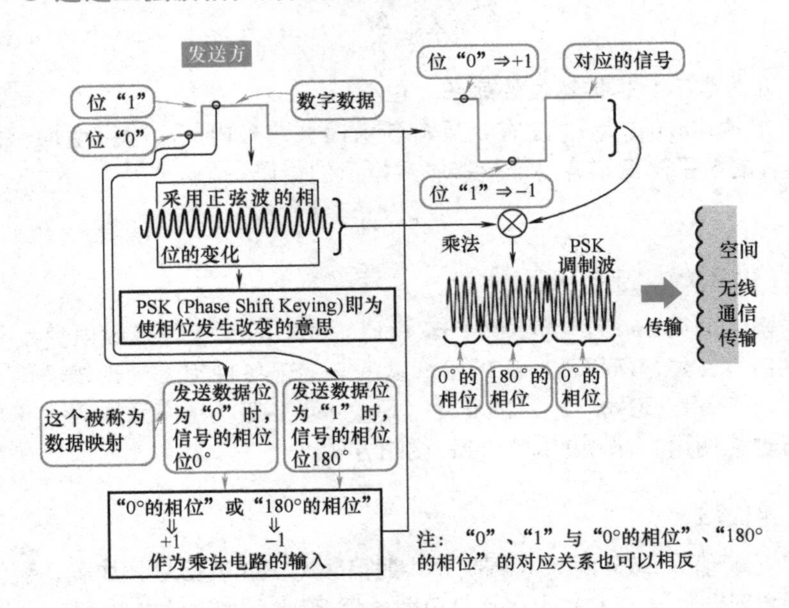

注：“0”、“1”与“0°的相位”、“180°的相位”的对应关系也可以相反

● PSK解调时所需的基准相位

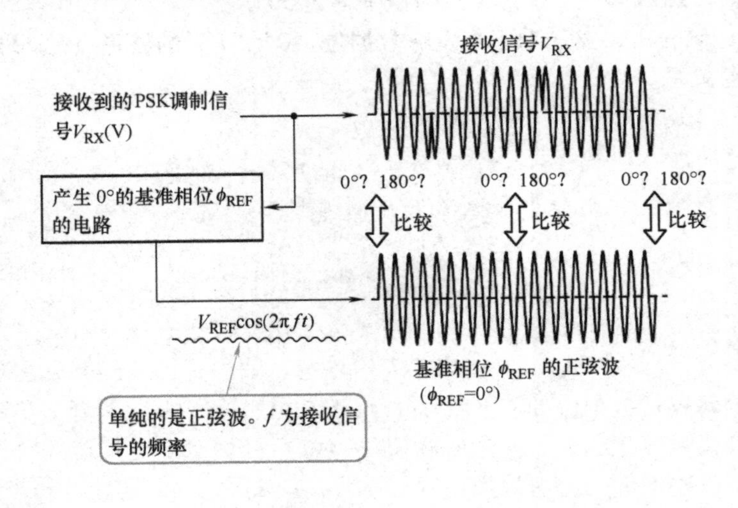

● PSK 解调电路与调制电路使用相同的乘法电路

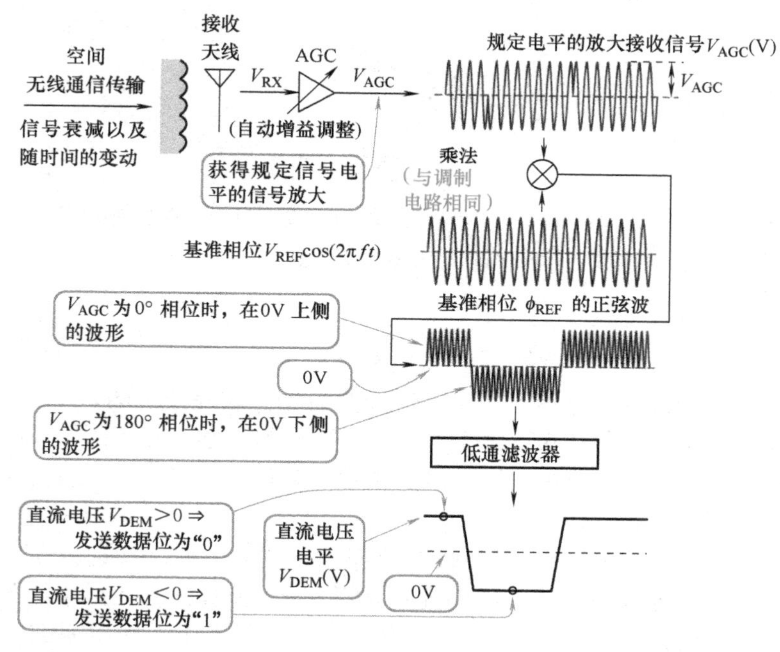

● 多相位调制"QPSK"

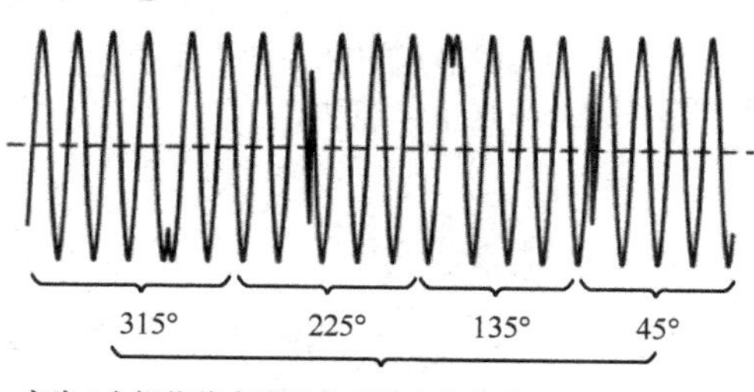

产生4个相位状态的变化（称为多相位调制）

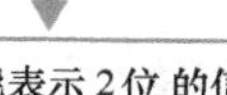

以 4 个状态能表示 2 位 的信息，
一次相位改变能传送 2 位 数据

四相PSK (Quadrature PSK)，称此为 QPSK

通过正弦波相位的变化实现数字信息的传送

PSK 调制是一种通过“正弦波相位的变化”向接收方传送数字数据的通信方式。

“PSK”即为使相位发生改变的意思

PSK（Phase Shift Keying）调制，亦即“改变正弦波的相位”。这里的 Phase 为正弦波的频率，Shift 即为改变的意思。

PSK 通过乘以 ±1 实现相位的改变

数据的传送由频率为 f（Hz）正弦波的相位来完成。通过 PSK 调制，能够实现发送数据位“0”的“0°”以及发送数据位“1”的“180°”信号相位改变。数据位与载波信号相位的对应关系也可以与此相反，不影响相位与数据位的数据映射。

“0°的相位”和“180°的相位”由乘法电路来生成。发送数据位“0”时，将正弦波信号乘以“+1”。由于乘以 +1，正弦波的波形不会发生任何改变，因此其相位变化为“0°”。发送数据位“1”时，将正弦波信号乘以“-1”。此时：

$$-1 \times \cos(2\pi ft) = \cos(2\pi ft + 180°) \tag{66-1}$$

因此，得到了 180°相位的波形。这里的 t（s）为时间。

PSK 解调时所需的基准相位

接收到的 PSK 调制信号 V_{RX}（V）的解调，需要的相位为 0°的基准相位信号 ϕ_{REF}。通过与基准相位信号 ϕ_{REF} 的比较，才能实现 0°或者 180°相位的判定。

基准相位 ϕ_{REF} 为通过接收信号 V_{RX} 生成的正弦波信号 $V_{REF}\cos(2\pi ft)$。这里的频率 f 与接收信号（调制信号）的频率相同。

PSK 解调电路与调制电路使用相同的乘法电路

接收电路首先通过 AGC（自动增益调整）将接收到的信号 V_{RX} 放大到

规定的信号电平 V_{AGC}（V）。“增益”即为电路的放大率。

PSK 解调电路采用与调制电路类似的乘法电路。受 AGC 电路增益控制的接收信号电平 V_{AGC} 与正弦波 $V_{REF}\times\cos(2\pi ft)$ 基准相位信号 ϕ_{REF} 相乘。当接收信号 V_{AGC} 为“0°相位”时，即得到位于 0V 上方的振荡正弦波。将该正弦波信号通过低通滤波器进行滤波，即可得到直流电压电平 V_{DEM}（V），且 $V_{DEM}>0V$，为“正极性”的电压。此时，说明发送方发送的数据位为“0”。

当接收信号 V_{AGC} 为“180°相位”时，即得到位于 0V 下方的振荡正弦波。将该正弦波信号通过低通滤波器进行滤波，即可得到直流电压电平 V_{DEM}（V），且 $V_{DEM}<0V$，为“负极性”的电压。此时，说明发送方发送的数据位为“1”。

多相位调制“QPSK”

“0°”和“180”相位的 PSK 被称为两相 PSK（Binary PSK，BPSK）调制。

在上述两相 PSK 的基础上，再引入另一个相位偏移 90°的正弦波，并将该正弦波与另外的发送数据位相对应的“+1”、“-1”相乘，然后与前述的 0°和 180°相位的两相 PSK 调制信号相加，即可得到 45°、135°、225°、315°的 4 个相位状态。我们将此称为“多相位调制”。

由于 4 个状态能够表示 2 位的信息，因此一次能够传送为 2 位的信息。我们将此称为四相 PSK（Quadrature PSK，QPSK）调制。

PSK 的实际应用

PSK 为现代的无线通信技术，如手机通信的 CDMA（Code Division Multiple Access，码分多址访问），以及地面波数字广播的 OFDM（Orthogonal Frequency Division Multiplexing，正交频分多路复用）等复杂的调制方式均得到了广泛的应用。

PSK 调制方式以其良好的性能，被广为使用，从而成为现代调制方式的主流。

参考文献

○「電気回路の基本 66」（松原洋平，オーム社，2011 年発行）

○「現代電子回路学〔Ⅰ〕」（雨宮好文，オーム社，1979 年発行）

○「現代電子回路学〔Ⅱ〕」（雨宮好文，オーム社，1980 年発行）

○「合点！トランジスタ回路超入門」（庄野和宏，CQ 出版，2012 年発行）

○「ASICの論理回路設計法」（小林芳直，CQ 出版，1988 年発行）

图书在版编目（CIP）数据

电子电路基本原理 66 课/(日) 石井聪著；尹芳，王卫兵，贾丽娟译. —北京：机械工业出版社，2016.9（2024.8 重印）
（6 天专修课程）
ISBN 978-7-111-54591-0

Ⅰ.①电…　Ⅱ.①石…②尹…③王…④贾…　Ⅲ.①电子电路-基本知识　Ⅳ.①TN7

中国版本图书馆 CIP 数据核字（2016）第 194076 号

机械工业出版社（北京市百万庄大街 22 号　邮政编码 100037）
策划编辑：张沪光　责任编辑：张沪光
责任校对：刘秀芝　封面设计：陈　沛
责任印制：单爱军
北京虎彩文化传播有限公司印刷
2024 年 8 月第 1 版第 7 次印刷
148mm×210mm · 8.75 印张 · 276 千字
标准书号：ISBN 978-7-111-54591-0
定价：39.00 元

凡购本书，如有缺页、倒页、脱页，由本社发行部调换

电话服务
服务咨询热线：010-88361066
读者购书热线：010-68326294

网络服务
机 工 官 网：www.cmpbook.com
机 工 官 博：weibo.com/cmp1952
金 书 网：www.golden-book.com
教育服务网：www.cmpedu.com